EUL VERLAG

E-LEARNING

Herausgegeben von Prof. Dr. Dietrich Seibt, Köln, Prof. Dr. Freimut Bodendorf, Nürnberg, Prof. Dr. Dieter Euler, St. Gallen, und Prof. Dr. Udo Winand, Kassel

Band 11
Oliver Bohl
Verstetigung IKT-gestützter Bildungsnetzwerke
Lohmar – Köln 2007 • 464 S. • € 59,- (D)
ISBN-13: 978-3-89936-548-1 • ISBN-10: 3-89936-548-8

Band 12
Ingrid Schönwald
Change Management in Hochschulen – Die Gestaltung sozio-kultureller Veränderungsprozesse zur Integration von E-Learning in die Hochschullehre
Lohmar – Köln 2007 • 276 S. • € 48,- (D) • ISBN 978-3-89936-568-9

Band 13
Svenja Hansen
Bedarfsgerechte Lehr-Lernarrangements – Zielgruppen- und ressourcenorientierte Planung von Inhalten, Methoden und Medien
Lohmar – Köln 2007 • 318 S. • € 52,- (D) • ISBN 978-3-89936-595-5

Band 14
Christine Voigtländer
Dynamische kundenorientierte Wertschöpfungsnetzwerke in der Weiter- und Fortbildung – Empirische Erkenntnisse, Referenzmodell und praxisorientierte Handlungsempfehlungen
Lohmar – Köln 2008 • 416 S. • € 57,- (D) • ISBN 978-3-89936-665-5

Band 15
Corinne Montandon
Adoption von e-Learning-Standards und -Spezifikationen in Hochschulprojekten im deutschen Sprachraum
Lohmar – Köln 2009 • 280 S. • € 58,- (D) • ISBN 978-3-89936-794-2

Band 16
Kai-Uwe Götzelt
Customer Focused E-Learning – Einsatz, Gestaltung und Anwendungssysteme
Lohmar – Köln 2010 • 252 S. • € 57,- (D) • ISBN 978-3-89936-920-5

JOSEF EUL VERLAG

Customer Focused E-Learning – Einsatz, Gestaltung und Anwendungssysteme

Inaugural-Dissertation

zur Erlangung des akademischen Grades eines Doktors

der Wirtschafts- und Sozialwissenschaften

(Dr. rer. pol.)

der Friedrich-Alexander-Universität Erlangen-Nürnberg

vorgelegt von: Dipl.-Kfm. Kai-Uwe Götzelt

aus: Nürnberg

Erstreferent: Professor Dr. Freimut Bodendorf

Zweitreferent: Professor Dr. Karl Wilbers

letzte Prüfung: 19. Mai 2009

Reihe: E-Learning · Band 16

Herausgegeben von Prof. Dr. Dietrich Seibt, Köln, Prof. Dr. Freimut Bodendorf, Nürnberg, Prof. Dr. Dieter Euler, St. Gallen, und Prof. Dr. Udo Winand, Kassel

Dr. Kai-Uwe Götzelt

Customer Focused E-Learning

Einsatz, Gestaltung und Anwendungssysteme

EUL VERLAG

Bibliografische Information der Deutschen Nationalbibliothek

Die Deutsche Nationalbibliothek verzeichnet diese Publikation in der Deutschen Nationalbibliografie; detaillierte bibliografische Daten sind im Internet über <http://dnb.d-nb.de> abrufbar.

Dissertation, Universität Erlangen-Nürnberg, 2009

ISBN 978-3-89936-920-5
1. Auflage Mai 2010

JOSEF EUL VERLAG GmbH
Brandsberg 6
53797 Lohmar
Tel.: 0 22 05 / 90 10 6-6
Fax: 0 22 05 / 90 10 6-88
E-Mail: info@eul-verlag.de
http://www.eul-verlag.de

Bei der Herstellung unserer Bücher möchten wir die Umwelt schonen. Dieses Buch ist daher auf säurefreiem, 100% chlorfrei gebleichtem, alterungsbeständigem Papier nach DIN 6738 gedruckt.

Vorwort

Die vorliegende Arbeit entstand während meiner Zeit als wissenschaftlicher Mitarbeiter am Lehrstuhl Wirtschaftsinformatik II der Friedrich-Alexander-Universität Erlangen-Nürnberg. An dieser Stelle möchte ich all jenen danken, die zu deren Gelingen beigetragen haben.

Zunächst gilt mein Dank meinem Doktorvater Prof. Dr. Freimut Bodendorf für die Unterstützung und Betreuung dieser Arbeit. Ebenso danke ich Prof. Dr. Karl Wilbers für die freundliche Übernahme des Korreferats.

Darüber hinaus gaben auch Diplom-, Studien- und Projektarbeiten, die ich betreuen durfte, wertvolle Anregungen für diese Promotionsschrift. Stellvertretend für alle am Dissertationsprojekt beteiligten Studierenden möchte ich hier insbesondere Anatoli Djanatliev, Sabine Kopp, Clemens Meyreiß, Martin Paraschkevov, Ursula Raum-Deinzer, Vitali Schneider und Markus Weinmann für ihr herausragendes Engagement danken.

Zu großem Dank verpflichtet bin ich Prof. Dr. Christian Langenbach, Prof. Dr. Susanne Robra-Bissantz und Prof. Dr. Manfred Schertler für ihre motivierenden, inhaltlichen und redaktionellen Anmerkungen zu dieser Arbeit.

Weiterhin ein herzliches Dankeschön für die Diskussionen und Erlebnisse innerhalb und außerhalb von Forschung, Lehre und Projekten an Andi, Bernd, Caro und Caro, Chris und Chris, Hinnerk, Iris, Johannes, Julian, Manfred, Marc, Mike, Musty, Robert, Roland, Sascha, Simone, Stefan und Stefan, Susn sowie Angelika Helle, Brigitte Knobloch und alle weiteren Kolleg(inn)en des Lehrstuhls Wirtschaftsinformatik II, die mich auf dem Promotionsweg begleiteten.

Ein besonderer Dank geht an meinen Freundeskreis, auf dessen zuverlässige Freundschaft und Unterstützung ich trotz chronischen Zeitmangels stets zählen konnte. Von ganzem Herzen danke ich Andrea Körber, meinem Bruder Knut, dem ich viel Erfolg für die Fertigstellung seiner Dissertation wünsche, und meinen Eltern Hannelore und Bernd – sie haben durch den notwendigen Rückhalt, das große Verständnis und die Unterstützung in allen Lebenslagen die Beschreitung dieses Weges ermöglicht.

Frankfurt am Main, im April 2010 Kai-Uwe Götzelt

Inhaltsverzeichnis

Abbildungsverzeichnis

Tabellenverzeichnis

Abkürzungsverzeichnis

Ajax	Asynchronous JavaScript And XML
B2C	Business-to-Consumer
BDA	Bluetooth Device Address
bzgl.	bezüglich
bzw.	beziehungsweise
ca.	circa
CBC	Customer Buying Cycle
CFEL	Customer Focused E-Learning
COO	Cell of Origin
CSS	Cascading Style Sheets
CWS	CFEL-Web-Service
d. h.	das heißt
f.	folgende
ff.	fortfolgende
FTP	File Transfer Profile
ggf.	gegebenenfalls
HF	High Frequency
HTML	Hypertext Markup Language
HTTP	Hypertext Transfer Protocol
ID	Identifikation / Identifikationsnummer
i. d. R.	in der Regel
IEEE	Institute of Electrical and Electronics Engineers
IP	Internet Protocol
i. S. v.	im Sinne von
IuK	Information und Kommunikation
LAN	Local Area Network
LO	Learning Object
LOM	Learning Object Metadata
LTSC	Learning Technology Standards Committee
OTA	Over the Air
PAN	Personal Area Network(ing Profile)

PDA	Personal Digital Assistant
POI	Point(s)-of-Information
RFID	Radio Frequency Identification
RSSI	Received Signal Strength Indicator
S.	Seite(n)
SOAP	Simple Object Access Protocol
sog.	so genannte
URI	Uniform Resource Identifier
URL	Uniform Resource Locator
u. a.	unter anderem
UML	Unified Modeling Language
v. a.	vor allem
VAS	Value Added Service
vgl.	vergleiche
WLAN	Wireless Local Area Network
WSDL	Web Service Description Language
XSL	Extensible Stylesheet Language
XML	Extensible Markup Language
z. B.	zum Beispiel

KAPITEL 1

Einführung

1.1 Motivation und Problemstellung

E-Learning ist nicht nur ein Werkzeug, mit dem traditionell stattfindende Lernprozesse im Unternehmen durch aktuelle Informations- und Kommunikationstechnologien unterstützt werden können [BaBS01, S. 16]. Vielmehr hat der Einsatz von E-Learning auch einen transformatorischen Einfluss auf das Unternehmen und kann durch eine informations- und kommunikationstechnische Unterstützung des Lernens dazu beitragen, Lernstrukturen zu modifizieren und die Geschäftstätigkeit des Unternehmens zu verändern [BaBS01, S. 16; BeSt01, S. 165]. Diese „E-Transformation" betrifft sowohl die Gestaltung von Lernprozessen als auch die Erschließung neuer Einsatzfelder für E-Learning bzw. dessen Verschmelzung mit anderen Geschäftsbereichen [BaBS01, S. 16; Wilb01, S. 7, 12]. Eines der bedeutenden Einsatzfelder, die sich in diesem Zusammenhang abzeichnen, ist die Unterstützung kundenbezogener Lernprozesse im E-Commerce durch das sog. Customer Focused E-Learning (kundenorientiertes E-Learning) [BaBS01, S. 16; BeSt01, S. 165; SaSa02, S. 36; Wilb01, S. 7]. Für die Ausrichtung von E-Learning auf die Zielgruppe der Kunden kann eine Vielzahl an Treibern identifiziert werden.

Zu den wesentlichen Treibern für Customer Focused E-Learning (CFEL) zählen zum einen die zunehmende Komplexität und damit auch Erklärungsbedürftigkeit von Produkten und Dienstleistungen [Aldr00, S. 34f.; Barr00, S. 30; Mont04, S. 15; MoZe03, S. 1232; Wilb01, S. 7]. CFEL kann vor dem Kauf dazu beitragen, die Unsicherheit des Kunden und die von ihm empfundenen Kaufrisiken zu reduzieren [Aldr00, S. 34; Mont04a, S. 15]. Nach dem Kauf unterstützt CFEL u. a. die Nutzung der zur Verfügung stehenden Leistungsfunktionen und steigert damit die Kundenzufriedenheit [Aldr00, S. 34; GöLa05, S. 10; Mont04a, S. 16].

Zum anderen ermöglicht es die Bereitstellung von CFEL den Kundenservice und -support zu verbessern und gleichzeitig die damit verbundenen Kosten zu reduzieren [Aldr00, S. 34f.; Barr00, S. 30]. Traditionelle Kundenschulungen auf der Basis von Präsenzveranstaltungen erfüllen die Anforderungen und Erwartungen, die heute an derartige Serviceleistungen gestellt werden, aufgrund ihrer geringen Flexibilität und hohen Kosten nur unzureichend [BoGR07, S. 42; GöLa05, S. 8]. Mit der steigenden Bedeutung informeller Lernprozesse im Alltag und in der Freizeit wird zunehmend auch ein direkter Zugriff auf notwendiges Wissen in Echtzeit und auf Abruf gefordert [Kirc00; Resn05]. Der Einsatz von E-Learning bietet Unternehmen hier die Möglichkeit, den Kunden relevantes Wissen zeit- und ortsunabhängig verfügbar zu machen [Götz05, S. 12; GöLa05, S. 8; MoZe03, S. 1227]. Gleichzeitig lässt sich durch den Self-Service-Charakter von CFEL der Aufwand bei ähnlich gelagerten, personalintensiven Beratungs- und Servicediensten, wie z. B. Hotlines, reduzieren [GöRo07, S. 818; MoZe03, S. 1229]. Darüber hinaus sind CFEL-Angebote skalierbar und können einer größeren Anzahl an Kunden bereitgestellt werden, ohne dass sich die Kosten des Angebots proportional zur Teilnehmerzahl erhöhen [Götz05, S. 12; GöLa05, S. 8; MoZe03, S. 1227]. Durch die Wiederverwendung, Aufbereitung und Erweiterung vorhandener Inhalte und Materialien sowie die kombinierte Entwicklung von CFEL-Angeboten zusammen mit innerbetrieblichen E-Learning-Maßnahmen kann der Bereitstellungsaufwand minimiert werden [ChWh01; HoTe01, S. 17; Mont04a, S. 2].

Ein weiterer bedeutender Treiber ist das Potenzial, das CFEL für eine Differenzierung im Wettbewerb birgt [Aldr00, S. 34; Barr00, S. 33; Mont04a, S. 10]. Einerseits bietet CFEL den Kunden als Zusatzleistungen einen wahrgenommenen Mehrwert und kann so eine Kaufpräferenz erzeugen [Barr00, S. 33; GöRo07, S. 817]. Durch eine umfangreiche Bereitstellung von Informationen und Wissen wird das Vertrauen in das Unternehmen verbessert, die Kundenloyalität erhöht sowie eine Basis für den Aufbau langfristiger Kundenbeziehungen und eine Umsatzsteigerung geschaffen [Conn01, S. 4; Finn02; HoTe01, S. 17; Mont04a, S. 10]. Anderseits können CFEL-Angebote zum Teil auch zu einem eigenständigen Geschäftsmodell weiterentwickelt werden [Aldr00, S. 35f.; Barr00, S. 30; ChWh01].

In der Praxis stellen bereits zahlreiche Unternehmen unterschiedlicher Branchen E-Learning-Angebote für ihre Kunden zur Verfügung (z. B. Barnes & Noble, Bosch, Charles Schwab, Deutsche Börse, eBay, IBM, Nokia, Sony). Hingegen setzt sich die Wissenschaft bisher wenig detailliert mit CFEL auseinander. In der wissenschaftlichen Diskussion zu CFEL dominieren grundsätzliche Möglichkeiten des Einsatzes von E-Learning an der Schnittstelle zum Kunden. Mit der Erschließung neuer Einsatzfelder und Zielgruppen sind aber auch neue Anforderungen an E-Learning verbunden [Wilb01, S. 7]. Bei einer ganzheitlichen Betrachtung der mit CFEL verbundenen Transformation der Geschäftstätigkeit des Unternehmens ergeben sich über die bisherige Diskussion hinaus verschiedene Fragestellungen für CFEL, die die Ebenen Strategie, Prozesse und Informationssysteme der Geschäftsarchitektur betreffen [BaBS01, S. 20ff.; BeSt01, S. 164].

Bezugnehmend auf die Strategieebene werden in der Literatur strategische Optionen für den Einsatz von CFEL im Unternehmen aufgezeigt und einzelne Einsatzbeispiele in unterschiedlichen Branchen erläutert (vgl. z. B. [MIT01], [MoZe03], [Mont04a]). Der Einsatz von CFEL ist allerdings nicht für jedes Unternehmen Erfolg versprechend und geeignet. Zahlreiche erfolgreiche Beispiele stehen einer ähnlich großen Anzahl von CFEL-Angeboten gegenüber, die bereits wenige Monate nach der Einführung wieder eingestellt wurden [GöRo07, S. 814]. Daher stellen sich aus strategischer Sicht folgende Fragen:

- Welche Rahmenbedingungen im Unternehmen und in der Unternehmensumwelt sind für einen Erfolg versprechenden Einsatz von CFEL ausschlaggebend?
- Wie können entsprechende Geschäftsmodelle gestaltet werden, um einen nachhaltigen Erfolg zu sichern und CFEL im Unternehmen zu verankern?

Auf Prozessebene wird sowohl in der Literatur als auch in der Praxis weitgehend auf eine Unterstützung kundenbezogener Lernprozesse in Anlehnung an traditionelle Aus- und Weiterbildungsangebote zurückgegriffen (vgl. z. B. [MIT01, S. 7f.], [MoZe03, S. 1231f.]). Lernen findet im CFEL hingegen informell statt, hauptsächlich veranlasst durch aktuell auftretende Informations- und Wissensbedürfnisse der Kunden im Kaufprozess. Darüber hinaus muss aufgrund der heterogenen Merkmale und Bedürfnisse der Kunden sowie der verschiedenen Lernsituationen im Kaufprozess berücksichtigt werden, welche Möglichkeiten zur dynamischen Anpassung des CFEL-Angebots während des Lernens bestehen. Eine bedürfnisgerechte Unterstützung von Lernprozessen im CFEL ist mit den nachfolgenden Fragestellungen verbunden:

- Wie sind CFEL-Angebote im Hinblick auf die informellen Lernsituationen im Rahmen des Kaufprozesses didaktisch zu gestalten?
- Wie können Lernangebote im CFEL an den in einer bestimmten Situation stattfindenden Lernprozess eines einzelnen Kunden angepasst werden?

Auf der Ebene der Informationssysteme kommen im CFEL bisher v. a. traditionelle und nur auf einzelne Phasen des Kaufprozesses bezogene E-Learning-Anwendungen zum Einsatz. Für CFEL ist zum einen eine Integration von E-Learning-Anwendungen in E-Commerce-Systeme von besonderer Bedeutung, um Lernangebote direkt mit dem Kaufprozess verknüpfen zu können. Zum anderen können durch den Einsatz mobiler und kontextsensitiver IuK-Technologien und -Systeme auch neue Anwendungsbereiche für CFEL erschlossen und CFEL-Angebote nicht nur im Rahmen von Kaufprozessen in virtuellen sondern auch in realen, physischen Verkaufsumgebungen bereitgestellt werden. Weiterhin sind für CFEL insbesondere Anwendungssysteme bedeutend, die den kompletten Kaufprozess unterstützen, das Lernangebot asynchron und so flexibel verfügbar bereitstellen sowie eine effiziente, sinnvoll automatisierte Anpassung des CFEL-Angebots für eine große Kundenzahl ermöglichen. Klassische kommunikative und kollaborative E-Learning-Anwendungen können ergänzend eingesetzt werden [Mont04a, S. 3]. Sie stehen aber durch den damit verbundenen Personal- und Kontrollaufwand sowie die fehlende Sicherstellung einer einheitlichen Gestaltung und gleich bleibenden Qualität der Wissensvermittlung im CFEL weniger im Vordergrund. Vielmehr sind folgende Fragen zu beantworten:

- Wie können CFEL-Anwendungssysteme in virtuellen und realen Verkaufsumgebungen direkt in den Kaufprozess integriert werden?
- Wie ist es möglich, das CFEL-Angebot durch Anwendungssysteme an den aktuellen Kontext sowie Kundenbedürfnisse und -präferenzen anzupassen?
- Welche Lernmöglichkeiten stehen an der Kundenschnittstelle zur Verfügung und wie ist diese gestaltet, um Lernprozesse zu aktivieren?

1.2 Ziel und Aufbau der Arbeit

Gegenstand der vorliegenden Arbeit ist eine umfassende Betrachtung von CFEL unter den genannten Forschungsfragen auf Strategie-, Prozess- und Informationssystemebene. Ziel ist es dabei, ein *Rahmenwerk für den Einsatz und die Gestaltung von CFEL* zu entwickeln sowie *Realisierungsansätze für CFEL-Anwendungssysteme* aufzuzeigen. Zur Zielerreichung werden die für Problemstellungen der Wirtschaftsinformatik relevanten und weit verbreiteten Forschungsmethoden *Dokumentenanalyse, Umfragen und Interviews* sowie *Prototyping* verwendet [BrHW04, S. 10, 15; Hars02, S. 42; Kön+96].

Die Vorgehensweise und der Aufbau der Arbeit orientieren sich an den Phasen, die im Rahmen des Service Engineering für eine systematische Entwicklung und Gestaltung von elektronischen Dienstleistungen durchlaufen werden. In den aufgeführten Fragestellungen für CFEL spiegeln sich grundsätzliche Schritte in den Phasen *Anforderungsanalyse, Dienstleistungskonzeption und Dienstleistungsrealisierung* des Service Engineering wider [Sch+06, S. 133f.]. Abbildung 1-1 gibt einen Überblick über die Vorgehenswiese und den Aufbau der Arbeit.

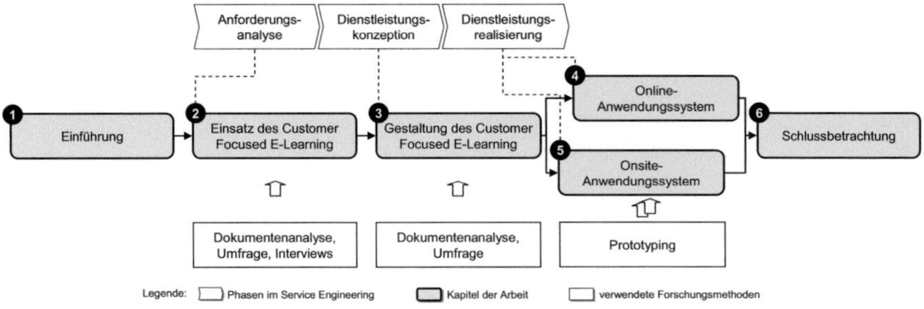

Abbildung 1-1: Vorgehensweise und Aufbau der Arbeit

Das zweite Kapitel befasst sich zunächst mit Anforderungen für den Einsatz von CFEL im Unternehmen. Zum einen werden auf Basis einer Literaturanalyse, einer Umfrage und von Experteninterviews Einflussfaktoren in der engeren Unternehmensumwelt für einen Erfolg versprechenden Einsatz von CFEL identifiziert und diskutiert. Zum anderen werden Geschäftsmodellrahmen für die verschiedenen strategischen Einsatzoptionen von CFEL vorgestellt.

Kapitel 3 schafft einen konzeptionellen Rahmen für die Entwicklung von CFEL-Anwendungssystemen und widmet sich der didaktischen Gestaltung von kundenorientierten Lernangeboten. Dabei werden Rahmenbedingungen, die Lernprozesse im CFEL beeinflussen, und Strukturelemente von Lernumgebungen, für die bei der Planung und Konzeption von CFEL-Angeboten Gestaltungsentscheidungen getroffen werden müssen, untersucht. Die Untersuchung wird von einer Analyse relevanter Literatur und einer Umfrage unter potenziellen Nachfragern von CFEL-Angeboten begleitet.

Die Kapitel 4 und 5 stellen prototypische CFEL-Anwendungssysteme vor. Dabei beschäftigt sich das vierte Kapitel mit einem online-Anwendungssystem, das die Integration von CFEL in virtuelle, webbasierte Shopumgebungen ermöglicht. Das fünfte Kapitel zeigt hingegen, wie CFEL auch in Kaufprozesse, die im stationären Handel stattfinden, durch ein onsite-Anwendungssystem eingebunden werden kann. In beiden Kapiteln werden nach einer Einordnung in den didaktischen Gestaltungsrahmen jeweils konzeptionelle Besonderheiten und die Systemarchitektur des Anwendungssystems aufgezeigt. Danach wird auf die Anpassung des Lernangebots an Lernsituationen sowie Bedürfnisse und Präferenzen der Kunden eingegangen. Eine Darstellung der Kundenschnittstelle der Prototypen zur Unterstützung von Lernprozessen schließt die Kapitel ab.

Im sechsten Kapitel werden die Ergebnisse der Arbeit zusammengefasst und Anregungen für weitere Forschungsarbeiten gegeben.

1.3 Begriffsabgrenzung

1.3.1 Customer Focused E-Learning

E-Learning kann als Sammelbegriff für Konzepte verstanden werden, in denen Lernprozesse durch IuK-Technologien sowie darauf aufbauende Anwendungssysteme unterstützt bzw. ermöglicht werden [BaBS01, S. 28; Hopp05, S. 2]. Das Customer Focused E-Learning, auch kundenorientiertes E-Learning genannt, bezieht sich auf eine Unterstützung und Förderung solcher Lernprozesse, die auf lernende Kunden des Unternehmens als Zielgruppe der Wissensvermittlung ausgerichtet sind [GöRo07, S. 813f.; Götz03, S. 6f.].

Im Fokus stehen dabei v. a. Endkunden im Bereich Business-to-Consumer (B2C), die die Produkte und Dienstleistungen des Unternehmens privat konsumieren [GöRo07, S. 813f.]. CFEL bietet Unternehmen insbesondere in diesem Bereich die Möglichkeit, Lernprozesse für eine große Anzahl an Kunden zu unterstützen und zu gestalten sowie durch den Einsatz von IuK-Technologien positive Skaleneffekte zu erzielen. Die Arbeit konzentriert sich daher auf den Einsatz von CFEL im B2C-Bereich.

Im Gegensatz zu traditionellen Aus- und Weiterbildungsangeboten und Kundenschulungen im Bereich Business-to-Business findet das Lernen im B2C-Bereich hauptsächlich informell statt (vgl. Abschnitt 1.3.2). Mögliche Lernsituationen und Lernprozesse, die durch CFEL unterstützt und gefördert werden können, ergeben sich aus den bei Aktivitäten im Rahmen des Kaufprozesses aktuell auftretenden Informations- und Wissensbedürfnissen der Kunden (vgl. Abschnitt 1.3.3).

1.3.2 Informelles Lernen

Informelles Lernen umfasst im Wesentlichen ungeplante und selbst initiierte Lernprozesse in „natürlichen" Lebenssituationen im Alltag, durch die ein bewusstes und absichtliches Lernen außerhalb von Bildungseinrichtungen und formalen Bildungsmaßnahmen stattfindet [Dehn02, S. 3; Dohm01, S. 18ff.]. Der Zweck des informellen Lernens ist nicht im Lernen selbst zu suchen, sondern im Auffinden einer besseren Lösung für ein Alltagsproblem [Dohm01, S. 19]. Die Motivation zum Lernen ist daher intrinsisch und entsteht aus einer konkreten Problemsituation im Alltag heraus [Tull04, S. 17; Dohm01, S. 23].

Lernen, das abseits von formalisierten Angeboten erfolgt, ist weitgehend selbstgesteuert [Broo94]. Der Lernende legt eigenständig fest, was er wie, wann und wozu lernt und entscheidet selbst über z. B. Lernschritte, -werkzeuge sowie -ressourcen [LaPä06, S. 13; Sitt06, S. 18].

Das tatsächliche und erfolgreiche Stattfinden von informellen Lernprozessen ist zum einen davon abhängig, ob die Umwelt des Lerners in einer Problemsituation ein gewisses Potenzial zur Anregung und Unterstützung von Lernprozessen bietet, z. B. durch die Möglichkeit eines Ad-hoc-Zugriffs auf benötigtes Wissen [Dohm00; Dohm01, S. 19; WaMa92, S. 287ff.]. Daher werden für CFEL insbesondere Einsatzbereiche betrachtet, in denen das Lernangebot direkt in Kundenaktivitäten und mögliche Problemsituationen während des Kaufprozesses integriert werden kann. Zum anderen muss das Lernangebot auch zweckmäßig im Hinblick auf die spezifischen Situationsanforderungen sein [Dohm01, S. 19; WaMa92, S. 287ff.]. Aus diesem Grund ist für CFEL eine Betrachtung der Möglichkeiten zur Anpassung des Lernangebots an den aktuellen Kontext einer Situation im Kaufprozess und die sich daraus ergebenden Informations- und Wissensbedürfnisse der Kunden von besonderer Bedeutung.

1.3.3 Informations- und Wissensbedürfnisse

Die Aktivitäten des Kunden im Rahmen eines Kaufprozesses sind mit verschiedenen Informationsproblemen und daraus resultierenden Informationsbedarfen verbunden [Lürs89, S.19; FrTh86, S.5]. Nach der Wahrnehmung von Informationsbedürfnissen durch den Kunden schließt sich i. d. R. eine Beschaffung, Aufnahme, Verarbeitung und Speicherung der notwendigen Informationen an [Silb81, S. 28].

Der Informationsbedarf drückt dabei aus, dass bei der Durchführung bestimmter Kundenaktivitäten im Kaufprozess ein Mangel an Informationen bzw. ein Informationsproblem entsteht, das gelöst werden soll [Abel77, S. 133]. Neben Informationen, die sachlich zur Lösung des Problems benötigt werden (objektive Komponente), können einzelne Kunden weitere individuelle Informationsmängel wahrnehmen bzw. darüber hinausgehende Informationswünsche besitzen (subjektive Komponente) [WiHa72, S. 46; RaSi75, S. 6]. Der Begriff des Informationsbedürfnisses umfasst sowohl den objektiv feststellbaren Bedarf an Informationen zur Durchführung einer Aktivität als auch das Interesse eines Kunden für weiterführende Informationen [Frau99, S. 4].

Für CFEL sind dabei solche Informationsbedürfnisse von Bedeutung, bei denen nach der Rezeption der benötigten Informationen kognitiv anspruchsvolle Verarbeitungsprozesse beim Kunden ausgelöst werden [Kerr01, S. 166]. Einfache Informationen (z. B. der Preis einer Leistung), die direkt in das Bewusstsein aufgenommen werden können, sind für eine Wissensvermittlung durch ein CFEL-Angebot nicht relevant [Ried91, S. 16ff.; Kerr01, S. 168]. Nur bei Informationen, die z. B. zerlegt, strukturiert, hinterfragt, eingeordnet und in Beziehung zueinander gesetzt werden müssen, kann ein Lernprozess angeregt und durch eine interne Informationsverarbeitung Wissen erworben werden [StKl01, S. 3; Kerr01, S. 167f.]. Man kann daher auch von Informations- und Wissensbedürfnissen der Kunden im Kaufprozess sprechen, die im CFEL im Mittelpunkt der Betrachtung stehen. Im Gegensatz zu herkömmlichen Informationsangeboten werden im CFEL Lerninhalte in Form von didaktisch aufbereiteten Informationen über entsprechend konzipierte Medien und Anwendungssysteme bereitgestellt, die Lernprozesse möglichst zuverlässig aktivieren und einen Wissenserwerb des Kunden unterstützen [Mont04a, S. 3; Kerr01, S. 148].

Kapitel 2

Einsatz des Customer Focused E-Learning

2.1 Theoretische und empirische Studie

2.1.1 Betrachtungsebenen

Für die Beurteilung der Eignung von CFEL für ein Unternehmen können aus einer strategischen Analyse der internen und externen Unternehmensumwelt Einflussfaktoren abgeleitet werden, die für einen Erfolg versprechenden Einsatz von CFEL bedeutend sind [GöRo07, S. 814]. Die externe Umwelt wird durch Rahmenbedingungen geprägt, die von außen auf ein Unternehmen einwirken und nicht direkt beeinflussbar sind [Hung00, S. 73]. Potenzielle Einflussfaktoren für den Einsatz von CFEL sind zum einen in der Makroumwelt mit politisch-rechtlichen, ökonomischen, technologischen, gesellschaftlichen und ökologischen Rahmenbedingungen und zum anderen in der Branchenumwelt zu finden. Im Gegensatz dazu beschreiben Einflussfaktoren, die in der internen Umwelt angesiedelt sind, ob das Unternehmen in der Lage ist, CFEL als geeignete Maßnahme zur Reaktion auf externe Gegebenheiten umzusetzen [Hung00, S. 98]. Für den Einsatz von CFEL muss sich ein „strategic fit" durch die Übereinstimmung mit Rahmenbedingungen der externen Umwelt und internen Voraussetzungen zur Realisierung ergeben.

Allgemeine Treiber für CFEL sind in Abschnitt 1.1 dargestellt. Für eine detaillierte Betrachtung von Einflussfaktoren in der engeren externen und internen Umwelt des CFEL kann das Konstrukt des Marktes verwendet werden, auf dem das Unternehmen CFEL anbietet [RoGö05, S. 862; GöRo07, S. 815]. Märkte lassen sich durch Nachfrager mit ihren speziellen Bedürfnissen, angebotene Güter und Leistungen als nutzenstiftende Eigenschaftsbündel sowie Anbieter mit Instrumenten der Nutzengestaltung charakterisieren [Baue94, S. 710]. Daraus ergeben sich für die Betrachtung die Ebenen *Nachfrager* und

Produkte und Dienstleistungen für die engere externe Umwelt sowie die Ebene *Anbieter* für die interne Unternehmensumwelt, auf denen Einflussfaktoren für den CFEL-Einsatz bestimmt werden können (vgl. Abbildung 2-1).

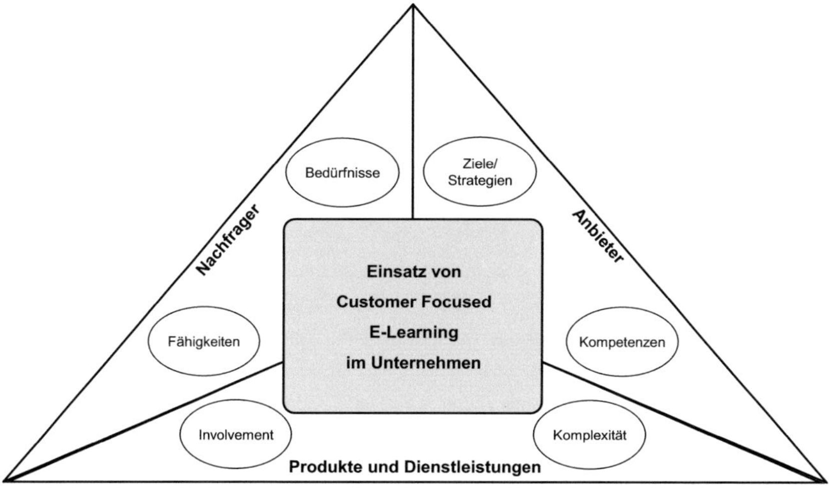

Abbildung 2-1: Betrachtungsebenen und Einflussbereiche für den CFEL-Einsatz

Die Ebenen können darüber hinaus für eine weitere Strukturierung der Einflussfaktoren in einzelne Einflussbereiche unterteilt werden. Auf der Ebene Anbieter umfasst der Einflussbereich *Ziele und Strategien* Faktoren, die aus einer eher marktorientierten Sicht darüber Auskunft geben, ob ein CFEL-Engagement zur grundsätzlichen strategischen Ausrichtung des Unternehmens passt [BoGR07, S. 45]. Aus einer ressourcenorientierten Sicht wird auf dieser Ebene zusätzlich betrachtet, ob das Unternehmen über die *Kompetenzen* für die Realisierung eines Erfolg versprechenden CFEL-Angebots verfügt bzw. diese entwickeln kann [BoGR07, S. 45]. Die Ebene Produkte und Dienstleistungen beinhaltet zum einen den Einflussbereich *Komplexität*, in dem der Einfluss von Merkmalen der zusammen mit CFEL angebotenen Kernleistungen des Unternehmens untersucht wird [GöRo07, S. 824]. Der Einflussbereich *Involvement* fasst Faktoren zusammen, die das persönliche Interesse der Kunden an den Leistungen des Unternehmens beschreiben [GöRo07, S. 824]. Auf der Ebene Nachfrager wird letztlich die Akzeptanz von CFEL bei unterschiedlichen Kundengruppen des Unternehmens betrachtet [AdPa02, S. 669; MaWi03, S. 13; Simo01, S. 87]. Diese wird einerseits durch die *Fähigkeiten* der Kunden im Hinblick auf den Umgang mit elektronischen Medien bestimmt [BüKM04, S. 5]. Andererseits wird die Akzeptanz von CFEL auch von den *Bedürfnissen* der Kunden nach Lernangeboten beeinflusst [BüKM04, S. 5].

2.1.2 Design

Die Untersuchung der Betrachtungsebenen geht zunächst von einer theoretischen Analyse zur Spezifikation, Sammlung und Abgrenzung der für CFEL relevanten Aspekte auf Basis einer Literaturstudie aus. Weitere Informationen werden durch quantitative und qualitative Primärforschung im Rahmen einer Umfrage unter potenziellen Nachfragern sowie durch Interviews mit CFEL-Anbietern und -Dienstleistern erfasst. Die gewonnenen Daten werden anschließend, teilweise durch eine Literaturanalyse unterstützt, analysiert und diskutiert.

Daten in der Nachfragerstudie werden durch eine Online-Befragung auf Basis eines standardisierten Fragebogens erhoben. Dieser umfasst geschlossenen Fragen mit überwiegend fünfstufigen, monopolaren Rating-Skalen („stimme voll zu“ bis „stimme überhaupt nicht zu“ bzw. „sehr interessant“ bis „überhaupt nicht interessant“). Einige offene Fragen, die zudem dem teilweise explorativen Charakter der Studie gerecht werden, reduzieren die Gefahr, mit festen Antwortkategorien relevante Zusammenhänge zu übersehen [BeEE01, S. 101]. Die Probanden setzen sich aus Abonnenten des Informationsdienstes des Lehrstuhls Wirtschaftsinformatik II der Universität Erlangen-Nürnberg zusammen und entsprechen in Bezug auf soziodemografische und Mediennutzungsdaten im Wesentlichen der Gruppe erfahrener Internetnutzer. Im Befragungszeitraum vom 26.02.2004 bis 09.04.2004 konnten insgesamt 95 gültige Fragebögen erfasst werden.

In der Anbieterstudie wird das freie und qualitative Interview (Experteninterview) zur Datenerhebung verwendet [BeEE01, S. 95; ScKn78, S. 284]. Die Interviewpartner setzen sich aus Experten von acht deutschen Unternehmen zusammen (comdirect Bank AG, Deutsche Börse AG, Dresdner Bank AG, DZ Bank AG, eBay AG, SAP AG, Sony GmbH, Cortal Consors AG), die entweder ein gut konzipiertes CFEL-Angebot anbieten oder angeboten haben, sowie aus Experten von zwei Dienstleistungsunternehmen (M.I.T newmedia GmbH sowie Bassier, Bergmann und Kindler GmbH), die mehrere CFEL-Projekte mitgestaltet haben. Die Erhebung erfolgte halb-standardisiert und wurde telefonisch im Zeitraum vom 25.01.2005 bis zum 15.02.2005 durchgeführt. Der Vergleichbarkeit der einzelnen Experteninterviews dient ein sog. Interview-Leitfaden, der den groben Befragungsrahmen vorgibt, aber entsprechend des Gesprächsverlaufs individuell angepasst wird [BeEE01, S. 96]. Um dem explorativen Charakter der Befragung gerecht zu werden, ist der Großteil der Fragen offen formuliert [ScKn78, S. 289]. Die Beantwortung der wenigen geschlossenen Fragen erfolgte per Selbsteinstufung mithilfe fünfstufiger, monopolarer Rating-Skalen („stimme voll und ganz zu“ bis „stimme überhaupt nicht zu“).

2.2 Einflussfaktoren

2.2.1 Anbieterbezogene Faktoren

2.2.1.1 Ziele und Strategien

Der erfolgreiche Einsatz von CFEL setzt voraus, dass es als Maßnahme in die strategischen Gesamtüberlegungen des Unternehmens eingebettet ist [Gerw04, S. 3]. Dabei definieren Ziele gewünschte Soll-Zustände, die vom Unternehmen angestrebt werden, und geben Strategien die grundlegende Orientierung vor, um diese zu erreichen. Innerhalb eines Unternehmens sind grundsätzlich zwei strategische Ebenen zu unterscheiden. Die Unternehmensstrategie (corporate strategy) definiert die grundlegende, langfristige Ausrichtung des Unternehmens. Daraus abgeleitete Funktional- und Prozessstrategien der Geschäftsbereiche (business strategies) bestimmen den Handlungsrahmen für den Einsatz verschiedener Maßnahmen, die die Umsetzung der Unternehmensstrategie und damit die Erreichung der Unternehmensziele gewährleisten sollen [HoKr03, S. 349; BaBS01, S. 75]. Die mit dem Einsatz von CFEL unterstützten Strategien und erreichbaren Ziele müssen konform zu den verfolgten Zielen und Strategien auf der Ebene des Gesamtunternehmens bzw. des anvisierten Geschäftsbereichs sein.

Ergebnisse der Anbieterstudie

In der Anbieterstudie stimmen alle Interviewpartner der Aussage zu, dass die Entscheidung über den Einsatz von CFEL an den Strategien und Zielen des Unternehmens auszurichten ist und ordnen diesem Aspekt eine große Bedeutung für einen erfolgreichen Einsatz zu. In einer offen formulierten Frage geben die Befragten an, dass CFEL eingesetzt wird bzw. der Einsatz geeignet ist, wenn die in Tabelle 2-1 dargestellten Ziele und Strategien vom Unternehmen verfolgt werden.

Anbieterbezogene Einflussfaktoren im Bereich „Ziele und Strategie“	Nennungen Anbieter	Nennungen Dienstleister	Gesamt
Differenzierungsstrategie	8	2	**10**
Steigerung der Kundenzufriedenheit	7	2	**9**
Steigerung der Kundenbindung	7	2	**9**
Verbesserung des Image, Branding	3	1	**4**
Umsatzsteigerung, Aktivierung	3	1	**4**
Steigerung der Kundengewinnung	3	0	**3**
Verbesserung des Vertrauens	2	0	**2**
Steigerung des Cross-Selling-Potenzials	2	0	**2**
Bessere der Nutzung der Hauptleistung	1	1	**2**
Kostensenkung	0	1	**1**

Tabelle 2-1: Ziele und Strategien des Unternehmens

Dabei wird deutlich, dass der Einsatz von CFEL insbesondere dann als Erfolg versprechend beurteilt wird, wenn das Unternehmen eine Differenzierungsstrategie sowie die Steigerung der Kundenzufriedenheit und Kundenbindung verfolgt. Daneben zielt der Einsatz von CFEL auch auf eine Verbesserung der Unternehmenserscheinung (Image) und Stärkung der Marke (Branding) ab. In der Interpretation dieser Ergebnisse zeigt sich, dass diese Faktoren auch bei der Entscheidung über den Einsatz von Value Added Services (VAS) ausschlaggebend sind. Mit dem Einsatz von VAS werden als Primärziele die genannten wettbewerbs- und kundenbezogene Ziele des Unternehmens angestrebt [Mann98, S. 45]. Die befragten Anbieter und Dienstleister sehen dementsprechend CFEL als VAS und Sekundärleistung des Unternehmens mit spezifischen Eigenschaften. So dient CFEL dazu, dem Kunden einen zusätzlichen Nutzen zur angebotenen Primärleistung zu stiften und stellt keine obligatorische, vom Kunden vorausgesetzte Nebenleistung dar [Depp92, S. 294; Graß96, S. 56; Laak95, S. 22]. Es kann die Vermutung von Barron [Barr00] über CFEL, „it's a differentiator that sets us apart from competitors, and [...] adds significant value to our product suite" mit den von ihm identifizierten Aufgaben von CFEL, „to educate customers and keep them coming back", bestätigt werden. Charakteristisch für CFEL als VAS ist jedoch auch, dass es die Erreichung weiterer Sekundärziele (ökonomische, kunden-, leistungsprogrammbezogene Ziele) ermöglicht.

Im Rahmen ökonomischer Zielsetzungen wird CFEL ein Beitrag zur Steigerung des Umsatzes der begleiteten Primärleistung bzw. zur Aktivierung von Kaufaktivitäten sowie zur Erhöhung von Cross-Selling-Potenzialen zugeschrieben. Hingegen wird CFEL von Unternehmen, die allein eine Kostensenkung verfolgen, kaum eingesetzt. Zwar wird in der Literatur darauf hingewiesen, dass durch den Einsatz von CFEL durchaus Rationalisierungspotenziale genutzt werden können (vgl. z. B. [Aldr00], [Conn01], [MoZe03]). Auch nach Aussage eines befragten Dienstleisters kann CFEL z. B. eingesetzt werden, um bisherige Servicekosten für Hotlines zu reduzieren, wenn der Kunde durch das Lernangebot Falschbestellungen oder Fehlbedienungen vermeidet. In der Anbieterstudie zeigt sich allerdings deutlich, dass eine Kostensenkung beim Einsatz von CFEL nicht im Vordergrund steht.

Im Bereich kundenbezogener Sekundärziele ist mit dem Einsatz von CFEL die Unterstützung der Neukundengewinnung verbunden. Dabei trägt CFEL selten direkt zur Steigerung der Kundengewinnung bei, da sich potenzielle Kunden für die Nutzung eines CFEL-Angebots häufig zunächst registrieren müssen. Dies ist auch bei vier der befragten Anbieter der Fall. Allerdings betonen die Interviewpartner, dass durch CFEL ein positiver Referenzeffekt durch Stammkunden entsteht. Sie gehen davon aus, dass CFEL indirekt über Weiterempfehlungen der Stammkunden wesentlich zur Kundengewinnung beiträgt und die positive Beurteilung der Sekundärleistung auf die zugehörige Primärleistung ausstrahlt [Dill95, S. 42; Laak95, S. 22]. Weiterhin wird durch CFEL auch eine Stärkung des Vertrauens in den Anbieter ermöglicht. CFEL ist geeignet, um Kundenloyalität zu steigern und langfristige Kundenbeziehungen aufzubauen [Conn01, S. 4; Finn02].

Im Hinblick auf leistungsprogrammbezogene Sekundärziele unterstützt CFEL die Steigerung und Ausweitung der Nutzung der Hauptleistung. Ein durch den Einsatz von CFEL verbessertes Leistungsverständnis beim Kunden trägt wesentlich zur Kundenzufriedenheit bei, indem die vorab in die Primärleistung gesetzten Erwartungen erfüllt und alle vorhandenen Leistungskomponenten und -funktionen genutzt werden (vgl. Abschnitt 2.2.3.1).

Ergebnisse der Nachfragerstudie

In der Nachfragerstudie zeigt sich, dass Kunden den Einsatz CFEL insbesondere bei Unternehmen geeignet finden, die als service- oder qualitätsorientierte, differenzierte Anbieter gelten (vgl. Abbildung 2-2). Dabei ist das Potenzial zur Differenzierung im Wettbewerb durch Schaffung eines Mehrwerts und Zusatznutzen für den Kunden umso größer, je höher der Bezug von CFEL zur Primärleistung ausfällt und je weniger Wettbewerber über ein vergleichbares CFEL-Angebot verfügen [Laak95, S. 14f.]. BARRON [Barr00] stellt fest, dass CFEL hilft, Kundenerwartungen an differenzierte Unternehmen zu erfüllen und bemerkt deshalb „If you don't teach your customers, your competitors will". Wenn Wettbewerber ebenfalls über ein CFEL-Angebot verfügen, ist davon auszugehen, dass es ein „must have" darstellt und einer besseren Gestaltung als das der Konkurrenz bedarf.

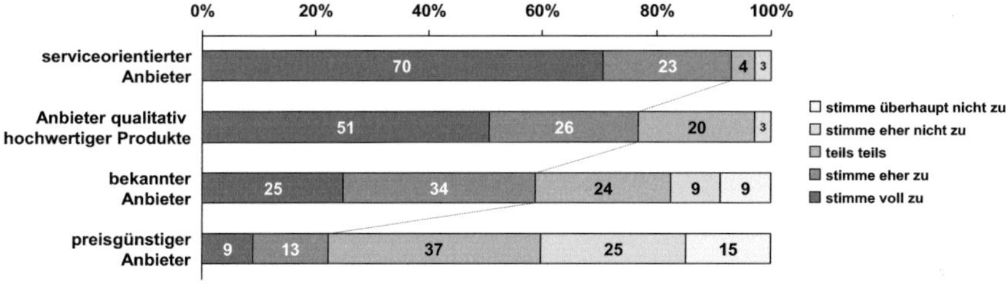

Abbildung 2-2: Einfluss des Unternehmensimage auf die Erwartungshaltung der Nachfrager

Der überwiegende Teil der Befragten findet es sinnvoll, dass preisgünstige Anbieter auf derartige Serviceleistungen verzichten. Der Einsatz von CFEL bei Unternehmen mit Fokus auf Kostenführerschaft erscheint nur dann sinnvoll, wenn Kunden es als Basiseigenschaft des Leistungsangebots voraussetzen und CFEL als Ersatz für vorhandene Serviceangebote dient [RoGö05, S. 864].

2.2.1.2 Kompetenzen

In der Kategorie Kompetenzen werden Ressourcen und Fähigkeiten eines Unternehmens betrachtet, die für einen Erfolg versprechenden Einsatz von CFEL vorhanden sein oder angepasst bzw. entwickelt werden müssen [Hung00, S. 98]. Für die Beurteilung des Einsatzes von CFEL sind Kompetenzen in angrenzenden Funktionalbereichen, Prozessen und IuK-Systemen relevant, die einen Bezug zur elektronischen Kundenschnittstelle oder zum E-Learning aufweisen [RoGö05, S. 863; BaBS01, S. 74ff.].

Ergebnisse der Anbieterstudie

Der Aussage, dass CFEL insbesondere auf angrenzende Funktional- und Prozessstrategien sowie IT-Systeme ausgerichtet und abgestimmt sein muss, stimmen alle Gesprächspartner zu. Dabei wird betont, dass die Nutzung vorhandener Ressourcen und Fähigkeiten von besonderer Bedeutung ist, damit CFEL als Sekundärleistung des Unternehmens auch einen Erfolgsbeitrag leisten kann. Bei genauerem Hinterfragen wird jedoch deutlich, dass dies in der Praxis häufig keine Anwendung findet und kaum Berührungspunkte zu anderen Funktionen, Prozessen und Systemen im Unternehmen geschaffen werden. Dies bedeutet erhebliche Effizienz- und Effektivitätsverluste, die wirtschaftlichen Erfolg sowie dauerhafte Erfolgssicherung und Nachhaltigkeit des Angebots in Frage stellen können [GöRo07, S. 819]. Dementsprechend werden auch nur einige, in Tabelle 2-2 dargestellte, direkt nutzbare Ressourcen und Fähigkeiten des Unternehmens als Einflussfaktoren für einen Erfolg versprechenden Einsatz von CFEL genannt.

Anbieterbezogene Einflussfaktoren im Bereich „Kompetenzen"	Nennungen Anbieter	Nennungen Dienstleister	Gesamt
Ausgeprägte webbasierte Kundenschnittstelle	7	2	**9**
E-Learning-Erfahrungen	7	1	**8**
Schulung von Vertrieb und Service	5	0	**5**
E-Learning-Angebote für externe Zielgruppen	2	1	**3**
Zentrale Erfassung von Kundendaten	2	1	**3**
Vorhandene Lerninhalte / Anwendungen	1	0	**1**

Tabelle 2-2: Kompetenzen für CFEL

Die größte Bedeutung kommt dem Umfang der Geschäftstätigkeit des Unternehmens im Internet, insbesondere einer ausgeprägten webbasierten Kundenschnittstelle zu. Wird die Kundenschnittstelle lediglich als Präsentations- und / oder Kommunikationsmedium eingesetzt, ist der Einsatz von CFEL für das Unternehmen weniger geeignet [Herm01, S. 103; Wirt01, S. 37]. Wird vom Unternehmen hingegen der gesamte Transaktionsprozess mit den Kunden elektronisch unterstützt, bietet CFEL die Möglichkeit, fehlende olfaktorische und taktile Reize beim Onlinekauf durch umfangreiche Informations- und Wissensvermittlung auszugleichen, das vorhandene Webangebot attraktiv aufzuwerten, mögliche Kaufabbrüche zu reduzieren und Cross-Selling-Potenziale im Anschluss an den Kauf auszuschöpfen [RoGö05, S. 864; SpBl01, S. 82].

Weiterhin ist für den Einsatz von CFEL bedeutend, dass im Unternehmen bereits Erfahrungen mit E-Learning gesammelt werden konnten. Da es für CFEL unternehmensintern meist keine Spezialisten gibt, muss das Unternehmen über umfassende praktische Erfahrungen mit E-Learning verfügen, um die Anforderungen an das Serviceangebot abschätzen zu können und Fehlinvestitionen zu vermeiden [BaBS01, S. 111; Morr03, S. 25; SaSa02, S. 167]. Dies wird von den Befragten u. a. als wesentliche Voraussetzung für die Einschätzung des Kosten-Nutzen-Verhältnisses sowie eine erfolgreiche Planung, Gestaltung und

Implementierung gesehen. Ausgeprägte E-Learning-Aktivitäten eines Unternehmens ermöglichen die Nutzung des aufgebauten Know-hows bei Erstellung, Bezug, Management und Distribution des CFEL-Angebots [RoGö05, S. 865]. Im Rahmen der Planung und Erstellung der qualitativ hochwertig angelegten Lernangebote werden darüber hinaus häufig externe Experten einbezogen, die ihre Erfahrungen aus vergleichbaren Projekten einbringen und auf diese Weise eine ökonomische und schnellere Einführung ermöglichen.

Neben existierenden E-Learning-Erfahrungen wird die Relevanz von vorhandenen Schulungsmaßnahmen für Service und Vertrieb sowie von für externe Zielgruppen bereitgestellten E-Learning-Angeboten hervorgehoben. Allerdings werden auch hier erworbene Erfahrungen wichtiger eingeschätzt als vorhandene und ggf. wiederverwendbare Lerninhalte und E-Learning-Anwendungen. Grundsätzlich sind zwar Lerninhalte zur Produktschulung der Vertriebs- und Servicemitarbeiter einfach in Angebote umsetzbar, die den Kunden mit dem Produkt und seinen Funktionalitäten vertraut machen [RoGö05, S. 864]. Auch Teile zentraler Wissensressourcen eines Unternehmens in Form von Knowledge- oder Contentpools, die kein wettbewerbsrelevantes Wissen beinhalten, stehen für CFEL zur Verfügung [RoGö05, S. 865]. Es ergeben sich daher enorme Synergie- und Einsparpotenziale für CFEL, indem z. B. vorhandene Lernangebote refinanziert oder die Kosten für neue Angebote auf mehrere Abteilungen oder Geschäftsbereiche verteilt werden. In der Praxis allerdings sieht ein Großteil der Befragten die Übernahme von vorhandenen Lerninhalten als schwierig an, da oftmals ein Know-how-Gefälle zwischen Mitarbeitern und Partnern auf der einen Seite und Kunden auf der anderen Seite besteht. Darüber hinaus wird betont, dass der Fokus von Schulungsmaßnahmen in vielen Unternehmen nicht auf der Vertiefung von fachlichem Wissen, sondern v. a. auf Anwendungsprogrammen und Soft Skills liegt. Mit Ausnahme eines Anbieters, der intern verfügbare Lerninhalte effizient für Kunden aufbereitet und weiter entwickelt hat, bezieht keines der betrachteten Unternehmen vorhandene Lerninhalte in die Gestaltung des CFEL-Angebots ein. Stattdessen werden die Lerninhalte i. d. R. eigenes für CFEL unternehmensintern entwickelt und in Zusammenarbeit mit einem externen Dienstleister umgesetzt. Allerdings ist umgekehrt bei drei Anbietern zu beobachten, dass die für Kunden qualitativ hochwertig entwickelten Lerninhalte und E-Learning-Anwendungen anschließend im Rahmen interner Schulungsmaßnahmen eingesetzt werden.

Weiterhin wird als Voraussetzung für den Einsatz von CFEL die zentrale Erfassung von Kundendaten als Basis für eine Erfolgsmessung des Angebots gesehen. Zusätzliche Erlöse durch sowie Wert- und Zielbeitrag von CFEL werden vielfach kaum berechnet und sind durch die gegebenen Strukturen in den Unternehmen häufig auch nicht zurechenbar. Es wird lediglich auf Basis positiver Kundenresonanz auf die Erreichung der gesetzten Ziele geschlossen. Der Nachweis eines Ziel- und Wertbeitrags wird im Nachhinein von allen Unternehmen als notwendig für die Sicherung der Nachhaltigkeit und des Erfolgs der Sekundärleistung eingeschätzt. Offensichtlich wird die Problematik auch am Beispiel eines befragten Anbieters, dessen von Kunden als sehr gut eingeschätztes CFEL-Angebot auf

Grund des fehlenden Nachweises im Zuge von Umstrukturierungs- und Rationalisierungsmaßnahmen im Unternehmen eingestellt wurde [GöRo07, S. 820].

2.2.2 Nachfragerbezogene Faktoren

2.2.2.1 Bedürfnisse

Der Erfolg des CFEL-Angebots ist primär von der Attraktivität des Services für die Kunden abhängig, so dass Kundenbedarf und -nutzen im Mittelpunkt der Betrachtung von Einflussfaktoren auf der Ebene der Nachfrager von CFEL stehen [ScSt00, S. 81]. Grundsätzlich wird dabei beurteilt, ob die Kunden des Unternehmens an kundenorientierten Lernangeboten interessiert sind und dafür zudem die Nutzung elektronischer Medien als geeignet erachten [RoGö05, S. 866].

Allgemein ist das Interesse an E-Learning-Angeboten bei den unter 30jährigen besonders hoch [RoGö05, S. 866]. Hier kann sich jeder Zweite vorstellen, über elektronische Medien zu lernen [Bert02]. Darüber hinaus schreiben bereits neun von zehn Europäern dem Lebenslangen Lernen eine Bedeutung zu und ein Großteil betrachtet die häusliche Umgebung als bevorzugten Lernort [Cede03, S. 5, 14]. Eine genauere Kundentypologisierung anhand von sozioökonomischen Kriterien, wie Einkommen, Bildung und Beruf, erweist sich als schwierig [Dege98, S. 96]. Denn Interesse und Präferenzen eines Individuums hinsichtlich elektronischen Lernens werden entscheidend von dessen Wertvorstellungen, wie Alltagsbewusstsein, Lebensstil und Lebenszielen beeinflusst [Pepe95, S. 67f.].

Lebensstil-Typologien, wie z. B. die Sinus-Milieus (vgl. Abbildung 2-3, S. 17), führen Personen in Gruppen zusammen, welche in ihrer grundsätzlichen Wertorientierung und Lebensauffassung übereinstimmen und beschreiben diese anhand sozioökonomischer Kriterien [Jaco98, S. 74; Publ04]. Gemäß Sinus Sociovision [SiSo07] weisen vier Milieus (insgesamt 35 % der deutschen Bevölkerung), die tendenziell über ein höheres Bildungsniveau, höheres Einkommen sowie eher leitende Positionen verfügen, ein besonders hohes Potenzial bezüglich elektronischer Lernangebote auf.

Die für CFEL relevanten Milieus und ihre Positionierung sind in Abbildung 2-3 dargestellt. Je höher ein Milieu in der Grafik positioniert ist, desto gehobener ist seine soziale Position. Je weiter rechts ein Milieu angesiedelt ist, desto moderner ist die Grundorientierung der dem Milieu zugeordneten Personen.

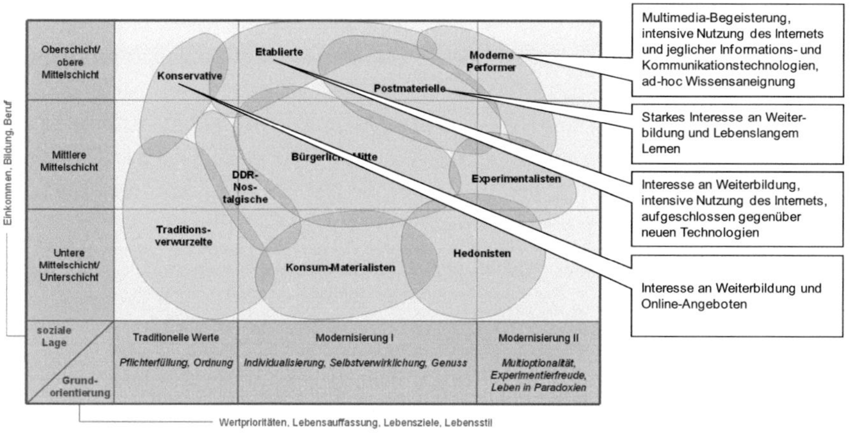

Abbildung 2-3: Relevante Sinus-Milieus

Moderne Performer (das jüngste Milieu mit einem Altersschwerpunkt unter 30 Jahren setzt sich aus überwiegend Schüler und Studenten sowie Berufseinsteigern mit hohem Bildungsniveau und gutsituierten Elternhäusern bzw. eigenem gehobenem Einkommen zusammen) zeichnen sich durch Leistungswillen, Experimentierfreude und Ehrgeiz aus und streben nach Weiterbildung, insbesondere ad-hoc wenn sie benötigt wird. *Postmaterielle* (in einem breiten Altersspektrum von Anfang 20 bis zur Generation der "jungen Alten" sind vor allem leitende Angestellte, Beamte, Freiberufler und Studenten mit hoher bis höchster Formalbildung und hohem Einkommen) legen sowohl auf Selbstverwirklichung als auch auf beruflichen Erfolg Wert. Für sie spielt Lernen, sowohl berufs- als auch interessensbezogen, eine tragende Rolle, denn sie halten die Verfolgung intellektueller Interessen für wichtiger als materiellen Konsum. *Etablierte* (vor allem leitende Angestellte, höhere Beamte sowie Selbstständige und Freiberufler mit einem Altersschwerpunkt von 40-60 Jahren und höheren Bildungsabschlüssen sowie einer privilegierten finanziellen Ausstattung) messen dem beruflichen Vorankommen eine sehr hohe Bedeutung zu und sind gegenüber technischen Neuerungen aufgeschlossen. Sie sind eine wichtige Zielgruppe für elektronische Weiterbildungsangebote. *Konservative* (viele ehemalige höhere Angestellte und Beamte sowie Selbstständige und Freiberufler mit einem Altersschwerpunkt ab 60 Jahren, höherem Bildungsniveau und gehobenen Einkommen oder Vermögen) verfolgen das Zeitgeschehen in Politik, Gesellschaft und Wirtschaft, kümmern sich um immaterielle Werte und haben deshalb Interesse an Lernangeboten. Trotz ihres Alters nutzen sie generell auch Online-Angebote zur Information, Wissensaneignung und zum Einkaufen. [RoGö05, S. 866f.; SiSo07]

Insgesamt ist der Einsatz von CFEL insbesondere dann Erfolg versprechend und geeignet, wenn die Kunden des Unternehmens in jüngeren bis mittleren Altersgruppen angesiedelt sind, über einen eher hohen sozialen Status verfügen und durch eine moderne Grundorientierung gegenüber neuen Technologien offen eingestellt sind [RoGö05, S. 823].

Ergebnisse der Anbieterstudie

Im Bereich der Kundenbedürfnisse geben die befragten Anbieter von CFEL allgemein an, dass ihre Kunden dem CFEL-Angebot sehr positiv gegenüberstehen und dieses rege nutzen. Die meisten Unternehmen ziehen ihre Schlüsse aus dem direkten Kontakt mit den Kunden bzw. aus deren Feedback und der Auswertung der Zugriffe auf das Angebot. In Tabelle 2-3 sind die von CFEL-Anbietern und -Dienstleistern genannten nachfragerbezogenen Einflussfaktoren dargestellt.

Nachfragerbezogene Einflussfaktoren	Nennungen Anbieter	Nennungen Dienstleister	Gesamt
Möglichkeit der Kundenintegration	8	2	**10**
Wertung / Wahrnehmung des Angebots	7	1	**8**
Motivation der Kunden zum Lernen	5	1	**6**
Affinität der Kunden zu Neuen Medien	4	1	**5**

Tabelle 2-3: Nachfragerbezogene Einflussfaktoren

Um den Bedürfnissen und Erwartungen der Kunden mit dem Angebot tatsächlich gerecht zu werden, wurde von allen Gesprächspartnern die Kundenintegration als bedeutende Einsatzvoraussetzung angesehen. Dabei wird von einem Anbieter betont, dass nur ein aus Nutzersicht entwickeltes Lernangebot die Bedürfnisse bestmöglich abbilden und damit einhergehend Akzeptanz finden kann. Da Kunden eine sehr individuelle, heterogen zusammengesetzte Anspruchsgruppe darstellen, sollten sie früh in den Prozess eingebunden werden, um eine möglichst große Übereinstimmung der individuellen Anforderungen mit dem Lernangebot zu erreichen [Rose04, S. 90; KrRe04, S. 65]. Die Kunden wissen demnach am besten, wo ihre Defizite liegen und auf welche Weise sie lernen möchten. Die Kundenintegration umfasst zum einen die Möglichkeit, an den Kundenkontaktpunkten Wissen von und über den Kunden zu erheben. Zum anderen wurde die Option genannt, Lead User, die aktuelle und zukünftige Kundenbedarfe identifizieren und formulieren, in den Entwicklungsprozess einzubinden. Bei einem der befragten Anbieter kam treuen Kunden eine wichtige beratende Rolle im Rahmen der Entwicklung von CFEL zu, um abzuschätzen, wie hoch der Wissensbedarf auf Kundenseite ist und welche Inhalte überhaupt vermittelt werden sollen.

Die befragten Unternehmen halten es darüber hinaus für notwendig, dass CFEL als Sekundärleistung des Unternehmens nicht nur Kundenerwartungen erfüllt, sondern aus Sicht des Kunden auch relevant und wahrgenommen zu einer Nutzensteigerung beiträgt [Mann98, S. 45].

Detaillierte Aussagen zu den Eigenschaften potenzieller Nutzer eines CFEL-Angebots können aus Unternehmenssicht nicht getroffen werden, da im Rahmen der Registrierungsprozesse relevante Daten nicht erfasst werden und bei einem Teil der Anbieter CFEL auch ohne vorherige Registrierung jedem Interessenten zur Verfügung steht. Generell wurde aber die Motivation der Kunden zur Aneignung von Wissen und deren Affinität zu Neuen Medien als wichtige Voraussetzung für einen Erfolg versprechenden Einsatz von CFEL gesehen. Das Motivationsmodell unterscheidet sich wesentlich von der Bereitstellung von E-Learning für Mitarbeiter. Nach Aussagen der Interviewpartner bedarf CFEL zwingend einer intrinsischen Grundmotivation auf Seiten der Kunden und die Lernangebote müssen noch ansprechender gestaltet werden.

Ergebnisse der Nachfragerstudie

Wesentliche Charakteristika der Stichprobe im Hinblick auf die soziodemographische Zusammensetzung sind in Abbildung 2-4 dargestellt. Die Probanden fallen zu einem großen Teil in die für CFEL als besonders interessant identifizierte Zielgruppe der unter 30jährigen mit höherem Bildungsniveau. Lediglich ca. 13 Prozent der Befragten haben mittleres bis hohes Alter und ca. 10 Prozent einen niedrigen Bildungsstand.

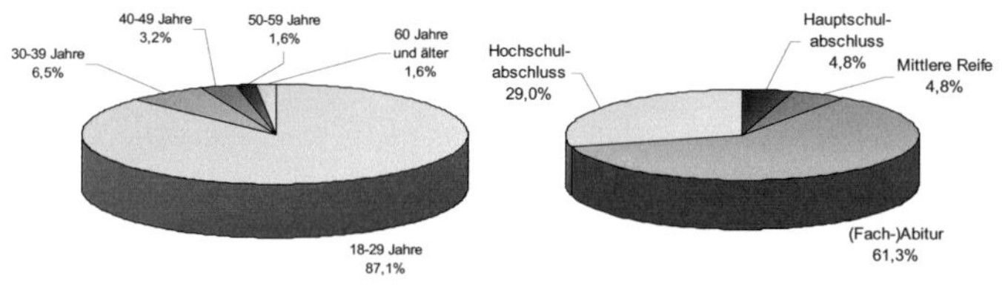

Abbildung 2-4: Alter und Bildungsstand der Stichprobe

Für diese Zielgruppe, aus der sich die Stichprobe hauptsächlich zusammensetzt, kann nachgewiesen werden, dass wie vermutet das Interesse an CFEL hoch ist (vgl. Abbildung 2-5).

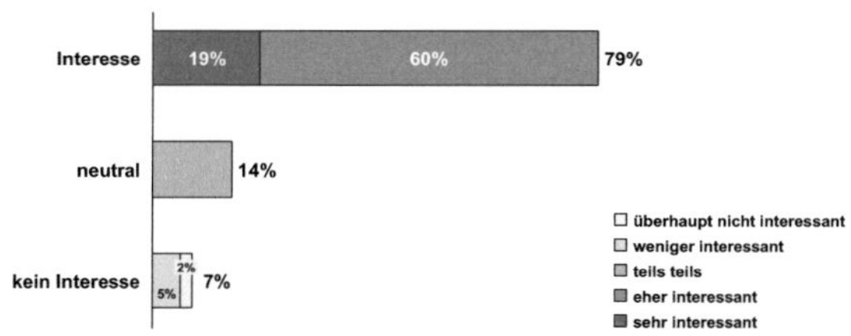

Abbildung 2-5: Interesse an CFEL

So geben 79 Prozent der Befragten an, dass sie CFEL-Angebote grundsätzlich interessieren (19 % sehr interessant, 60 % eher interessant). Lediglich sieben Prozent der Probanden sind an CFEL nicht interessiert und 14 Prozent unentschieden.

2.2.2.2 Fähigkeiten

Neben einer bedürfnisadäquaten Steigerung des Kundennutzens, ist für CFEL insbesondere zu berücksichtigen, dass es dann angenommen wird, wenn die bereitgestellten Dienste und Funktionalitäten auch den Fähigkeiten und Fertigkeiten der Kunden entsprechen [Simo01, S. 104]. Daher muss der überwiegende Teil der Kunden über die notwendige

Medienkompetenz zur Nutzung des CFEL-Angebots verfügen [Kerr01, S. 271]. BECK und LEUTENEGGER [BeLe99, S. 111] gehen davon aus, dass mit zunehmender Nutzungsdauer elektronischer Medien, insbesondere des Internets, von Kunden immer umfangreichere Funktionalitäten beansprucht und komplexere Dienste genutzt werden. Anhand der Erfahrungen und Nutzungsabsichten werden fünf Phasen unterschieden, die ein Internet-Nutzer während seines Entwicklungsprozesses durchläuft [BeLe99, S. 111f.].

Unerfahrene Nutzer befinden sich anfangs in der „e-leisure"-Phase. Dort sind sie hauptsächlich am Unterhaltungswert eines Angebots interessiert und nur in der Lage, grundlegende Dienste und Funktionalitäten elektronischer Medien zu nutzen. Daran schließt sich die Phase „e-information" an, in der Nutzer elektronische Medien aktiv zur Informationssuche verwenden und sich bereits mit einer Reihe von Funktionalitäten und Diensten vertraut gemacht haben. In der dritte Phase „e-contact" entdeckt und nutzt der User verschiedene Interaktions- und Kommunikationsmöglichkeiten und sucht den aktiven Austausch mit anderen Nutzern. In der anschließenden „e-shopping"-Phase wickelt der Nutzer bereits komplette Markttransaktionen über elektronische Medien ab. Seine Aktivitäten reichen in dieser Phase von der Informationsbeschaffung über die Durchführung von Produktvergleichen bis hin zum Produktkauf. Befinden sich Nutzer in der fünften Phase „e-service", erwarten sie umfassende und angemessen komplexe Unterstützungsangebote, die möglichst individuell für sie erbracht werden [KuTo04, S. 166]. Einfache CFEL-Angebote sind bereits für Kunden, die sich in der Phase „e-information" befinden und erste Erfahrungen mit elektronischen Medien besitzen, einsetzbar. Besondere Potenziale hat CFEL jedoch in den letzten beiden Phasen. Hier sind die Kunden zum einen in der Lage und bereit, CFEL im Rahmen mehrer lernrelevanter Aktivitäten während einer Markttransaktion zu nutzen. Zum anderen erwarten Kunden ausgefeilte, individuelle Service-Angebote, die zu einer umfassenden Problemlösung in ihrer spezifischen Situation beitragen.

Da kein entsprechendes Datenmaterial bei den befragten Unternehmen vorlag, können keine Aussagen zur notwendigen Medienkompetenz der Kunden für CFEL aus Anbietersicht getroffen werden.

Ergebnisse der Nachfragerstudie

Die Nachfragerstudie zeigt, dass die betrachtete Stichprobe, die ein starkes Interesse an CFEL besitzt (vgl. Abschnitt 2.2.2.1), auch über ausgeprägte Erfahrungen mit elektronischen Medien verfügt. So nutzen 80 Prozent der Probanden das Internet seit mehr als vier Jahren und ca. 90 Prozent sogar täglich (vgl. Abbildung 2-6).

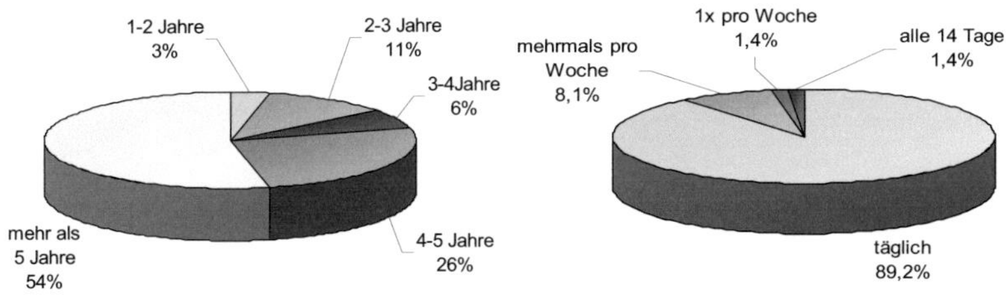

Abbildung 2-6: Internet-Nutzungsdauer und -häufigkeit der Stichprobe

Darüber hinaus beziehen sich auch die Nutzungsabsichten im Wesentlichen auf für CFEL relevante Aspekte (vgl. Abbildung 2-7). Am häufigsten werden Informationen zu Leistungen von Unternehmen gesucht, gefolgt von der Durchführung von Markttransaktionen und der Nutzung von Service-Angeboten zur Problemlösung. Daraus kann abgeleitet werden, dass auch der Umgang mit grundlegenden Funktionalitäten und Diensten eines CFEL-Angebots den Fähigkeiten der Probanden entspricht und sogar entsprechend umfassende und komplexe Service-Angebote gewünscht werden. Weiterhin haben über 60 Prozent der Probanden bereits Erfahrungen mit virtuellen Weiterbildungsangeboten.

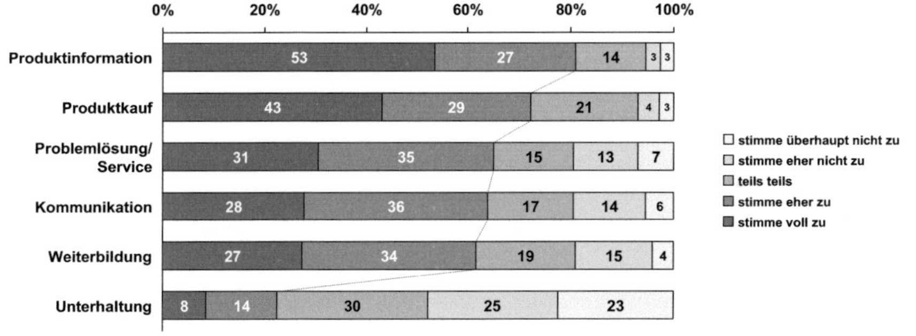

Abbildung 2-7: Internet-Nutzungsabsichten der Stichprobe

2.2.3 Produktbezogene Faktoren

2.2.3.1 Komplexität

Je komplexer ein Produkt ist, desto mehr Unsicherheit besteht aufgrund fehlender Informationen während des Kaufs und desto erklärungsbedürftiger wird auch seine Anwendung [HüMa00, S. 365]. Dies hat zur Folge, dass Konsumenten zum Abbau von Unsicherheiten eine Reihe von Informationen heranziehen und Wissen aufbauen, um über alle relevanten Entscheidungsparameter hinweg fundiert eine Kaufentscheidung zu treffen. Nach dem Kauf ist der Kunde umso zufriedener mit dem Produkt, umso besser er dessen Funktionalitäten kennt und beherrscht [Aldr00]. CFEL kann bei komplexen Produkten dazu eingesetzt werden, um dem Kunden den vollen Produktnutzen aufzuzeigen, ihn für den Gebrauch der Kernleistung zu qualifizieren und schnelle Hilfe bei Problemen mit dem Produkt zu leisten

[Prom03]. Eventuell auftretenden Nachkaufdissonanzen, Enttäuschungen sowie Produktunzufriedenheiten wird damit vorgebeugt.

Neben diesen Kriterien auf Ebene des Einzelprodukts spricht auch ein breites und / oder tiefes Leistungsspektrum des Anbieters für den Einsatz von CFEL [RoGö05, S. 868]. Die Eigenschaften des Gesamtangebotes determinieren in hohem Maße die Beurteilungsmöglichkeiten einzelner Produkteigenschaften [MeBr00, S. 65]. Somit wird es zum einen für Kunden bei einem tiefen Sortiment immer schwieriger, das Produkt aus der Menge an Alternativen auszuwählen, das ihre Wünsche und Erwartungen bestmöglich erfüllt. Verfügt der Anbieter zum anderen über ein breites Sortiment, kann CFEL eingesetzt werden, um ergänzende Leistungen oder Produkt- / Servicebündel, die eine Problemlösung für den Kunden bieten, aufzuzeigen.

In der Informationsökonomik werden im Zusammenhang mit der Informationssuche und -verarbeitung Such-, Erfahrungs- und Vertrauenseigenschaften von Gütern unterschieden [Dill02, S. 55f.; Kuss01, S. 91f.]. Der Umfang der Informationssuche und -verarbeitung ist abhängig davon, welche Eigenschaften ein Konsument einem Gut zuordnet. Je nach Dominanz einer Eigenschaftskategorie spricht man von sog. Such-, Erfahrungs- oder Vertrauensgütern [WeAd95, S. 60]. Sucheigenschaften sind die Produktmerkmale, die der Konsument vor der Kaufentscheidung vollständig beurteilen kann, z. B. Form, Farbe, Gewicht oder Preis. Leistungen, bei denen Sucheigenschaften dominieren, sind für CFEL weniger geeignet, da die benötigten Informationen direkt in das Bewusstsein aufgenommen werden können (vgl. Abschnitt 1.3.3). Erfahrungseigenschaften sind solche Leistungseigenschaften, die vor dem Kauf nicht absehbar sind und sich erst durch den Konsum der Leistung herausbilden. Hier kann CFEL eingesetzt werden, um Kunden, die vor der Kaufentscheidung keine eigenen Erfahrungen im Hinblick auf die Leistungsqualität besitzen, Erfahrungswissen zu vermitteln (z. B. worauf beim Kauf zu achten ist). Vertrauenseigenschaften sind Eigenschaften einer Leistung, die vom Kunden weder vor noch nach dem Kauf beurteilt werden können, wie z. B. die Zusammensetzung eines Medikaments. Leistungen mit einem hohen Anteil an Vertrauenseigenschaften sind sehr gut für den Einsatz von CFEL geeignet, da es sich hierbei meist um Themen handelt, die der Konsument aufgrund von fehlendem Know-how nicht erfassen kann [Strü05, S. 48]. Es gibt kaum Leistungen, die sich eindeutig in eine der Kategorien einteilen lassen, jedoch haben verschiedene Produkte verschiedene Schwerpunkte hinsichtlich der Überprüfbarkeit der Eigenschaften und lösen daher auch differierende Informations- und Wissensbedürfnisse aus. Daher erscheint der Einsatz von CFEL insbesondere bei komplexen, erklärungsbedürftigen Leistungen, die einen hohen Anteil an Erfahrungs- und Vertrauenseigenschaften aufweisen und daher mit einer erhöhten Informationssuche und -verarbeitung einhergehen, geeignet.

Ergebnisse der Anbieterstudie

In Tabelle 2-4 sind die Einflussfaktoren für einen Erfolg versprechenden Einsatz von CFEL auf Ebene der angebotenen Produkte und Dienstleistungen aus Unternehmenssicht dargestellt.

Produktbezogene Einflussfaktoren	Nennungen Anbieter	Nennungen Dienstleister	Gesamt
Komplexe und erklärungsbedürftige Leistungen	8	2	**10**
Verbindung des Lernens zur Kernleistung	5	0	**5**
Hohe Variantenvielfalt	3	1	**4**
Kurze Produktlebenszyklen	2	0	**2**

Tabelle 2-4: Produktbezogene Einflussfaktoren

Alle befragten Anbieter geben an, dass sie die von ihnen angebotenen Produkte und Dienstleistungen als komplex und erklärungsbedürftig ansehen. Mit Hilfe des Lernangebotes wird bestehenden und potenziellen Kunden gezielt Wissen zur Reduktion von Unsicherheiten oder zum Abbau von Hemmschwellen vermittelt. Die Kunden sollen durch CFEL mit den Möglichkeiten bzw. Funktionalitäten der jeweiligen Leistung vor und nach dem Kauf vertraut gemacht werden.

Eine weitere Voraussetzung für den Einsatz von CFEL ist, dass das Angebot einen starken Bezug zur Primärleistung des Unternehmens aufweist. Nur wenn der Kunde diese Verbindung wahrnimmt, kann für den Kunden ein echter Mehrwert geschaffen und die mit dem Einsatz von VAS verbundenen Ziele erreicht werden (vgl. Abschnitt 2.2.1.1). Für die Deckung von Informations- und Wissensbedürfnissen, die thematisch im weiteren Umfeld der Leistung angesiedelt sind, ist der Einsatz von CFEL weniger geeignet und Erfolg versprechend [RoGö05, S. 871].

Auf der Ebene des Gesamtleistungsangebots nennen die befragten Unternehmen hohe Variantenvielfalt und kurze Produktlebenszyklen als Einflussfaktoren für den Erfolg versprechenden Einsatz von CFEL.

Ergebnisse der Nachfragerstudie

Befragt nach der Eignung von CFEL für verschiedene Leistungsgruppen[1], finden jeweils über 75 Prozent der potenziellen Nachfrager den Einsatz von CFEL bei Leistungen aus den Bereichen PC Hardware, Heimelektronik sowie Finanzen sinnvoll (vgl. Abbildung 2-8). Diese Produkte und Dienstleistungen sind als eher komplex und erklärungsbedürftig anzusehen und besitzen einen hohen Anteil an Erfahrungs- und Vertrauenseigenschaften [RoGö05, S. 868]. Wenig Interesse an CFEL besteht hingegen bei Leistungen aus den Bereichen Kosmetik und Lebensmittel.

[1] Die Auswahl der Produkte entspricht dem „Global eCommerce Report 2002" [TNSI02].

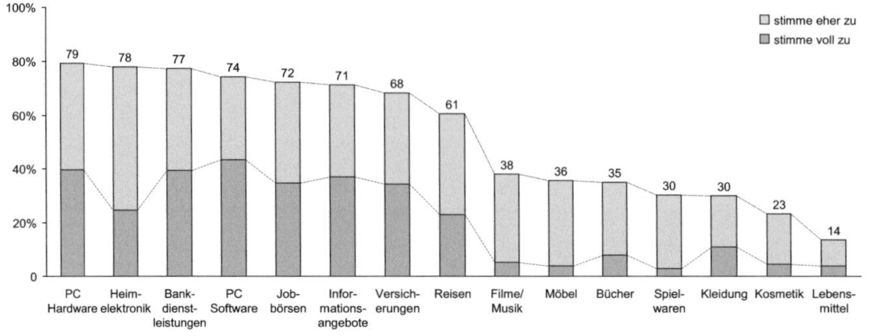

Abbildung 2-8: Geeignete Produkt- und Dienstleistungsgruppen

Dementsprechend finden auch 93 bzw. 97 Prozent der Probanden, dass insbesondere Anbieter mit neuartigen bzw. technisch komplexen Leistungen CFEL einsetzen sollten. Bezüglich der Sortimentstiefe und -breite ergibt die empirische Untersuchung, dass aus Kundensicht CFEL vor allem bei hoher Sortimentstiefe eingesetzt werden sollte (vgl. Abbildung 2-9). Hier wird offenkundig, dass Informations- und Wissensbedürfnisse v. a. auftreten, wenn der Kunde zwischen zahlreichen Alternativen wählen muss.

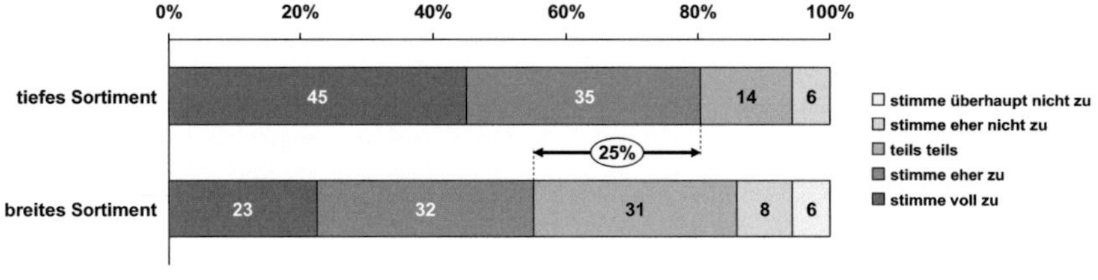

Abbildung 2-9: Auswirkungen der Sortimentstiefe- und breite auf den CFEL-Einsatz

CFEL-Angebote, die sich mit einer Wissensvermittlung zu Produktalternativen beschäftigen, schätzen 80 Prozent der Befragten als sinnvoll ein. Das Interesse an CFEL-Angeboten, die über Kombinations- und Zusatzprodukte aufklären, und so auf ein breites Sortiment abzielen, fällt hingegen geringer aus. Der Aussage, das Unternehmen CFEL-Angebote zu Kombinations- und Zusatzprodukten anbieten sollten, stimmen nur 55 Prozent der Probanden zu. Der Untersuchungsbefund darf jedoch nicht darüber hinwegtäuschen, dass der Einsatz von CFEL aus Sicht des Anbieters auch bei einem breiten Sortiment geeignet sein kann. Dies betrifft insbesondere das Ausschöpfen von Cross-Selling-Potenzialen. Weiterhin stoßen auch bei Kunden insbesondere CFEL-Angebote auf starkes Interesse, die in unmittelbarem Zusammenhang mit der angebotenen Primärleistung des Unternehmens stehen. Weniger nachgefragt sind CFEL-Angebote, die nur im weitesten Sinne einen thematischen Bezug zur Primärleistung des Unternehmens aufweisen.

2.2.3.2 Involvement

Durch das Involvement wird der Grad des persönlichen Interesses der Kunden an den Leistungen des Unternehmens durch das beim Kauf empfundene Risiko ausgedrückt [Pepe01, S. 249]. Kunden versuchen durch systematische Informationssuche und gezielten Wissenserwerb ihr Kaufrisiko zu reduzieren [Pepe01, S. 249]. Die Stärke des Involvements, als Ausmaß der Ich-Beteiligung und Aktiviertheit eines Individuums, ist somit ausschlaggebend für die Qualität und Tiefe der Informationssuche, -verarbeitung und -speicherung sowie den Umfang der Lern- und Wissensbedarfe im Zuge der Kaufentscheidung [KuTo04, S. 64.; Pepe95, S. 61; KrWe96, S. 380]. Das vom Kunden empfundene Risiko, das die Stärke des Involvements determiniert, setzt sich aus Unsicherheit im Zuge der Kaufentscheidung, als Wahrscheinlichkeit eines Verlustes, und damit verbundener Konsequenzen, als empfundene Bedeutung eines Verlustes, zusammen [Cunn67, S. 84]. Es werden fünf verschiedene Risikodimensionen unterschieden [MuEn86, S. 31]. Ein finanzielles Risiko ist mit der Gefahr verbunden, zuviel für eine Leistung zu bezahlen oder eine Fehlinvestition zu tätigen. Das psychologische Risiko beschreibt beim Kunden auftretende Dissonanzen vor und nach dem Kauf. Unter ein physisches Risiko fallen Risiken, die die Sicherheit des Kunden selbst oder Anderer bei der Benutzung der Leistung gefährden. Darüber hinaus beschreiben funktionale Risiken den Zustand, dass die erworbene Leistung nicht die erwarteten Funktionen erfüllt und zu einer Problemlösung beiträgt. Letztlich treten soziale Risiken auf, wenn die erworbene Leistung durch Fremdeinschätzung auf Ablehnung stößt.

CFEL-Angebote können bei High-Involvement-Produkten das kundenseitige Risiko bei der Anbieter- und Produktauswahl reduzieren sowie das Vertrauen in den Anbieter und dessen Produkte erhöhen [RoGö05, S. 867]. Insbesondere ist der Einsatz von CFEL bei Produkten und Dienstleistungen geeignet, die einen hohen Anteil an finanziellen, funktionalen und physische Risiken für den Kunden bergen [KrRS07, S. 65]. Bei Leistungen mit niedrigem Involvement beziehen sich Lern- und Wissensbedarfe weniger auf die Primärleistung selbst sondern eher auf das Produktumfeld, was mit Nachteilen im Bezug auf die Wahrnehmung des CFEL-Angebots verbunden ist.

Ergebnisse der Nachfragerstudie

Da das Involvement von den persönlich empfundenen Risiken der Kunden beim Kauf bestimmt wird, kann dessen Bedeutung für den Einsatz von CFEL aus der Sicht potenzieller Nachfrager geeignet beurteilt werden. Die Nachfragerstudie prüft das Interesse der Probanden an verschiedenen Zusatzleistungen bei Leistungen, die jeweils ein geringes / hohes Involvement verursachen und eine geringe / hohe Komplexität besitzen (vgl. Abbildung 2-10). Es zeigt sich, dass Leistungen, die sowohl eine hohe Komplexität als auch ein hohes Involvement aufweisen, prädestiniert für eine Informationsbereitstellung und Wissensvermittlung durch den Einsatz von CFEL sind [RoGö05]. Jedoch hat das Involvement einen wesentlich geringeren Einfluss auf Informations- und Wissensbedürfnisse als die Leistungskomplexität.

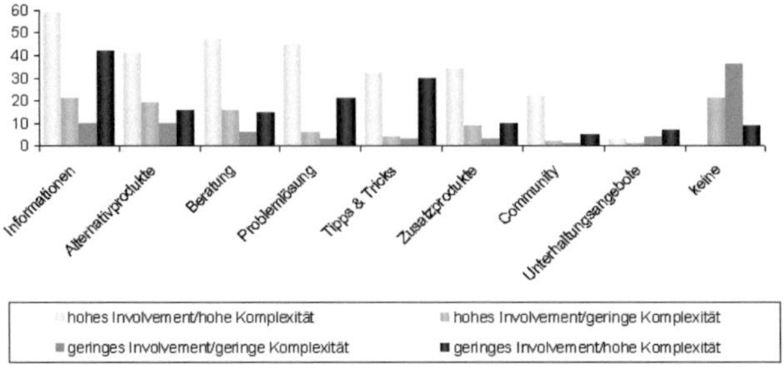

Abbildung 2-10: Eignung von CFEL nach Involvement und Leistungskomplexität

2.3 Geschäftsmodelle

2.3.1 Strategische Optionen

Mögliche strategische Optionen für den Einsatz von CFEL können im Hinblick auf den Transaktionsgegenstand unterschieden werden [MePi01, S. 10]. Dabei kann CFEL entweder in Form eines VAS als Sekundärleistung eine andere Primärleistung begleiten oder als eigenständige Primärleistung der eigentliche Transaktionsgegenstand sein [Laib98, S. 516]. Die strategischen Optionen für CFEL sind in Abbildung 2-11 dargestellt.

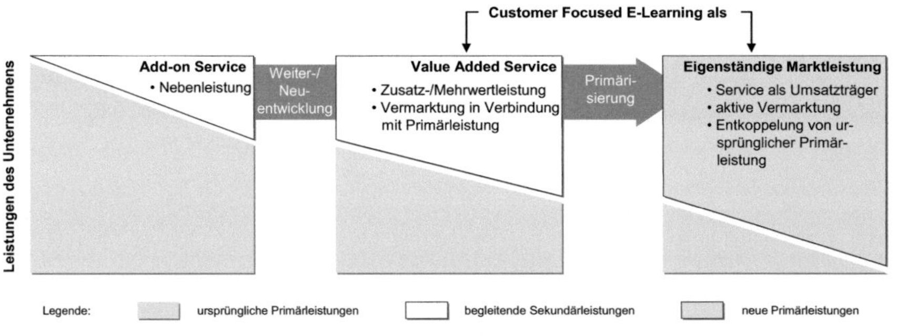

Abbildung 2-11: Strategische Optionen des CFEL-Einsatzes

Die empirische Studie zeigt, dass CFEL von allen befragten Anbietern zunächst als VAS entwickelt und eingesetzt wird, um damit verbunden Nutzenpotenziale zu erschließen (vgl. Abschnitt 2.2.1.1). Charakteristisch dafür ist, dass keine aktive Vermarktung erfolgt, sondern CFEL immer im Zusammenhang mit einer Primärleistung angeboten wird [Mann98, S. 44]. Bei erfolgreichen Sekundärleistungen erfolgt zum Teil eine schrittweise sog. Primärisierung [MePi01, S. 11]. Hier findet aus Kundensicht ein Übergang vom Begleitobjekt zum zentralen, bezahlten Gegenstand der Transaktion statt. Die Sekundärleistung wird dann als eigenständige Primärleistung vermarktet und bietet so die Möglichkeit, neue, von den ursprünglichen Primärleistungen getrennte, Geschäftsfelder aufzubauen [MePi01, S. 11]. Ausschlaggebend für diese Weiterentwicklung von fakultativen Sekundärdienstleistungen ist, dass der Kunde in ihnen einen echten Mehrwert erkennt. Die Primärisierung gelingt deshalb vor allem bei VAS, die als absatzpolitische Zusatzleistungen kaufentscheidend sind. Da dies für CFEL zutrifft (vgl. Abschnitt 2.2.1.1), besitzt CFEL grundsätzlich auch das Potenzial, als eigenständige Marktleistung das Leistungsangebot des Unternehmens zu erweitern und als eigener Umsatzträger einen Wertbeitrag zu liefern. Bereits drei der befragten Unternehmen setzen eine schrittweise Primärisierung des CFEL-Angebots um und bieten Teile des Lernangebots als eigenständige, kostenpflichtige Leistung am Markt an. Langfristig kann sich für einige Unternehmen dabei auch die Situation ergeben, dass CFEL einer nachhaltigen Diversifikation im Markt dient oder sogar in den Vordergrund des gesamten Leistungsangebots rückt [MeBr00, S. 246]. Das CFEL-Angebot ergänzt oder verdrängt dann die ursprünglichen Primärleistungen und stellt als neue Primärleistung einen wesentlichen Teil des Leistungsprogramms des Unternehmens dar. Der direkte Zusammenhang zwischen generischer Primärleistung und zusätzlicher Sekundärleistung löst sich auf, so dass das Angebot des Unternehmens nun auch Leistungen enthält, die nur noch indirekten oder gar keinen Bezug mehr zum ursprünglichen Kerngeschäft aufweisen [Fass95, S. 126].

Anhand entsprechender Geschäftsmodelle können die aufgezeigten strategischen Optionen des CFEL-Einsatzes detailliert betrachtet werden. Ein Geschäftsmodell ist wesentlicher Bestandteil einer umfassenden, nachhaltigen und durchdachten (E-Learning-) Strategie und bildet in vereinfachter und aggregierter Form ab, welche Ressourcen in ein Unternehmen eingehen und wie diese durch den innerbetrieblichen Leistungserstellungsprozess in mehrwert- und vermarktungsfähige Informationen, Produkte und Dienstleistungen transformiert werden [HoBr03, S. 1; WiBe02, S. 911]. Darüber hinaus werden durch ein Geschäftsmodell relevante Akteure, ihre Rollen sowie Erlös- und Finanzierungsquellen beschrieben [Timm00, S. 32]. Dabei kommt Geschäftsmodellen nicht nur die deskriptive Aufgabe zu, existierende Unternehmungen zu beschreiben und so zur Typisierung und Systematisierung von Geschäftsideen beizutragen [SaGL05, S. 197]. Sie werden vielmehr auch zur Modellierung und Analyse von strategischen Optionen verwendet und haben eine besondere Bedeutung bei der Konzeption von Geschäftsstrategien und Strategieumsetzung [BiRü02, S. 16; SaGL05, S. 197]. Analog hierzu bilden Geschäftsmodelle für CFEL mögliche betriebliche Leistungssysteme im Rahmen der einzelnen strategischen Optionen ab, die insbesondere auch die finanzielle Tragfähigkeit des CFEL-Einsatzes aufzeigen [GrBB05, S. 101; SeMi03, S. 8f.]. So beurteilen die befragten Anbieter den Einsatz von CFEL durchweg positiv und würden ihre Investitionen jederzeit wiederholen, entwickeln aber kaum Geschäftsmodelle, auf deren Basis die finanzielle Nachhaltigkeit eingeschätzt und gesichert werden kann. Hierdurch kann jederzeit ein ähnlich negativer Verlauf wie im Beispiel des bereits erwähnten Anbieters eintreten, der trotz positiver Kundeneinschätzungen sein CFEL-Angebot eingestellt hat (vgl. Abschnitt 2.2.1.2).

Integrierte Geschäftsmodelle bilden alle relevanten Bereiche der Wertkette, von der Beschaffung bis zum Absatz, ab. Sie können als grundlegende Vorgehensmodelle und Rahmenwerke zur Umsetzung strategischer Optionen aufgefasst werden [Schn01, S. 125]. Die konkrete Ausgestaltung eines integrierten Geschäftsmodells für CFEL ist abhängig von den Kompetenzen, Ressourcen, verfolgten Zielsetzungen und der zugrunde liegenden Strategie eines spezifischen Unternehmens. Zur Komplexitätsreduktion erfolgt die Darstellung von integrierten Geschäftsmodellen i. d. R. durch eine Aufspaltung in Partialmodelle [Wirt01, S. 211]. Unter der Vielzahl unterschiedlicher existierender Partialmodelle können sechs relevante Teile eines integrierten Geschäftsmodelles identifiziert werden, die für die Modellierung und Analyse der strategischen Optionen des CFEL-Einsatzes Verwendung finden (vgl. Abbildung 2-12) [SaGL05, S. 200].

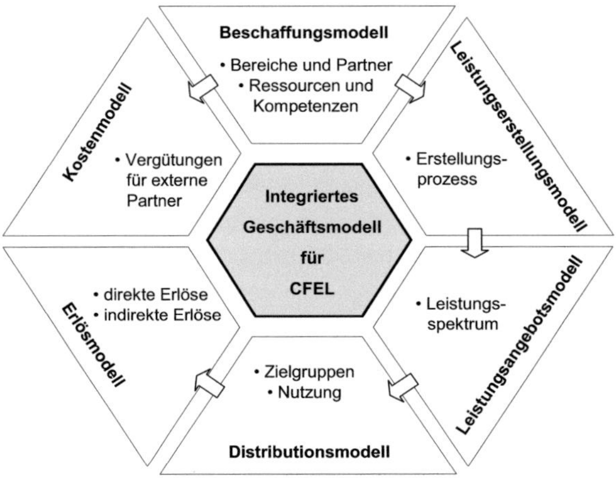

Abbildung 2-12: Partialmodelle eines integrierten Geschäftsmodells für CFEL

Durch das Beschaffungsmodell werden die in das Leistungssystem für CFEL eingehenden Ressourcen und Kompetenzen beschrieben. Dabei wird sowohl das Verhältnis zu Akteuren aus innerbetrieblichen Bereichen als auch zu externen Partnern betrachtet. Das Kostenmodell bildet entsprechende Vergütungen für die von externen Partnern bezogenen Leistungen ab. Das Leistungserstellungsmodell beschäftigt sich mit dem Prozess, durch den unter Nutzung eingehender Ressourcen und Kompetenzen die Angebotsleistungen erstellt werden [Wirt01, S. 212]. Auf dieser Basis zeigt das Leistungsangebotsmodell die Zusammensetzung des daraus resultierenden CFEL-Angebots auf [KrKi05, S. 29]. Das Distributionsmodell stellt schließlich dar, wie das Leistungsangebot an die anvisierten Zielgruppen verteilt und von diesen genutzt wird [Wirt01, S. 212]. Teilweise ergänzend dazu werden im Erlösmodell direkte Erlösquellen, die durch Entgelte der Nutzer für die Inanspruchnahme von Leistungen entstehen, und indirekte Erlösquellen, bei denen die Inanspruchnahme der

Leistungen nicht durch Nutzer sondern Geschäftsbereiche bzw. Dritte bezahlt wird, aufgezeigt [Clem02, S. 25; Wirt01, S. 215].

2.3.2 Customer Focused E-Learning als Value Added Service

Der Geschäftsmodellrahmen für CFEL als Value Added Service ist in Abbildung 2-13 dargestellt. Dabei sind in Anlehnung an Wirtz [Wirt01, S. 223] zur besseren Illustration Kosten- und Beschaffungsmodell sowie Distributions- und Erlösmodell jeweils gemeinsam abgebildet.

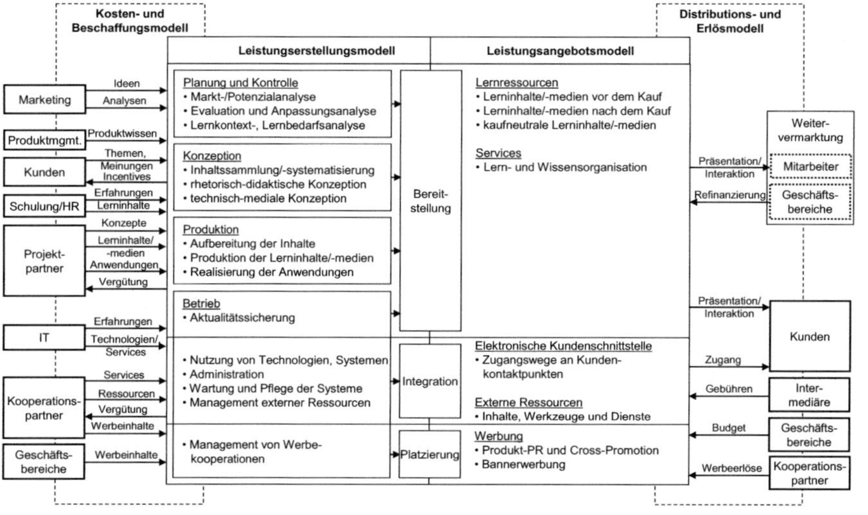

Abbildung 2-13: Geschäftsmodellrahmen für CFEL als VAS

In den Erstellungsprozess des CFEL-Angebots gehen verschiedene Ressourcen und Kompetenzen unterschiedlicher Akteure ein. Für eine strukturierte Abbildung des Prozesses innerhalb des Leistungserstellungsmodells können die vier Phasen Planung und Kontrolle, Konzeption, Produktion und Betrieb aus dem Referenzprozessmodell für Bildungsangebote und dem Phasenmodell zur Entwicklung von Dienstleistungen abgeleitet werden [DIN04; DIN01; Sch+06].

In der Anbieterstudie zeigt sich, dass die Einführung von CFEL als VAS i. d. R. von der Marketingabteilung des Unternehmens initiiert wird. Diese ist üblicherweise hauptverantwortlich für die Planung und Kontrolle der späteren Umsetzung des Angebots. Im Rahmen der Planung liefert das Marketing die grundlegende Idee für CFEL. Anschließend werden Markt- und Potenzialanalysen durchgeführt, auf deren Basis die konkrete Formulierung und Bewertung der Dienstleistungsidee, ausgehend von marktlichen Rahmenbedingungen und Kundenbedürfnissen (marktorientierter Ansatz) oder Kernkompetenzen des Unternehmens (potenzialorientierter Ansatz), erfolgt [Luc+04, S. 452]. Ist CFEL bereits eingeführt, evaluiert das Marketing das Angebot regelmäßig und gleicht auf der Grundlage von Anpassungsanalysen die formulierten Ideen zum Leistungsangebot ggf. an, so dass ein neuer Planungsprozess eingeleitet wird. Darüber hinaus sind während der Planung durch Lernkontext- und Lernbedarfsanalysen die allgemeinen Rahmenbedingungen, in denen das Lernangebot eingesetzt werden soll, und der Mehrwert des CFEL-Angebots zu ermitteln. Neben dem Marketing ist daran ebenfalls das Produktmanagement wesentlich beteiligt, das notwendiges Produktwissen für die Einschätzung der Lern- und Wissensbedarfe der Kunden einbringt. Die Anbieterstudie zeigt auch, dass für das CFEL-Angebot häufig ein eigenes Projektteam mit Mitarbeitern von Marketing und Produktmanagement zusammengestellt wird.

Dem Produktmanagement obliegt hauptsächlich auch die inhaltliche Konzeption des CFEL-Angebots. Hier trägt es zum einen zur Sammlung und Systematisierung relevanter Inhalte bei. Zum anderen wirkt das Produktmanagement maßgeblich bei der rhetorisch-didaktischen Konzeption mit, indem es die Kommunikation des selektierten Produktwissens bestimmt. Darüber hinaus sind auch Kunden an der inhaltlichen Konzeption des Angebots zu beteiligen (vgl. Abschnitt 2.2.2.1). Sie liefern Ideen zum CFEL-Angebot und zeigen lernrelevante Themen auf. Weiterhin arbeitet auch der Schulungs- und Personalentwicklungsbereich an der inhaltlichen Konzeption des Angebots mit. Dieser stellt eventuell vorhandene Lerninhalte für andere Zielgruppen, die angepasst oder weiterentwickelt werden können, systematisiert zusammen. Daneben kommt der Schulung und Personalentwicklung eine bedeutende Rolle bei der rhetorisch-didaktischen Konzeption des CFEL-Angebots zu. Hier erarbeitet sie zusammen mit dem Produktmanagement das Konzept und bringt wichtige Erfahrungen aus bereits für verschiedene Zielgruppen realisierten E-Learning-Angeboten ein (vgl. Abschnitt 2.2.1.2). Häufig ist die Schulungs- und Personalentwicklungsabteilung auch für die technisch-mediale Konzeption verantwortlich. Zusätzlich wirken externe Projektpartner an der technisch-medialen Konzeption mit. Lediglich zwei der befragten Anbieter arbeiteten nicht mit externen Projektpartnern zusammen und konnten ausschließlich auf eigene Kompetenzen zurückgreifen bzw. diese aufbauen. Da neben den Inhalten eine ansprechende Gestaltung und eine einfache Bedienbarkeit als ausschlaggebend für die Akzeptanz und den späteren Erfolg des CFEL-Angebots beurteilt werden, finden auch entsprechende Abstimmungsprozesse mit dem Marketing und ein Meinungsaustausch mit Kunden statt. Hingegen wird bei den in der empirischen Studie befragten Unternehmen nur in zwei Fällen die IT-Abteilung bereits in die Konzeption des Angebots einbezogen. Der Rückgriff auf Erfahrungen der IT-Abteilung bei der Auswahl geeigneter Basistechnologien und Systeme für das Lernangebot ist aber insbesondere im Hinblick auf den späteren technischen Betrieb wichtig, der regelmäßig bei dieser Abteilung liegt. Dieser Aspekt wird auch von drei Anbietern als Ansatzpunkt für Verbesserungen im Rahmen der Umsetzung von CFEL-Angeboten genannt.

In der Phase der Produktion des CFEL-Angebots sind Schulung- und Personalentwicklungsabteilung sowie externe Projektpartner die wesentlichen Akteure. Schulung und Personalentwicklung bereitet zunächst Produktwissen und vorhandene Lerninhalte didaktisch für die Zielgruppe Kunden auf. Je nach vorhandenen Ressourcen und Kompetenzen ist sie auch an der sich anschließenden Produktion der Lerninhalte und digitalen Lernmedien beteiligt. Da ein qualitativ hochwertiges Angebot entscheidend für erfolgreiches CFEL ist, wird diese Aufgabe aber hauptsächlich von externen Projektpartnern mit Kernkompetenzen in diesem Bereich übernommen, die die Lerninhalte und -medien entsprechend der konzeptionellen Vorgaben speziell für das Projekt produzieren. Ein Zukauf von am Markt für Aus- und Weiterbildungsangebote vorhandenen Lerninhalten und -medien wurde nur von einem der befragten Anbieter getätigt. Die Realisierung von Anwendungen für CFEL zur Präsentation der Lerninhalte und -medien und Interaktion mit dem System wird ebenfalls von externen Projektpartnern durchgeführt. Diese erhalten dementsprechend Vergütungen für die während der Konzeption und Produktion erbrachten Leistungen. Weiterhin sind im Rahmen von Abstimmungsprozessen Marketing- und IT-Abteilung in geringem Maße in der Produktionsphase an der Leistungserstellung beteiligt.

In der Phase des Betriebs sind durch das Produktmanagement zunächst die Aktualität des Lernangebots regelmäßig sicher zu stellen und die Lerninhalte entsprechend zu pflegen. Der hauptsächliche Akteur in dieser Phase ist allerdings die IT-Abteilung, die notwendige Ressourcen zur Nutzung sowie Services wie Administration, Wartung und Pflege von Technologien und Systemen bereit stellt. Durch Auslagerung des technischen Betriebs an langfristige Kooperationspartner können diese Leistungen gegen entsprechende Vergütungen auch extern bezogen werden. Teilweise wird im Rahmen der Konzeption auch die Einbindung externer Ressourcen, wie Inhalte, Dienste und Werkzeuge, von Kooperationspartner in das Lernangebot vorgesehen. Hier obliegt dem Marketing das wirtschaftliche und der IT-Abteilung das technische Management dieser Ressourcen. Darüber hinaus können Werbeinhalte sowohl von externen Kooperationspartnern als auch von einzelnen Geschäftsbereichen des anbietenden Unternehmens im CFEL-Angebot platziert werden. In letzterem Fall müssen die Inhalte nicht ausschließlich vom Geschäftsbereich der Primärleistung selbst geliefert werden, sondern können auch aus anderen Geschäftsbereichen des Kerngeschäfts stammen. Für Werbekooperationen mit externen Partnern ist ein entsprechendes Management notwendig, das durch die Marketingabteilung erfolgt.

Das Leistungserstellungsmodell mündet schließlich am Übergang zum Leistungsangebotsmodell in die Bereitstellung von eigenerstellten Leistungen, die Integration des Angebots in bestehende Strukturen, Systeme und Prozesse an der Kundenschnittstelle, die Integration externer Angebote und die Platzierung zusätzlicher, erlösgenerierender Angebote [vgl. z. B. KrKi05, S. 29].

Im Rahmen der Bereitstellung von Leistungen werden durch Anwendungen für CFEL neben den eigentlichen Lernressourcen in Form von Lerninhalten und -medien auch entsprechende Services angeboten, die die Organisation des Lernens und die problemorientierten Zusammenstellung von Wissen durch den Kunden unterstützen. Bei der Bereitstellung eigenerstellter Lernressourcen können allgemein die drei in Abbildung 2-14 dargestellte Formen unterschieden werden [MoZe03, S. 1229].

	EduCommerce	**Product Training**	**Private Training**
Bereitstellung	vor dem Kauf	nach dem Kauf	kaufneutral
Mehrwert-fokus	Unterstützung der Kaufentscheidung	Unterstützung bei Inbetriebnahme, Einsatz, Wartung, Pflege, Entsorgung, Neubeschaffung	Befriedigung privater Bildungsinteressen
Nutzung	kostenlos	kostenlos nach Erwerb der Primärleistung	kostenlos/ kostenpflichtig

Abbildung 2-14: CFEL-Formen

Die Bereitstellung von CFEL-Angeboten als Marketinginstrument vor dem Kauf, auch EduCommerce genannt, umfasst eine kostenlose Nutzung der Lernressourcen durch Kunden im Rahmen des Fällens einer Kaufentscheidung [ChWh01; Conn01, S. 4]. Eine Wissensvermittlung durch Lernressourcen, die nach dem Kauf bereitgestellt werden, zielt auf die Unterstützung der Kunden bei Installation, Einsatz, Wartung, Ausmusterung und Neubeschaffung der mit dem Angebot verbundenen Primärleistung ab [Aldr00]. Das Anrecht zur Nutzung dieses sog. Product Trainings erwirbt der Kunde mit dem Kauf der verbundenen Primärleistung, wobei ihm das CFEL-Angebot dann kostenlos zur Verfügung steht [MoZe03, S. 1229]. Darüber hinaus stellen Unternehmen durch sog. Private Training Kunden auch Lernressourcen zur Befriedigung privater Bildungsinteressen zu Verfügung, die keinen konkreten Bezug zu einer Kaufphase aufweisen und thematisch im lernrelevanten Umfeld der Kernleistung angesiedelt sind [Barr00, S. 32; FrSW01, S. 3]. Dies ist vor allem bei Anbietern mit weniger komplexen und erklärungsbedürftigen Kernleistungen zu beobachten [RoGö05, S. 870f.]. Diese Lernressourcen können zum einen kostenlos genutzt werden, wenn ein starker thematischer Bezug zu einer Primärleistung existiert (vgl. Abschnitt 2.2.3.1). Zum anderen besteht insbesondere bei diesen Lernressourcen auch für Unternehmen außerhalb der Aus- und Weiterbildungsbranche die Möglichkeit, kostenpflichtige Lernangebote im Rahmen des Lebenslangen Lernens zu etablieren (vgl. Abschnitt 2.3.3).

Die Grenzen zwischen den drei verschiedenen Formen von CFEL sind jedoch durchaus fließend [RoGö05, S. 862]. So können z. B. Lernressourcen, die sich inhaltlich mit der Vermittlung von Wissen zu Eigenschaften der Primärleistung beschäftigen, grundsätzlich sowohl für EduCommerce als auch Product Training verwendet und damit beide Formen des

CFEL angeboten werden. Weiterhin kann z. B. durch Wissen, das Kunden im Rahmen von Private Training erwerben, auch die Pflege, Wartung und Neu- oder Erstbeschaffung von Kernleistungen unterstützt werden.

Für das Leistungsangebotsmodell ist vor allem die Art der Bereitstellung und Nutzung bedeutend. Daher ist innerhalb des Leistungsangebotsmodells für CFEL generell zu entscheiden, ob die Lernressourcen vor dem Kauf, nach dem Kauf und / oder kaufneutral, also unabhängig vom Kauf, bereitgestellt werden. Bei einem Einsatz von CFEL als VAS steht das Angebot dem Kunden grundsätzlich kostenlos zur Verfügung. Teilweise kann das kostenlose Nutzungsrecht aber auch an einen vorherigen Kauf der mit dem Angebot verbundenen Primärleistung gekoppelt sein.

Erlöse sind daher bei dieser strategischen Option nur indirekt generierbar. Sie ergeben sich durch eine regelmäßige Budgetbereitstellung durch den Geschäftsbereich der Primärleistung auf Basis der Nutzeneffekte und Wirkungen, die CFEL als VAS erzielt und dem Angebot direkt zugerechnet werden können (vgl. Abschnitt 2.2.1.1). Darüber hinaus kann auch eine teilweise oder vollständige Refinanzierung der Planungs-, Konzeptions- und Produktionskosten erfolgen, wenn die Lernressourcen anschließend auch Mitarbeitern innerhalb von internen Schulungsmaßnahmen zur Verfügung gestellt werden. Von dieser Möglichkeit machen drei der befragten Anbieter Gebrauch (vgl. Abschnitt 2.2.1.2). Sie weisen darauf hin, dass dies von den zu vermittelnden Lerninhalten abhängig und bereits bei der Planung des CFEL-Angebots zu berücksichtigen ist. Dadurch kann die Finanzierung vorab auf mehrere Geschäftsbereiche verteilt werden oder später Mittel für Nutzung der entwickelten Lernressourcen beansprucht werden.

Für den Kunden müssen geeignete Zugangswege zu den Lernressourcen geschaffen werden. Eine entsprechende Integration des CFEL-Angebots in elektronische Kundenschnittstellen an verschiedenen Kundenkontaktpunkten wird im Leistungsangebots-modell berücksichtigt. Dabei kann die Integration entweder in eigene Kundenschnittstellen des CFEL-Anbieters oder in Kundenschnittstellen von Intermediären der Primärleistung erfolgen. Für letztere Möglichkeit können ggf. nutzungsabhängige oder -unabhängige Gebühren beim Intermediär erhoben werden. Daneben muss auch erfasst werden, welche weiteren externen Ressourcen i. S. v. Lerninhalten und -medien sowie Werkzeugen und Diensten zur Unterstützung des Lernprozesses in das CFEL-Angebot eingebunden sind.

Die Platzierung von Werbung im Leistungsangebot zur Erschließung zusätzlicher indirekter Erlösquellen umfasst zum einen Produkt- und Cross-Promotion und zum anderen Bannerwerbung. Produkt-Promotion zielt als kommunikative Maßnahme über bezahlte Produktwerbung hinaus auf eine Steigerung der Produktbekanntheit sowie Vertiefung und Festigung von Produktwissen ab [HeNa94, S. 962]. Im Rahmen von Cross-Promotion werden Maßnahmen zur gemeinsamen Verkaufsförderung von Leistungen aus unterschiedlichen Warengruppen bzw. von verschiedenen Marken durchgeführt [Slut94, S. 19]. Beide Maßnahmenbereiche haben eine Steigerung des Absatzes sowie eine Erhöhung des Cross-Selling- und Up-Selling-Potenzials zum Ziel. Im Rahmen des CFEL-Angebots können dabei Produktwissen zu höherwertigen oder angrenzenden Primärleistungen des Unternehmens vermittelt und Beziehungen der Primärleistung zu anderen Leistungen im Leistungsprogramm des Unternehmens aufgezeigt werden.

Geschäftsbereiche des Unternehmens, die Werbemaßnahmen im CFEL-Angebot platzieren, müssen dafür entsprechende Mittel für das CFEL-Angebot zur Verfügung stellen. Wie bei klassischer Bannerwerbung können im Rahmen der Platzierung von Produkt- und Cross-Promotion ebenfalls Werberlöse von externen Kooperationspartnern erzielt werden. Generell kommen v. a. Partner in Betracht, die zur Primärleistung oder zum CFEL-Angebot selbst komplementäre Leistungen anbieten. Diese Leistungen dürfen nicht im Leistungsprogramm des CFEL-Anbieters vorgesehen sein und müssen darauf abzielen, dem Kunden eine umfassende Problemlösung im Zusammenhang mit den eigenen Leistungen zu bieten.

2.3.3 Customer Focused E-Learning als eigenständige Marktleistung

Im Mittelpunkt der Weiterentwicklung von CFEL zur eigenständigen Marktleistung und der damit verbunden Überführung des Angebots zum zentralen Transaktionsgegenstand steht die Erschließung direkter Erlösquellen für CFEL. Die Möglichkeiten zur Erzielung direkter Erlöse durch Entgelte der Kunden werden dadurch bestimmt, inwieweit die private Nutzung eines Qualifizierungsangebots den Zielen und Bedürfnissen der Kundengruppen entspricht und ob für Lebenslanges Lernen relevante Themen im Umfeld der ursprünglichen Kernleistungen des Unternehmens existieren [Toms01, S.131; RoGö05, S. 871]. In der Nachfragerstudie geben über 60 Prozent der Befragten an, dass sie grundsätzlich daran interessiert sind, sich privat im Rahmen persönlicher Bildungsinteressen weiterzubilden (vgl. Abbildung 2-15, S. 34). Lediglich bei vier Prozent der Probanden stoßen derartige Angebote auf keinerlei Interesse.

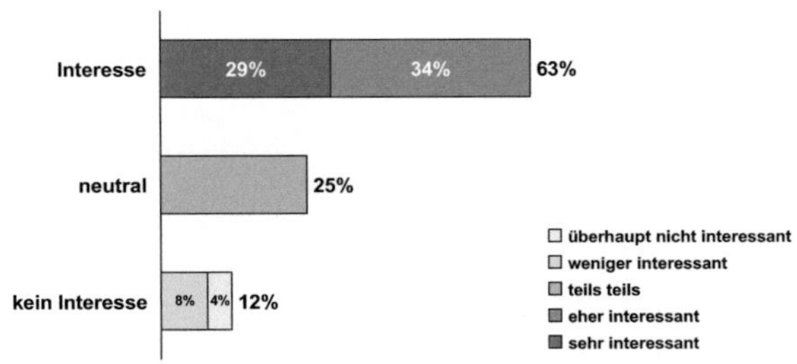

Abbildung 2-15: Interesse der Kunden an privater Weiterbildung

Relevante Themen für private Weiterbildung im Umfeld der ursprünglichen Kernleistungen des Unternehmens sind in Abbildung 2-16 dargestellt. Themen, die im Rahmen klassischer privater Weiterbildungsangebote in Präsenzveranstaltungen häufig behandelt werden, stehen auch bei virtuellen Angeboten im Vordergrund [RoGö05, S. 871].

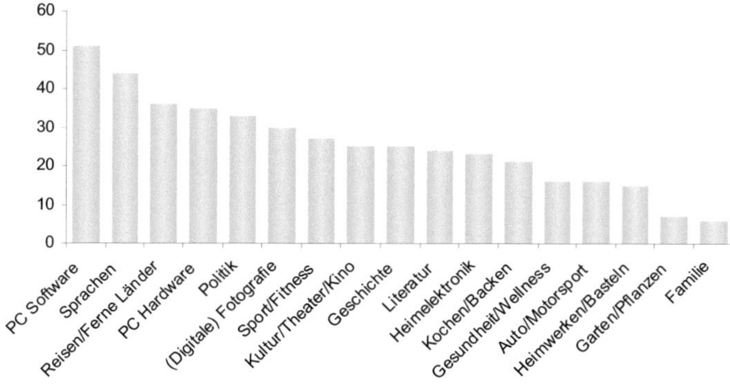

Abbildung 2-16: Themen für private Weiterbildung

Die Befragten interessieren sich im Rahmen der privaten Weiterbildung insbesondere für Themen aus dem IT-Bereich (Hard- und Software) und Sprachen. Für derartige Angebote ist ein Drittel der Befragten bereit, ein Entgelt von bis zu zehn Euro pro Lerneinheit zu zahlen. Ein möglicher Grund hierfür ist, dass umfassende Sprach- und EDV-Kenntnisse ebenfalls für das Berufsleben eine hohe Bedeutung besitzen [RoGö05, S. 871]. Daneben besteht für virtuelle Angebote ein überdurchschnittliches Interesse an Themen rund um Reisen und fremde Länder sowie Politik. Dem folgt im Mittelfeld ein breites Themenspektrum, das in technischen Bereichen (digitale Fotografie, Heimelektronik) sowie Sport, Kultur und Geschichte angesiedelt ist.

Für die Erzielung direkte Erlöse durch CFEL ist insbesondere eine entsprechende Anpassung des Leistungsangebots notwendig, die sich wiederum auch auf andere Teilmodelle des Geschäftsmodells auswirkt. Ausgehend vom Leistungsangebotsmodell sind mit der Weiterentwicklung des CFEL-Angebots zur eigenständigen Marktleistungen daher die in Abbildung 2-17 (S. 36) hervorgehobenen Erweiterungen des Geschäftsmodellrahmens verbunden.

Grundsätzlich können Erlöse durch die nutzungsabhängige Erhebung eines Entgelts erzielt werden. Dabei kommt sowohl eine zeitraumbezogenes als auch umfangsbezogenes Entgelt in Betracht. Art und Höhe des vom Kunden für die Nutzung des Angebots zu zahlenden Preises können auf Basis von Analysen zum akzeptierten Transaktionsmodell und zur Zahlungsbereitschaft im Rahmen eines Pricing durch die Marketingabteilung festgelegt werden. Um dem Kunden eine Einschätzung des Lernangebots vor dem Kauf zu ermöglichen, müssen auch entsprechende Testressourcen bereitgestellt werden. Durch kostenpflichtige Leistungsangebotsteile ist es darüber hinaus notwendig, ein Shop-System und geeignete Bezahlverfahren in die elektronische Kundenschnittstelle zu integrieren. Die Bereitstellung entsprechender Systeme und Dienste zum Transaktionsmanagement und zur Leistungsverrechnung kann dabei durch die IT-Abteilung und / oder externe Kooperationspartner erfolgen.

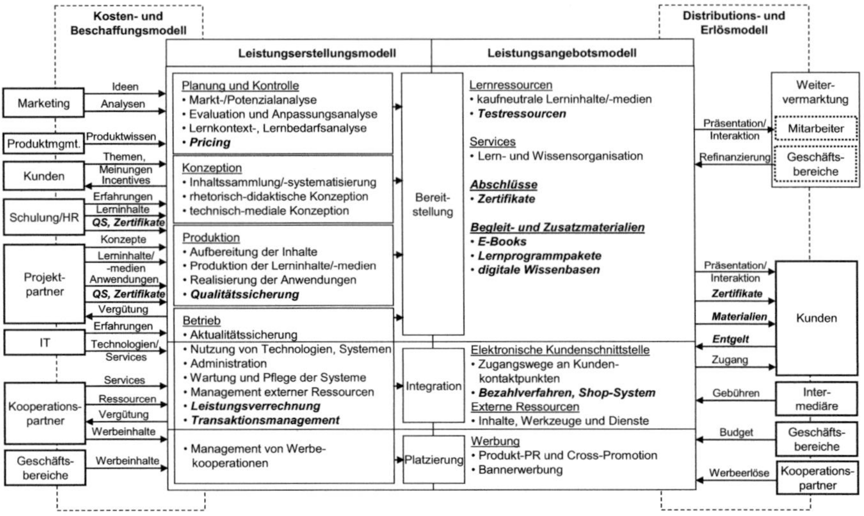

Abbildung 2-17: Geschäftsmodellrahmen für CFEL als eigenständige Marktleistung

Die Vergabe von Leistungsnachweisen in Form von Zertifikaten, die eine erfolgreiche Teilnahme am Lernangebot dokumentieren, hat eine wesentliche Bedeutung bei der Etablierung von CFEL als eigenständige Marktleistung. Zertifikate erhöhen zum einen die Glaubwürdigkeit des CFEL-Angebots und stellen zum anderen einen Mehrwert für den Kunden dar und steigern so die Attraktivität des Angebots [Barr02, S. 65; SaSa02, S. 295]. In Abhängigkeit von der Thematik des Lernangebots stehen den Kunden dabei die Lernressourcen zunächst ohne Einschränkungen kostenlos zur Verfügung und ein Entgelt wird erst erhoben, wenn der Erwerb eines Zertifikates gewünscht ist [Back07]. Dabei ist es nicht unbedingt entscheidend, ob die Annerkennung des Zertifikats bei bestimmten Organisationen gesichert ist. Die Kunden möchten vor allem ihr privates Engagement und den fortlaufenden Wissenszuwachs nachweisen.

Im Rahmen des Leistungserstellungsprozesses muss dementsprechend eine umfassende inhaltliche und gestalterische Qualitätssicherung des Angebots durchgeführt werden. Die Qualitätssicherung kann dabei sowohl durch die Schulungsabteilung als auch durch externe Projektpartner erfolgen. Diese Akteure sind ebenfalls für die sinnvolle Zusammenstellung von Zertifikaten und die Zuordnung entsprechender Lerninhalte verantwortlich.

Direkte Erlöse können durch die Bereitstellung von digitalen Begleit- und Zusatzmaterialien zum Lernangebot erzielt werden [Back07]. Im Rahmen dieser Erlösquelle können den Kunden die Lernressourcen zunächst ebenfalls völlig kostenlos zur Verfügung gestellt werden. Ein Entgelt wird ausschließlich für den Erwerb von notwendigen oder ergänzenden Materialien in Form E-Books, Lernprogrammpaketen und digitalen Wissensbasen erhoben. Die Produktion dieser Materialien ist ebenfalls vorab zu planen und entsprechende Teile sind aus der Lerninhaltssammlung herauszulösen und in ein medienübergreifendes didaktisches Gesamtkonzept zu integrieren.

KAPITEL 3

Gestaltung des Customer Focused E-Learning

3.1 Theoretische und empirische Studie

3.1.1 Betrachtungsebenen

Im Mittelpunkt der weiteren Betrachtung steht die Frage, welche Arten von Lernumgebungen für kundenorientiertes E-Learning mit seinen spezifischen Rahmenbedingungen Erfolg versprechend sind, d. h. Lernprozesse ermöglichen, unterstützen und fördern. Mit der Beantwortung der Fragestellung, wie didaktische Medien unter Berücksichtigung des vorhandenen Umfelds zur Erreichung eines Lernerfolgs eingesetzt werden können, beschäftigt sich die gestaltungsorientierte Mediendidaktik [Kerr01, S. 37]. Sie verfolgt dabei einen präskriptiven Ansatz. Es werden Prinzipien und Vorgehensweisen beschrieben, wie didaktische Medien als Teil einer Lernumgebung konzipiert und entwickelt werden können [Kerr01, S. 37]. Die Bereitstellung handlungsorientierten Wissens ermöglicht es, einzelne Elemente einer Lernumgebung auf die spezifischen Anforderungen eines Lernangebots abzustimmen [Hans07, S. 25f.]. Die didaktische Gestaltung soll so alle Elemente einer Lernumgebung einschließen, die für das Lernangebot relevant sind [Kerr01, S. 39]. Die Grundlage für die Gestaltung bilden Modelle des didaktischen Designs, die durch die Abbildung eines Ausschnitts der Wirklichkeit den relevanten Untersuchungsraum aufspannen [Hans07, S. 31]. Die Modelle können dabei auf unterschiedlichen Ebenen didaktischen Handelns angesiedelt sein [FlHa77, S. 14]. Die Betrachtung von CFEL konzentriert sich auf die Mikroebene, d. h. die Gestaltung einzelner Lehr-Lerneinheiten und Lernsituationen. Auf Basis des Modells erfolgen unter einer gegebenen Zielsetzung eine Analyse des Umfelds und die Festlegung der Gestaltungsparameter für CFEL. Das so entwickelte Gestaltungskonzept für CFEL lässt sich im Anschluss wieder auf den betrachteten Ausschnitt der Wirklichkeit übertragen (vgl. Abbildung 3-1).

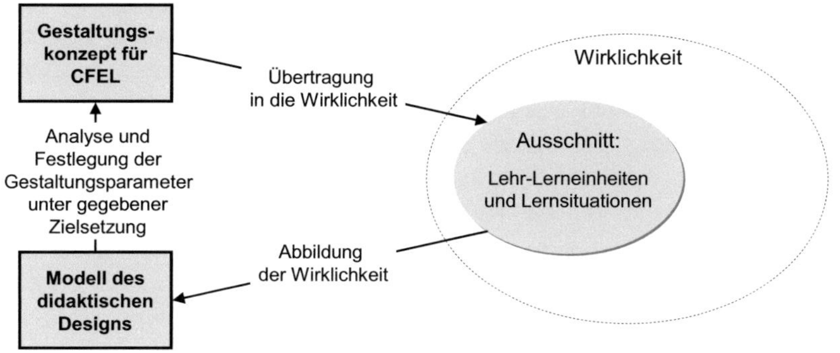

Abbildung 3-1: Didaktische Gestaltung des CFEL

Eine spezifische Betrachtung von Medien im Zusammenhang mit didaktischer Gestaltung erfolgte erstmals im Berliner Modell von HEIMANN [Heim62], das als Ausgangsbasis für die fallbezogene Analyse und Gestaltung von Unterricht sowie die logische Begründung didaktischer Entscheidungen entwickelt wurde [Hans07, S. 35]. Das Modell gibt einen Rahmen vor, der Entscheidungen für oder gegen eine bestimmte didaktische Gestaltung reflektierbar und zum Gegenstand wissenschaftlicher Erörterungen machen kann [Kerr01, S. 28]. HEIMANN geht davon aus, dass bei der Gestaltung ein gleich bleibender struktureller Kern zu berücksichtigen ist, die Ausprägungen dieser Strukturen aber sehr unterschiedlich ausfallen können [Hans07, S. 32]. Im Modell werden die zu berücksichtigenden Strukturelemente Bedingungs- und Entscheidungsfeldern zugeordnet. Während die Bedingungsfelder die Rahmenbedingungen für das Lernangebot und die Lernsituation an sich beschreiben, wird durch die Entscheidungsfelder ein Raster für die eigentlichen Gestaltungsentscheidungen vorgegeben [Pawl01, S. 15]. Durch die vorrangige Ausrichtung des Berliner Modells auf den Medieneinsatz im Kontext von Schule und Unterricht, die fehlende Berücksichtigung von nicht-institutionalisiertem und selbstorganisiertem Lernen sowie die mangelnden Spezifikationsmöglichkeiten für den Einsatz von Neuen Medien und Lerntechnologien müssen die Strukturelemente an verschiedenen Stellen verändert und erweitert werden [Kerr01, S. 28; Pawl01, S. 16; Hans07, S. 35].

Als Bedingungsfelder werden im Berliner Modell soziokulturelle und anthropogene Voraussetzungen unterschieden. Soziokulturelle Voraussetzungen umfassen den Kontext, in dem der Unterricht geplant wird, z. B. das Bildungssystem oder allgemeine gesellschaftliche Trends [Pawl01, S. 16]. Anthropogene Voraussetzungen hingegen beschreiben Eigenschaften und Unterschiede von Lehrern und Schülern [Hans01, S. 34; Pawl01, S. 16]. STADTFELD [Stad04, S. 136f.] erweitert die im Berliner Modell berücksichtigten Rahmenbedingungen und ordnet sie den drei Bereichen Gesellschaft, Institution und beteiligte Individuen zu [Hans07, S. 38]. Gesellschaftliche Rahmenbedingungen erfassen Einflüsse im sozialen, politischen und kulturellen Umfeld des Lernangebots, die sich förderlich oder hemmend auswirken können [Pete01, S. 40]. Diese Rahmenbedingungen werden hier nicht näher betrachtet, da es sich um allgemeine Treiber und Hemmnisse für kundenorientiertes E-Learning handelt, die bereits in Abschnitt 1.1 und Kapitel 2 dargestellt sind. Institutionelle Rahmenbedingungen beinhalten Voraussetzungen, Anforderungen und Einflüsse, die sich durch die Einordnung der Lernumgebung innerhalb einer Institution bzw. Organisation ergeben [Hans07, S. 64]. Individuelle Rahmenbedingungen umfassen schließlich Einflüsse, die durch beteiligte Personen, z. B. Lernende, Lehrende und weitere am Lernprozess Beteiligte, auf die Lernumgebung einwirken [Hans07, S. 38]. Die Betrachtung für CFEL konzentriert sich dabei auf die Zielgruppe des Lernangebots, die sich aus Kunden als potenzielle Nutzer der Lernumgebung zusammensetzt. Die Eigenschaften der Zielgruppe beeinflussen in besonderem Maße weitere Gestaltungsentscheidungen (vgl. Abschnitt 3.2.2). Ergänzend zu den genannten Rahmenbedingungen beschreibt die Lernsituation die zeitliche und räumliche Einordnung des Lernangebots [Pawl01, S. 19]. Sie gibt Aufschluss über die konkrete Anwendung einer Lernumgebung in einem bestimmten Kontext [Kerr01, S. 270; KeDe02, S. 19]. Aufgrund mehrerer CFEL-Formen (vgl. Abschnitt 2.3.2) und der sich daraus ergebenden unterschiedlichen Anwendungskontexte für Lernumgebungen wird für CFEL auch die Lernsituation selbst als eigenes Strukturelement spezifiziert. Insgesamt ergeben sich in den Bedingungsfeldern die in Abbildung 3-2 dargestellten Strukturelemente.

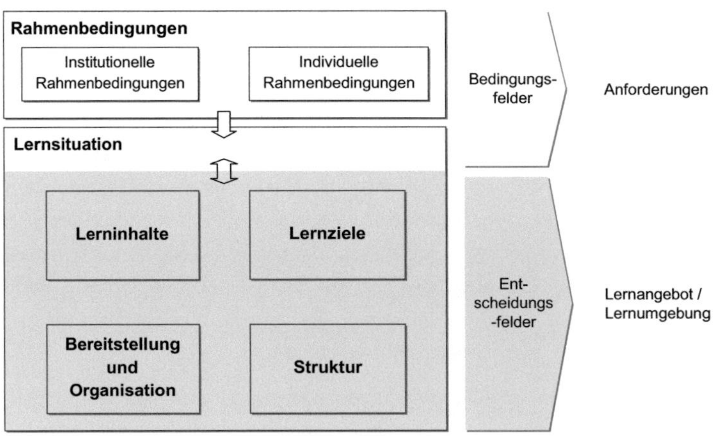

Abbildung 3-2: Modell des didaktischen Designs von CFEL

Nach der Analyse der Bedingungsfelder und unter deren Berücksichtigung erfolgt die Planung und Konzeption der Lernumgebung in den Entscheidungsfeldern [Pawl01, S. 15]. Die Entscheidungsfelder des Berliner Modells umfassen Intentionen (pädagogische Absichten und Lernziele), Thematik (inhaltliche Schwerpunkte), Methoden (Art und Weise der

Stoffvermittlung) und Medien (technische Form der Aufbereitung und Darstellung) [Hans07, S. 33f.]. Dabei gibt es teilweise Wechselwirkungen zwischen den Entscheidungsfeldern, so dass z. B. eine Methodenentscheidung mit Entscheidungen in den anderen Feldern abgestimmt werden muss [Hans07, S. 34]. Die Planungshilfe, die das Berliner Modell bietet, wird durch KERRES erweitert, indem insbesondere Einsatz, Potenzial und Wirkungsgrad von Lerntechnologien Berücksichtigung finden [Pawl01, S. 16; Kerr01, S. 89f.]. Darüber hinaus wird ein schrittweises Vorgehen bei der Konzeption von medialen Lernangeboten aufgezeigt [Kerr01, S. 85]. In einem ersten Schritt werden Lernziele und Lerninhalte aus dem Bildungsanliegen abgeleitet. Dies umfasst Entscheidungen über die thematischen Aufbereitung, angestrebte Lernergebnisse und mediale Aufbereitung der Inhalte. Im zweiten Schritt wird die didaktische Struktur des Lernangebots bestimmt. Dieses Element beinhaltet die zentrale Entscheidung über die zu wählenden didaktischen Methoden, die die Steuerung der Lernaktivitäten und die Unterstützung von Lernprozessen festlegen. Im letzten Schritt wird mit dem Element Bereitstellung und Organisation die Integration des Lernangebots in die Lernsituation betrachtet [Kerr07, S. 270]. Dies umfasst die zeitliche und räumliche Einordnung der Bereitstellung der Lehr-Lernelemente und des gesamten Lernangebots über entsprechende Mediensysteme und die Spezifikation des Medienzugangs. Dabei wird betont, dass dies als Gestaltungsaufgabe und eigenes Entscheidungsfeld und nicht nur als ergänzende Rahmenbedingung angesehen werden muss [Kerr01, S. 270]. Die mediendidaktische Konzeption beschränkt sich somit nicht auf die Gestaltung eines Medienprodukts, sondern wird um das Arrangieren von Lernsituationen erweitert [Kerr01, S. 270; Pawl01, S. 19]. Es wird berücksichtigt, dass durch den Einsatz von didaktischen Medien und Lerntechnologien auch neue Lernsituationen und Möglichkeiten zum Wissenserwerb geschaffen werden können.

Für die weitere Entwicklung eines Gestaltungskonzepts für CFEL wird das in Abbildung 3-2 (S. 40) dargestellte Modell des didaktischen Designs verwendet. Auf Basis des Modells werden zunächst Rahmenbedingungen für CFEL und spezifische Lernsituationen analysiert und damit Anforderungen für die didaktische Gestaltung bestimmt. Im Anschluss erfolgt eine schrittweise mediendidaktische Konzeption des Lernangebots bzw. der Lernumgebung für CFEL, die insbesondere den Einsatz neuer Medien im Bereich des nicht-institutionellen Lernens berücksichtigt. Dabei beziehen sich allgemein die Entscheidungsfelder Ziele und Inhalte auf das „was gelehrt wird“ und Methoden sowie Bereitstellung und Lernorganisation auf das „wie gelehrt wird“. Die verschiedenen Gestaltungsentscheidungen müssen vor dem Hintergrund von theoretischen und empirischen Erkenntnissen der mediendidaktischen Gestaltung getroffen werden [Hans07, S. 25f.].

3.1.2 Design

Im ersten Schritt werden durch eine Studie der einschlägigen Literatur relevante mediendidaktische Erkenntnisse auf CFEL übertragen bzw. für CFEL abgeleitet. Das auf dieser Basis entwickelte Gestaltungskonzept wird in einem zweiten Schritt mithilfe quantitativer Primärforschung empirisch überprüft und ergänzt. Die Erhebung der Primärdaten erfolgt durch eine Online-Befragung potenzieller Adressaten von CFEL-Angeboten. Die in Abbildung 3-3 dargestellte Zusammensetzung der Stichprobe entspricht im Hinblick auf sozio-demografische Merkmale und Internetnutzung der Zielgruppe, die ein besonders großes Interesse an CFEL zeigt (vgl. Abschnitt 2.2.2). Die Probanden wurden über die Internetpräsenz und den proaktiven Informationsdienst „MyWi2" des Lehrstuhls Wirtschaftsinformatik II der Universität Erlangen-Nürnberg sowie Informationsportale auf die Befragung aufmerksam gemacht [Wein07, S. 15].

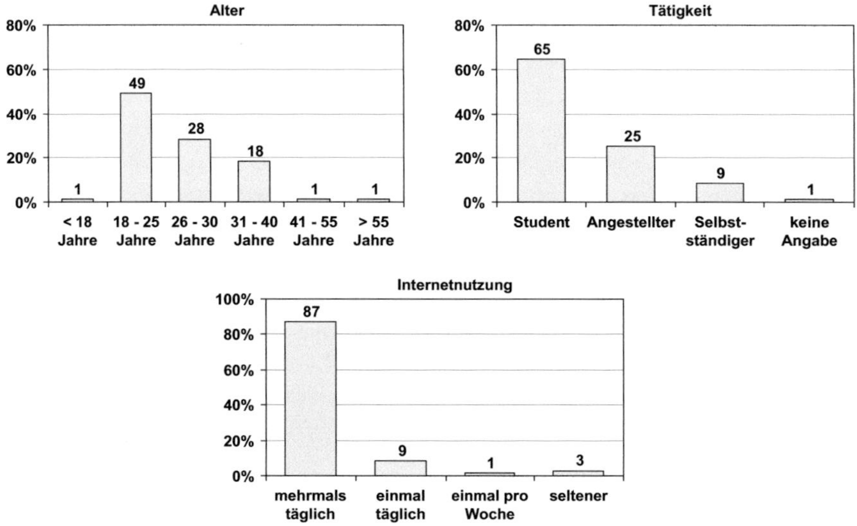

Abbildung 3-3: Zusammensetzung der Stichprobe

Die empirische Studie basiert auf einem standardisierten Fragebogen, der im Wesentlichen geschlossene Fragen umfasst. Da bei einer ausschließlichen Verwendung fester Antwortkategorien die Gefahr besteht, weitere relevante Zusammenhänge nicht zu berücksichtigen, werden bei einigen Fragen zusätzlich offene Antwortoptionen angeboten [BeEE01, S. 101]. Im Befragungszeitraum vom 01.08.2007 bis 15.08.2007 konnten insgesamt 81 gültige Fragebögen erfasst werden.

3.2 Rahmenbedingungen

3.2.1 Institutionelle Rahmenbedingungen

3.2.1.1 Darbietungsumfeld

Die Einordnung der zu konzipierenden Lernumgebung innerhalb einer Institution bzw. Organisation soll die Abgrenzung des intendierten Einsatzgebietes der Lernumgebung ermöglichen [Pawl01, S. 17]. Dies bildet die Grundlage zur näheren Spezifikation der Lernsituation. Dabei wird für die Analyse der Rahmenbedingungen insbesondere das Darbietungs- und Anwendungsumfeld betrachtet [Hans07, S. 67]. Als Darbietungsumfeld wird die Umgebung bezeichnet, in der das Lernangebot präsentiert werden soll. Im Anwendungsumfeld wird hingegen betrachtet, unter welchen Bedingungen die Zielgruppe ihr erworbenes Wissen anwenden soll (vgl. Abbildung 3-4).

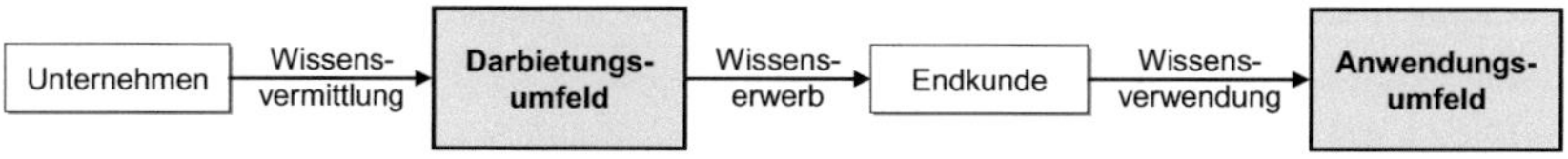

Abbildung 3-4: Institutionelle Rahmenbedingungen für CFEL

Im Darbietungsumfeld werden zunächst Bedingungen erfasst, die sich auf die Präsentation und Organisation des Lernangebots beziehen [RoKa04, S. 35f.]. Für CFEL ergeben sich die in Tabelle 3-1 dargestellten Bedingungen.

Kategorie	Bedingungen	
räumliche Vorgaben	elektronische Kundenschnittstelle online	elektronische Kundenschnittstelle onsite
zeitliche Vorgaben	asynchrones Lernangebot	
personelle Ressourcen	automatisierte Wissensvermittlung	
technische Ressourcen	Distribution über elektronische Datennetze	
	Präsentation und Interaktion über Endgeräte der Kunden	Präsentation und Interaktion über Endgeräte in Verkaufsumgebungen
organisatorische Vorgaben	nicht-institutionalisiertes Lernen	
	direkte Bereitstellung durch Anbieter	indirekte Bereitstellung über Intermediär

Tabelle 3-1: Darbietungsumfeld für CFEL

Räumlich kann die Bereitstellung der Lernumgebung an allen Kundenkontaktpunkten erfolgen. Diese können sich sowohl online in webbasierten Verkaufsumgebungen als auch onsite in realen physischen Verkaufsumgebungen des Unternehmens befinden (vgl. Abschnitt 2.3.2). Zeitlich ist CFEL in Form eines asynchronen E-Learning-Angebots im Gegensatz zu klassischen Kundenschulungen flexibel verfügbar [Götz05, S. 12]. Aus ressourcenorientierter Sicht steht eine effiziente Darbietung des CFEL-Angebots für eine potenziell beliebig große Anzahl von Kunden im Vordergrund [GöLa05, S. 8]. Der Lehraufwand lässt sich vor allem dann verringern, wenn die Gesamtkosten des Lernangebots nicht mehr unmittelbar mit der Anzahl der Teilnehmer zusammenhängen [Kerr01, S. 130]. Dabei ist für CFEL insbesondere der Einsatz personeller und technischer Ressourcen zu betrachten. Die Lehrprozesse im CFEL müssen auf Interaktion und Kommunikation mit einem Anwendungssystem ausgerichtet sein, so dass eine weitgehend automatisierte Wissensvermittlung ohne die Beteiligung personeller Ressourcen erfolgen kann, um die Vorteile von E-Learning gegenüber klassischen Kundenschulungen und anderen Instrumenten an der Anbieter-Kundenschnittstelle zu nutzen. Die Distribution des Lernangebots erfolgt daher über elektronische Datennetze. Zur Präsentation der Lerninhalte und Interaktion mit der Lernumgebung werden stationäre und mobile Endgeräte der Kunden bzw. in physischen Verkaufsumgebungen vorhandene Präsentationsmedien genutzt. Ein grundlegender Aspekt im Bereich der organisatorischen Vorgaben für CFEL ist, dass Lernen nicht-institutionalisiert unter Bedingungen stattfindet, die nicht primär nach pädagogischen Zielsetzungen arrangiert sind. Es bestehen keine strikten Vorgaben z. B. zum Teilnehmerkreis, zu Terminen oder zur einzuräumenden Lernzeit. Vielmehr muss bei der Organisation des Lernangebots differenziert werden, ob der CFEL-Anbieter sein Angebot direkt oder indirekt über einen Intermediär bereitstellt. Bei der direkten Bereitstellung von CFEL als VAS oder eigenständige Marktleistung (vgl. Abschnitt 2.3) kann der Anbieter das CFEL-Angebot in eigene Kundenkontaktpunkte in Webshops, auf Websites oder in physischen Verkaufsumgebungen integrieren. Für eine indirekte Bereitstellung von CFEL als VAS über den Intermediär der Primärleistung müssen neben einfachen Verweisen zum Lernangebot auch Möglichkeiten zur flexiblen Einbettung des Angebots in die Kundenschnittstelle des Intermediärs, z. B. in seinen Webshop, berücksichtigt werden.

3.2.1.2 Anwendungsumfeld

Die Berücksichtigung der Rahmenbedingungen im Anwendungsumfeld beeinflusst die Wahrscheinlichkeit, mit der die Teilnehmer später in der Lage sein werden, das erworbene Wissen tatsächlich anzuwenden [BaFo88]. Dies ist für CFEL von besonderer Bedeutung, da Lernen hier informell stattfindet. Im Gegensatz zu formalen Lernangeboten wird im CFEL Wissen nicht auf Vorrat für eine spätere, potenzielle Anwendung im Arbeits- und Berufsleben erworben. Vielmehr entsteht die Notwendigkeit und der Wunsch zum Lernen schon vorab im Anwendungsumfeld selbst durch eine Begegnung mit Problemen im Rahmen von Tätigkeiten im Alltag oder durch persönliche Interessen [MaWa01, S. 29; Over04, S. 54]. Die Absicht zur Nutzung der Lernumgebung ergibt sich durch die im Anwendungsumfeld wahrgenommenen Informationsmängel, die nicht durch bereits beim Kunden vorhandenes Wissen beseitigt werden können [Dohm01, S. 19; Sonn05, S. 192f.]. Kunden können unterschiedliche Informationsmängel wahrnehmen. Der Begriff Informationsbedarf drückt zunächst unabhängig von einem bestimmten Kunden aus, dass durch die Begegnung mit bestimmten Problemen oder Zielen i. d. R. ein Mangel an Informationen entsteht [Abel77, S. 133]. Der Informationsbedarf entspricht also dem objektiven Mangel an Informationen, der die Gesamtheit aller Informationen umfasst, die sachlich zur Lösung eines Problems oder Erreichung eines Ziels benötigt werden [WiHa72, S. 46]. Unter einem Informationsbedürfnis wird hingegen der Mangel an Informationen verstanden, den ein Kunde subjektiv wahrnimmt [RaSi75, S. 6]. Dieses beinhaltet auch weitergehende Informationswünsche eines bestimmten Kunden [RaSi75, S. 6]. Das Informationsbedürfnis umfasst damit sowohl den Informationsbedarf (objektive Komponente) als auch das Interesse eines Kunden an weiteren Informationen (subjektive Komponente) [Frau99, S. 4]. Für CFEL sind dabei insbesondere solche Informationsbedürfnisse relevant, bei denen die Rezeption der benötigten Informationen eine kognitiv anspruchsvolle Informationsverarbeitung auslöst. Daher kann im CFEL auch von Informations- und Wissensbedürfnissen gesprochen werden [StKl01, S. 3]. Diese können durch inzidentelles und intentionales Lernen befriedigt werden, woraus sich die in Tabelle 3-2 dargestellten Bedingungen für CFEL ergeben.

Kategorie	Bedingungen
inzidentelles Lernen	Orientierung an Kundentätigkeiten beim extensiven Kauf
	Integration von Lernmöglichkeiten in den Kaufprozess
	ad-hoc Erwerb und Verwendung von Wissen
intentionales Lernen	Orientierung an Themen und Kompetenzen im Leistungsumfeld mit Lebens- und Berufszusammenhängen
	Bezugnahme auf Vorwissen, Interessen und Leistungsangebot
	Wissenserwerb und -verwendung universell, längerfristig und stetig

Tabelle 3-2: Anwendungsumfeld für CFEL

Beim inzidentellen Lernen ist der Wissenserwerb zur Befriedigung der Informations- und Wissensbedürfnisse nicht Hauptzweck und direkte Handlungsabsicht der aktuellen Tätigkeit des Kunden. Lernprozesse dieses Gelegenheitslernens sind vielmehr integriert in Alltagstätigkeiten, werden durch inneren und äußeren Anstoß ausgelöst und oft beiläufig veranlasst [MaVW99, S. 90]. Inzidentelles Lernen findet im CFEL als Nebentätigkeit im Kaufprozess statt. Ausgelöst wird das Lernen durch Informationsmängel, die bei gedanklichen Aktivitäten im Rahmen von Haupttätigkeiten beim Erwerb und Konsum von Leistungen entstehen [Jani59, S. 199]. Informations- und Wissensbedürfnisse treten insbesondere dann vermehrt auf, wenn der Kunde mit dem Erwerb und Konsum der Leistung nicht vertraut ist [Kann82, S. 16]. Dies ist vor allem bei komplexen, erklärungsbedürftigen sowie hochwertigen und langlebigen Leistungen der Fall und wird auch als extensiver Kauf bezeichnet [Meff92, S. 39; Wein81, S. 49]. Alle anderen Kaufarten können als vereinfachter und / oder verkürzter extensiver Kauf angesehen werden, bei dem mit zunehmender Erfahrung und Vertrautheit mit bestimmten Erwerbs- und Konsumsituationen externe Informationsquellen nicht benötigt oder durch intern bereits vorhandenes Wissen substituiert werden [Gier05, S. 111f.; KuTo04, S. 99f.]. Auf Basis des extensiven Kaufs können am umfangreichsten Möglichkeiten für die Anwendung von Wissen und das Auslösen von Lernprozessen betrachtet werden. CFEL muss sich daher zum einen an den Tätigkeiten des Kunden bei einem extensiven Kauf orientieren. Zum anderen müssen Möglichkeiten zum Lernen direkt im Rahmen von Haupttätigkeiten im Kaufprozess geschaffen werden, um einen äußeren Anstoß zur Nutzung des Lernangebots zu liefern bzw. dem inneren Anstoß eines Kunden zum Lernen zu entsprechen. Weiterhin treten die Informations- und Wissensbedürfnisse kurzfristig auf und beziehen sich direkt auf aktuelle, konkrete Probleme bei Tätigkeiten im Kaufprozess. Die Wissensvermittlung muss auf ad-hoc Erwerb und Verwendung von relevantem Wissen ausgerichtet sein.

Im weiteren Verlauf kann inzidentelles zu intentionalem Lernen führen, bei dem die Hauptabsicht der aktuellen Handlung auf dem Erwerb von Wissen liegt [MaWa01, S. 29; Over04, S. 54]. Lernen ist dann nicht mehr nur direkt mit einem einzelnen, konkreten Kaufprozess verbunden. Wissen wird vielmehr zur Befriedigung von persönlich wahrgenommenen Informations- und Wissensbedürfnissen, die über den eigentlichen Kaufprozess hinaus bestehen, erworben und bei weiteren Alltagstätigkeiten der Kunden in Freizeit und Beruf angewendet. Die Intention zum Lernen als Haupttätigkeit entsteht durch persönliche Bildungsinteressen, die mit einem Kaufprozess geweckt oder angesprochen werden. Das Lernangebot muss sich an Themen und Kompetenzen im unmittelbaren und mittelbaren Leistungsumfeld mit Lebens- und Berufszusammenhängen orientieren. Eine grundsätzliche Absicht zum Lernen und zur Nutzung des Lernangebots ist aus dem Anwendungsumfeld heraus vorhanden. Allerdings ist eine direkte Bezugnahme des Lernangebots auf persönliches Vorwissen und Interessen eines Kunden sowie die Leistungen des Unternehmens notwendig, damit das Angebot auch tatsächlich genutzt wird und damit verbundene Unternehmensziele erreicht werden (vgl. Abschnitt 2.3.3). Im Gegensatz zum inzidentellen Lernen finden Erwerb und Verwendung des Wissens längerfristig und stetig statt und sind auf eine universelle Wissensverwertung für mehrere oder wiederholt stattfindende Alltagstätigkeiten ausgelegt.

3.2.2 Individuelle Rahmenbedingungen

Die Berücksichtigung der überdauernden und aktuellen Merkmale der Zielgruppe gehört zu den kritischen Faktoren bei der Gestaltung des Lernangebots [Kerr01, S. 135; SmRa99, S. 46]. Zielgruppenmerkmale haben Einfluss auf einen Großteil der didaktischen Entscheidungen, wie z. B. Strukturierung und Aufteilung der Inhalte und Wahl der Methode [Hans07, S. 69]. Die Analyse von potenziellen Teilnehmern des Lernangebots zielt auf die Erfassung von Merkmalen ab, die das Lernen und die anschließende Anwendung des erworbenen Wissens beeinflussen [Hans07, S. 69]. Grundsätzlich sind die in Abbildung 3-5 dargestellten Merkmale für die Betrachtung relevant [Kerr01, S. 138ff.; SmRa99, S. 42f.; RoKa04, S. 88f.; Nie+04, S. 55f.; Cro+86, S. 128].

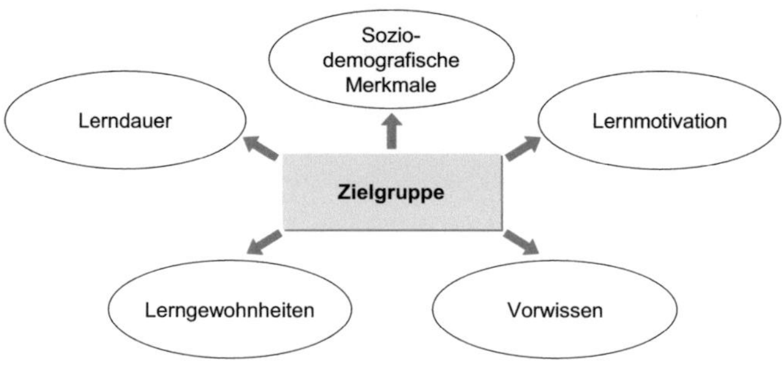

Abbildung 3-5: Merkmale der Zielgruppe

Die Zielgruppe wird dabei nicht nur durch die Charakteristika einzelner Lerner, sondern auch durch die Ähnlichkeit der Eigenschaften innerhalb der Gruppe bestimmt [Hans07, S. 71]. Bei der Analyse muss also berücksichtigt werden, ob homogene oder heterogene Ausprägungen der Merkmale in der Zielgruppe vorliegen.

Soziodemografische Merkmale

Die Charakterisierung anhand soziodemografischer Merkmale ermöglicht eine erste Einschätzung der Zielgruppe, für die das Lernangebot entwickelt werden soll [Pawl01, S. 32]. Einige Merkmale der für CFEL relevanten Zielgruppe sind bereits in Abschnitt 2.2.2 dargestellt. Generell ist eine Schätzung dieser Zielgruppenmerkmale ausreichend, da soziodemografische Merkmale zunächst wenig Bedeutung für didaktische Entscheidungen haben [Kerr01, S. 138]. Sie werden im Wesentlichen zur Planung der Distribution des Lernangebots erhoben. Betrachtet werden hierfür zu erwartende Gruppengröße, Einstellungen und Erfahrungen sowie Zahlungsbereitschaft. Im Hinblick auf die Gruppengröße existieren für CFEL grundsätzlich keine Beschränkungen. Daher ist die Anzahl der erreichbaren und potenziellen Nutzer mit der Zahl der Kunden gleichzusetzen, die gegenüber neuen Technologien und Lernen offen eingestellt sind und dementsprechend groß (vgl. Abschnitt 2.2.2.1). Die Einstellungen und Erfahrungen der Zielgruppe haben im CFEL geringe Auswirkungen auf didaktische Gestaltungsentscheidungen. Es kann davon ausgegangen werden, dass das Lernangebot nur von Kunden genutzt wird, die über eine entsprechende Medienkompetenz verfügen und eine positive Grundhaltung gegenüber neuen Medien aufweisen. Dieses Merkmal bestimmt die Akzeptanz von CFEL in der anvisierten Kundengruppe und muss im Rahmen der Entscheidung für den Einsatz von CFEL geprüft werden (vgl. Abschnitt 2.2.2.2). Allgemein müssen CFEL-Angebote sehr ansprechend und benutzerfreundlich gestaltet und die Nutzer im Zweifel als unerfahren im Umgang mit EDV sowie selbstständigem und mediengestütztem Lernen eingestuft werden. Die Zahlungsbereitschaft der Kunden muss für CFEL nur betrachtet werden, wenn es als eigenständige Marktleistung angeboten wird (vgl. Abschnitt 2.3.3). Eine Zahlungsbereitschaft für CFEL-Angebote ist insbesondere dann vorhanden, wenn bei der Befriedigung privater Bildungsinteressen auch Zertifikate ausgestellt werden [RoGö05, S. 871].

Lernmotivation

Bedeutender für die Gestaltung des CFEL-Angebots ist die Lernmotivation. Dabei wird im Rahmen didaktischer Entscheidungen analysiert, wodurch die Kunden zum Lernen motiviert sind [Kerr01, S. 139]. Bei der Betrachtung der Lernmotivation ist vor allem die Unterscheidung zwischen intrinsischer und extrinsischer Motivation relevant [Heck88, S. 38]. Personen, die intrinsisch motiviert sind, lernen aus Interesse am Lerngegenstand selbst oder aus Freude an der Beschäftigung mit dem Lerngegenstand [Kerr01, S. 139]. Im Gegensatz dazu lernen extrinsisch motivierte Personen um bestimmte Ziele, z. B. den Erwerb eines Zertifikats, Erhalt des Arbeitsplatzes, beruflichen Aufstieg, Anerkennung von Freunden o. ä. zu erreichen [Kerr01, S. 140]. Die Konsequenzen der Handlung „Lernen“ stehen also beim extrinsisch motivierten Lerner im Mittelpunkt, wohingegen beim intrinsisch motivierten Lernenden die Handlung selbst Grund für dessen Ausführung ist [Bürg05, S. 67].

Für CFEL kann festgehalten werden, dass es sich bei den Lernenden hauptsächlich um Privatpersonen handelt, deren Wissens- und Bildungsbedarfe außerhalb eines institutionellen Rahmens entstehen. Aus dem Anwendungsumfeld für CFEL (vgl. Abschnitt 3.2.1) lässt sich ableiten, dass Kunden in der Rolle als Käufer oder Konsumenten hauptsächlich intrinsisch motiviert sind. Teilweise kann auch extrinsische Motivation vorliegen, wenn Kunden persönliche Bildungsinteressen im Rahmen des Lebenslangen Lernens befriedigen. Dies ist kann beim Einsatz von CFEL als eigenständige Marktleistung der Fall sein, wenn kostenpflichtige Angebote oder entsprechende Zertifikate offeriert werden (vgl. Abschnitt 2.3.3). Für eine extrinsische Motivation bei der Nutzung des CFEL-Angebots kann auch eine Verbesserung der Anerkennung im persönlichen Umfeld ausschlaggebend sein. Jedoch überwiegt im CFEL die intrinsische Motivation, da die angestrebten Konsequenzen der Lernhandlungen dem persönlichen Interesse und Streben nach Wissen entspringen.

Eine intrinsische Lernmotivation wirkt sich grundsätzlich förderlich auf die Qualität der Lernergebnisse und Akzeptanz der Lernumgebung aus [Bürg05, S. 68]. Neben diesen positiven Nebeneffekten hat die intrinsische Motivation auch weit reichende Konsequenzen für die mediendidaktische Gestaltung der Lernumgebung. Intrinsisch motivierte Lerner können demotiviert werden, wenn diese eine Lernumgebung nutzen, die für überwiegend extrinsisch motivierte Personen entwickelt wurde [Kerr01, S. 140f.]. Sie verlieren möglicherweise die Freude am Lernen, z. B. durch mangelnde Kontrolle über ihre Lernaktivitäten. Die Lernmotivation ist daher vor allem bei der Entscheidung zur didaktischen Struktur des Lernangebots entscheidend und entsprechend zu berücksichtigen.

Vorwissen

Kunden, die kaum Vorwissen besitzen, müssen andere Lerninhalte angeboten werden als fortgeschrittenen Lernern, da ungeeignete Lerninhalte den Lerner entweder überfordern oder langweilen. Bei der Betrachtung des Vorwissens ist sowohl Allgemeinwissen als auch spezielles fachliches Vorwissen relevant [Hans07, S. 72]. Im CFEL ergibt sich durch die fehlenden strikten Vorgaben zu den am Lernangebot teilnehmenden Personen ein sehr heterogenes Bild. Die Einteilung der Zielgruppe in Cluster mit unterschiedlichen Vorkenntnissen erweist sich in der Praxis als schwierig [Kerr01, S. 139]. Daher ist vielfach nur die Benennung von notwendigen Vorkenntnissen als Hinweis für den Lerner und / oder die Überprüfung der Erfüllung von Eingangsvoraussetzung für einzelne Kurse oder Lerneinheiten möglich. Kunden als Lernende sind allerdings selten bereit, entsprechende Hinweise zu lesen oder sich vor dem Abruf der Inhalte einem Test zu unterziehen [Kerr01, S. 139; Schl07, S. 17]. Daher müssen für CFEL weitere Möglichkeiten zur automatisierten Anpassung des Lernangebots an das Vorwissen berücksichtigt werden. Neben den Lerninhalten hat das Vorwissen ebenfalls Auswirkungen auf einzusetzende Lehrmethoden im Rahmen der Entscheidung zur didaktischen Struktur. So sind z. B. bei Lernern mit höherem Vorwissen Orientierung und Lernzuwachs in offenen Lernumwelten höher, wohingegen bei Personen mit niedrigem Vorwissen eine strukturierte Wissensvermittlung zu wählen ist [Kerr01, S. 139].

Lerngewohnheiten

Ein weiterer Aspekt, der bei der didaktischen Gestaltung des Lernangebots berücksichtigt werden muss, sind die Lerngewohnheiten der Kunden. Dabei werden Präferenzen im Hinblick auf die Aufbereitung der Inhalte sowie Lern- und Präsentationsformen betrachtet. Unter dem Konstrukt Lernstil sind Präferenzen und Lernverhalten einer Person zusammengefasst, mit dem diese den größtmöglichen Lernerfolg erwartet [JoGr93]. Innerhalb einer Zielgruppe sind die Lernstile häufig sehr heterogen ausgeprägt. In einer Vielzahl von Klassifikationsschemata werden vor allem Verständnis des Lerners (abstrakt, konkret) und bevorzugte Präsentationsform bzw. Transformation der präsentierten Inhalte in Wissen (aktiv, reflektiv) unterschieden (vgl. z. B. [Blum98], [Kolb81], [Schu96]). Daneben existieren auch Klassifikationen von Lernstilen, die sich an der vom Lerner bevorzugten Modalität orientieren (vgl. z. B. [FrBa97], [Lev+74], [Paiv71]). Dabei werden z. B. Visualisierer, die eine grafische oder bildliche Kodierung der Inhalte bevorzugen, und Verbalisierer, die eher eine textuelle Kodierung favorisieren, unterschieden [Pawl01, S. 33]. Der Lernstil einer Person bildet sich jedoch im Laufe der individuellen Lernbiografie heraus und stellt ein dynamisch veränderliches Persönlichkeitsmerkmal dar, das sich im aktuell beobachtbaren Lernverhalten niederschlägt [Kerr01, S. 141]. So arbeitet z. B. derselbe Lerner eine Lerneinheit eher oberflächlich ab, während er bei einem anderen Sachverhalt vertiefende Informationen sucht. Der Lernstil einer Person scheint daher ein wesentlich komplexeres Bündel aus Persönlichkeitsmerkmalen und der Lernsituation zu sein [Kerr01, S. 141]. Daher müssen für CFEL zum einen überdauernde und situativ verschiedene Präferenzen der Kunden unterschieden und diese im Verlauf der Lernprozesse bestimmt werden. Zum anderen sorgen unterschiedliche mediale Repräsentationen der Inhalte und dynamische, die Lernsituation berücksichtigende Lernpfade und Präsentationsfolgen im Rahmen der didaktischen Struktur für Möglichkeiten zur Anpassung des Lernangebots an die Lerngewohnheiten der Kunden.

Lerndauer

Für die Gestaltung des Lernangebots ist die zu erwartende Dauer bedeutend, die für eine erfolgreiche Bearbeitung einer Lerneinheit notwendig ist [Kerr01, S. 142]. Im Gegensatz zu institutionalisierten Lernangeboten können für lernenden Kunden bei der Analyse der institutionellen Rahmenbedingungen keine festen Zeiträume, die für Lernen verfügbar sind, bestimmt werden. Allgemein ist die Lerndauer im CFEL sehr heterogen ausgeprägt. Die grundsätzlich für Lernen zur Verfügung stehende Zeit ist einerseits vom Darbietungsumfeld abhängig (vgl. Abschnitt 3.2.1). Onsite in physischen Verkaufsumgebungen ist das vorhandene Zeitbudget für die Nutzung von Lernmedien geringer einzustufen als an der webbasierten Kundenschnittstelle in einer häuslichen Umgebung. Andererseits ist bei der Betrachtung der Lerndauer nicht nur entscheidend, wie viel Zeit einem Kunden typischerweise für Lernen zu Verfügung steht sondern auch wie viel Zeit ein einzelner Kunde überhaupt bereit ist in Lernen zu investieren. Dieser Aspekt wird hauptsächlich durch das Anwendungsumfeld beeinflusst (vgl. Abschnitt 3.2.1). Soll das Wissen im Rahmen des Erwerbs von Leistungen angewendet werden, möchten die Kunden zielorientiert relevante Lerninhalte bearbeiten und wenig Zeit für Lernen aufwenden (vgl. Abschnitt 3.6.1). Mit steigender Komplexität der Kaufentscheidung und zunehmendem Fortschritt im Entscheidungsprozess kann sich allerdings die Bereitschaft erhöhen, Zeit in Lernen zu investieren. Steht die Anwendung von Wissen beim Konsum von Leistungen im Vordergrund, wird i. d. R. mehr Zeit für Lernen erübrigt (vgl. Abschnitt 3.6.1). Für den Erwerb von Wissen im Zusammenhang mit lebenslangem Lernen sind die Kunden grundsätzlich bereit, viel Zeit in Lernen zu investieren (vgl. Abschnitt 3.6.1). Neben diesen situativen Einflüssen spielen auch individuelle affektive und kognitive Merkmale der Personen eine Rolle. So beeinflussen Einstellungen des Kunden zum Lernen und den behandelten Themen ebenfalls die Bereitschaft, Zeit für Lernen zur Verfügung zu stellen. Darüber hinaus bestimmen seine Fähigkeiten die benötigte Zeit zur Bearbeitung einer Lerneinheit. Grundsätzlich kann daher für eine spezifische Lernsituation eine typische Lerndauer bestimmt werden, bei der sich aber je nach individuellen Einstellungen und Fähigkeiten Abweichungen ergeben können. Die Lerndauer hat Auswirkungen auf den Umfang der zu präsentierenden Lerninhalte, die Wahl der Lehrmethoden sowie die Organisation und Bereitstellung des Lernangebots.

Insgesamt ergeben sich für die Zielgruppe von CFEL die in Tabelle 3-3 dargestellten Merkmalsausprägungen. Die Merkmale haben dabei Auswirkungen auf fast alle Gestaltungsfelder und müssen bei der Festlegung von Gestaltungsentscheidungen für CFEL entsprechend berücksichtigt werden.

Merkmal	Ausprägung		Ähnlichkeit	Auswirkung
Gruppengröße	groß		homogen	Organisation und Bereitstellung
Zahlungsbereitschaft	nicht relevant	vorhanden für CFEL als Marktleistung	homogen	Organisation und Bereitstellung
Lernmotivation	intrinsisch		homogen	Struktur
Vorwissen	umfassend	gering	heterogen	Inhalte, Struktur
Lerngewohnheiten	überdauernd	situativ verschieden	heterogen	Inhalte, Struktur
Lerndauer	situativ typisch	individuell verschieden	heterogen	Inhalte, Struktur, Organisation und Bereitstellung

Tabelle 3-3: Merkmale der Zielgruppe im CFEL und Auswirkungen auf die Gestaltung

3.3 Lernsituationen

Der Ausgangspunkt von Lernprozessen ist immer eine aktuelle Situation, in der sich ein Lerner in seiner Umwelt befindet [Maye01, S. 313]. Durch die Spezifikation von Lernsituationen werden für ein mediales Lernangebot die Situationen in der Umwelt des Lerners beschrieben, in denen Lernprozesse durch eine virtuelle Lernumgebung aktiviert und unterstützt werden sollen [Dohm01, S. 19]. Die mediendidaktischen Gestaltungsentscheidungen müssen auf diese Lernsituationen ausgerichtet sein, um ein bedarfsgerechtes Lernangebot zu realisieren. Für die Beschreibung von Lernsituationen im Rahmen des didaktischen Designs wird die potenzielle Nutzung der virtuellen Lernumgebung zunächst zeitlich und räumlich eingeordnet [Kerr01, S. 270]. Darüber hinaus muss für ein informelles Lernangebot auch die Handlungsabsicht des Kunden berücksichtigt werden. Für CFEL ergibt sich der in Abbildung 3-6 dargestellte Rahmen zur Beschreibung und Unterscheidung von Lernsituationen.

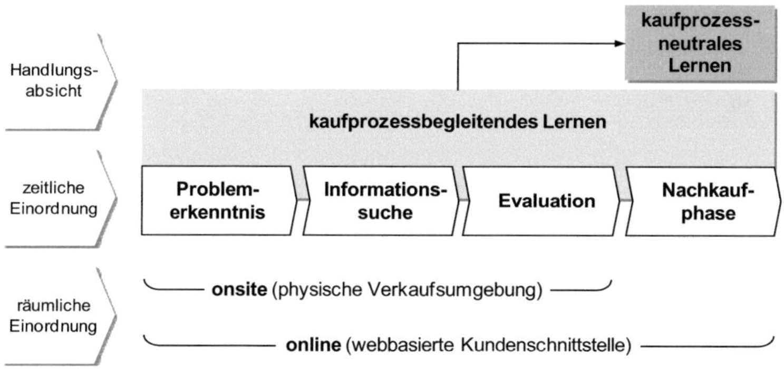

Abbildung 3-6: Lernsituationen im CFEL

Die zeitliche Einordnung der Nutzung der Lernumgebung durch den Kunden bezieht sich auf seine Aktivitäten innerhalb des Interaktionsprozesses, der zwischen Anbieter und Kunde stattfindet. Ein generisches Modell zur zeitlichen Strukturierung der Aktivitäten eines Kunden in der Anbieter-Kunden-Beziehung ist der Customer Buying Cycle (CBC) [Schu00, S. 49f.; Mauc90; IvLe84]. Er spiegelt alle relevanten Berührungspunkte zwischen Anbieter und Kunde im Rahmen des Erwerbs und Konsums einer Leistung wider [Muth98, S. 106]. Der CBC gliedert dazu die Aktivitäten der Kunden in verschiedene Phasen und versucht so Ansatzpunkte für zusätzliche Informationsbereitstellung oder elektronische Dienstleistungen aus Kundensicht aufzuzeigen [Mert92, S. 66f.]. Zur Strukturierung des Kundenprozesses werden dabei Anregungsphase (Erkennen von Bedürfnissen), Evaluationsphase (Bewerten und Entscheiden), Kaufphase (Kaufabwicklung) und Nachkaufphase (Verwendung bzw. Konsum der Leistung und Nutzung zusätzlicher Serviceleistungen) unterschieden [Muth98, S. 106].

Kaufprozessmodelle betrachten darüber hinaus die Aktivitäten der Kunden speziell im Hinblick auf deren Informationsverhalten [Kirs70, S.72f.], das für CFEL von besonderer Bedeutung ist. Als Grundlage von Kaufprozessmodellen kann das klassische Phasenmodell von Entscheidungs- bzw. Problemsituationen von Brim [Brim62] betrachtet werden. Ein wesentlicher Unterschied zum CBC besteht darin, dass im Rahmen der Anregung weiter zwischen Problemerkenntnis und Informationssuche differenziert wird [BIME01, S. 157]. Der Kauf selbst wird nicht näher betrachtet, da hier keine Informationen, die eine tiefere kognitive Verarbeitung im Rahmen von Entscheidungen und Problemlösungen bedingen, nachgefragt werden. Zur zeitlichen Einordnung der Nutzung der Lernumgebung werden daraus die für CFEL relevanten Phasen Problemerkenntnis, Informationssuche, Evaluation und Nachkaufphase abgeleitet (vgl. Abbildung 3-6, S. 51). Mögliche Lernsituationen im CFEL können zeitlich anhand dieser Phasen in der Anbieter-Kunden-Beziehung unterschieden werden, die durch unterschiedliche Aktivitäten des Kunden jeweils spezifische Anforderungen an das Lernangebot stellen.

Die räumliche Einordnung gibt darüber Aufschluss, an welchen Kundenkontaktpunkten welche Lernsituationen auftreten können (vgl. Abbildung 3-6, S. 51). Entsprechend dem in den institutionellen Rahmenbedingungen spezifiziertem Darbietungsumfeld kann grundsätzlich zwischen einer Nutzung der Lernumgebung über die webbasierten Kundenschnittstelle (online) und die Kundenschnittstelle in physischen Verkaufsumgebungen (onsite) unterschieden werden (vgl. Abschnitt 3.2.1.1). Die online-Nutzung erfolgt vor allem über stationäre Endgeräte, die den Kunden in ihrer gewohnten Umgebung im Alltag bereits zur Verfügung stehen. Die Nutzung der webbasierten Lernumgebung kommt daher für alle Phasen des Interaktionsprozesses in Betracht. Die Nutzung der Lernumgebung onsite ist auf die ersten drei Phasen Problemerkenntnis, Informationssuche und Evaluation beschränkt. In der Nachkaufphase, in der sich der Kunde gewöhnlich nicht mehr in der physischen Verkaufsumgebung befindet, steht ihm nur die Möglichkeit der online-Nutzung zur Verfügung. Da der Ort der Nutzung keine direkten Auswirkungen auf das Informationsverhalten der Kunden hat [Silb81, S. 28], sind eine räumliche Unterscheidung von Lernsituationen und sich daraus ergebende Anforderungen ausschließlich bei Entscheidungen zur Organisation und Bereitstellung des Lernangebots relevant.

Zusätzlich muss für die Beschreibung und Unterscheidung von Lernsituationen im CFEL, in denen Lernen stets informell stattfindet, berücksichtigt werden, welche Absicht zur Nutzung der Lernumgebung aus dem Anwendungsumfeld heraus besteht. Die dort für inzidentelles und intentionales Lernen zu unterscheidenden Bedingungen haben wesentlichen Einfluss auf die didaktische Gestaltung (vgl. Abschnitt 3.2.1.2). Inzidentelles Lernen kann in allen, für CFEL relevanten Phasen des Kaufprozesses im Rahmen der dort durchgeführten Kundenaktivitäten auftreten. Da es lediglich eine Nebenabsicht der aktuellen Handlungen des Kunden darstellt, kann es auch als kaufprozessbegleitendes Lernen bezeichnet werden (vgl. Abbildung 3-6, S. 51). Kunden können grundsätzlich aus jeder der betrachteten Kaufprozessphasen heraus zu intentionalem Lernen übergehen. Längerfristiger und stetiger Wissenserwerb als Hauptabsicht der aktuellen Handlung findet aber vor allem in der Nachkaufphase im Rahmen der Nutzung zusätzlicher Serviceleistungen des Anbieters zur Beziehungspflege statt und ist meist nicht direkt an einen aktuellen Kaufprozess gekoppelt (vgl. Abschnitt 2.3.2). Dem liegt vor allem ein zunehmendes Interesse am Lernen, die stärkere Lenkung von Aufmerksamkeit darauf und das zunehmende Zeitbudget zu Grunde (vgl. Abschnitt 3.5.1.2). Diese Form des Lernens kann auch als kaufprozessneutrales Lernen bezeichnet werden (vgl. Abbildung 3-6, S. 51).

Bei den weiteren, auf die verschiedenen Lernsituationen im CFEL ausgerichteten Gestaltungsentscheidungen werden Lernsituationen zunächst danach unterschieden, ob Lernen kaufprozessbegleitend oder kaufprozessneutral auftritt. Im Rahmen des kaufprozessbegleitenden Lernens erfolgt zusätzlich eine zeitliche Unterscheidung der Nutzung in Bezug auf die spezifischen Phasen der Anbieter-Kunden-Interaktion und die sich daraus ergebenden Anforderungen an das Lernangebot. Weiterhin wird der räumliche Aspekt von Lernsituationen in die Betrachtungen zur Bereitstellung und Organisation des Lernangebots einbezogen.

3.4 Lerninhalte und Lernziele

3.4.1 Relevante Lerninhalte

3.4.1.1 Bestimmung

Die Bestimmung relevanter Lerninhalte für CFEL orientiert sich hauptsächlich am Situationsprinzip, nach dem die Relevanz potenzieller Inhalte anhand ihrer Bedeutung für zukünftige Anwendungssituationen beurteilt wird [Reet84, S. 75f.]. Die Festlegung der Inhalte erfolgt im Rahmen einer Sachanalyse, wenn eine grundlegende Vorbereitung auf (noch) nicht präzise bestimmbare Anwendungssituationen im Vordergrund steht [Kerr01, S. 152]. Die Untersuchung bezieht sich dabei auf die sachlogische Struktur von zunächst meist abstrakten Lerngegenständen [Kerr01, S. 148f.]. Die auf den Sachinhalt ausgerichteten Lerninhalte sind breiter angelegt und ermöglichen eine längerfristige, polyvalente Verwertbarkeit des Wissens [Kerr01, S. 152].

Die Sachanalyse wird um eine Aufgaben- bzw. Tätigkeitsanalyse ergänzt, wenn bereits konkrete Aufgaben und Tätigkeiten bestimmt werden können, die mit dem Wissen bewältig werden sollen [Kerr01, S. 152]. Dabei werden relevante Zieltätigkeiten im Hinblick auf notwendige Kenntnisse analysiert und Lerngegenstände so weiter konkretisiert [Heim76, S. 108; Kerr01, S. 151]. Die Ausrichtung der Lerninhalte an Tätigkeiten ermöglicht es dem Kunden das Wissen später auch kurzfristig zu verwerten. Wenn zukünftige Aufgaben und Tätigkeiten genau bestimmbar sind, sollten die Aufbereitung der Inhalte auch daran ausgerichtet werden [Kerr01, S. 152].

Grundsätzlich dienen beide Analysearten dazu, den Lerngegenstand und damit verbundene relevante Inhalte aus der Sicht der Lernenden zu betrachten und später geeignete Instruktionsstrategien ableiten zu können [Hans07, S. 78; MoRK01, S. 63f.].

3.4.1.2 Sachanalyse

Die Sachanalyse umfasst die Sammlung von Sachinhalten und deren Gliederung nach sachimmanenten Gesichtspunkten sowie die Festlegung des Stellenwerts bestimmter Inhalte durch Gewichtung und Reduktion [Kerr01, S. 149]. Relevante Themen, Aspekte, u. ä. müssen für die einzelnen Sachgebiete, in deren Kontext CFEL konkret angeboten werden soll, zusammen mit einen Sachexperten erfasst werden [Kerr01, S. 149]. Eine Orientierung am Sachinhalt ermöglicht in einer allgemeinen Betrachtung der Lerngegenstände im CFEL, unabhängig von einer spezifischen Wissensdomäne, die Bestimmung genereller Lerngegenstandskategorien. Diese Kategorien müssen bei der Sammlung und Gliederung von Lerninhalten für CFEL berücksichtigt werden, wobei in den einzelnen Lerngegenstandskategorien ein jeweils unterschiedlicher Inhaltsumfang angestrebt wird (vgl. Tabelle 3-4).

Lerngegenstands-kategorie	Beispiele für Informations- und Wissensbedürfnisse	Inhaltsumfang
Basiswissen	- Kurzinformationen aus dem Leistungsumfeld - Grundlagen für das Verständnis weiterer Inhalte	Microcontents
Leistungswissen	- Sucheigenschaften - Erfahrungseigenschaften	Microcontents
	- Vertrauenseigenschaften - Schlüsselmerkmale	Lerneinheiten
Anwendungswissen	- Aktivitäten und Prozesse der Leistungsnutzung - Aktivitäten und Prozesse im Leistungsumfeld	Lerneinheiten
Hintergrundwissen	- Vertiefung von Themen und Erwerb von Kompetenzen mit direktem Leistungsbezug	Lerneinheiten
	- Themen und Kompetenzen im Leistungsumfeld	Kurse

Tabelle 3-4: Lerngegenstandskategorien und Inhaltsumfang

Die Lerngegenstandskategorie Basiswissen umfasst Inhalte, die sich zum einen auf diffuse Informations- und Wissensbedürfnisse der Kunden im Leistungsumfeld beziehen und sich aus Neugier und / oder sporadischem Interesse ergeben [Muth00, S. 15f.]. Diese treten z. B. zu Beginn von Kaufprozessen auf, wenn Bedarfe nur unzureichend strukturiert und spezifiziert sind [Pepe05, S. 207]. Es fehlen operationalisierbare Informations- und Wissensbedürfnisse, da die Kunden überfordert sind, ihre eigenen Bedürfnisse zu erkennen und zu formen. Sie suchen daher sehr weitläufig nach Kurzinformationen aus dem Leistungsumfeld (z. B. zum Markt, zum Anbieter, zu technologischen Entwicklungen), die sie bei der Formung der eigenen Bedürfnisse unterstützen. Zum anderen müssen teilweise vor dem eigentlichen Wissenserwerb Grundlagen zum Verständnis weiterer Inhalte in Kurzform vermittelt werden. Dies ist insbesondere im Hinblick auf das sehr heterogene Vorwissen der Zielgruppe von Bedeutung (vgl. Abschnitt 3.2.2). Im gesamten CFEL-Angebot nimmt die Vermittlung von Basiswissen einen eher geringen Stellenwert ein, so dass die Inhalte im Wesentlichen im Umfang von Microcontents realisiert werden. Microcontents sind dabei kleine Informationseinheiten, die kurz und für sich selbst stehend ein grundlegendes Konzept oder eine kleine Anzahl zentraler Ideen, Begriffe und Fakten erläutern [Dash02].

Mit der Lerngegenstandskategorie Leistungswissen werden Inhalte zu Informations- und Wissensbedürfnissen berücksichtigt, die sich auf konkrete Eigenschaften und Merkmale der Leistung beziehen, z. B. auf deren Funktionalität und Ausstattung [Gier05, S. 109]. Relevant sind dabei vor allem Lerninhalte, die Such-, Erfahrungs- und Vertrauenseigenschaften der Leistungen behandeln (vgl. Abschnitt 2.2.3.1). Daneben sind auch Schlüsselmerkmale der Leistungen bedeutend, die den Kunden eine Reduzierung eines umfangreichen Informationsraums ermöglicht, der eine Vielzahl von Leistungseigenschaften umfasst [KuTo04, S. 122f.]. Dazu werden mehrere Einzelinformationen zu Leistungseigenschaften gebündelt und zu einem einzigen Merkmal, wie z. B. Office-PC, verdichtet. Dabei benötigen Kunden Informationen und Wissen darüber, welche Schlüsselmerkmale für einen spezifischen Bedarf relevant sind und als Beurteilungskriterien herangezogen werden können sowie welche Leistungseigenschaften und konkreten Ausprägungen davon sich hinter einzelnen Schlüsselmerkmalen verbergen. In Abhängigkeit von der Komplexität der Leistungseigenschaften und dem mit der Leistung verbundenen Involvement (vgl. Abschnitt 2.2.3) können die Inhalte als Microcontents oder Lerneinheiten realisiert sein. Unter Lerneinheiten werden in diesem Zusammenhang zusammenstellbare Wissenskomponenten verstanden, die in sich geschlossen ein Thema oder Teilaspekte eines Themas behandeln und zur Erfüllung einzelner didaktischer Funktionen eingesetzt werden können [Hans07, S. 80f.; Sche04, S. 22]. Didaktische Funktionen können z. B. Präsentation, Veranschaulichung und Vertiefung sein [Maie98]. Im Unterschied zu Microcontents besitzen Lerneinheiten einen größeren inhaltlichen Umfang, sind teilweise entsprechend der untereinander bestehenden Zusammenhänge strukturiert und unterstützen den Erwerb von Wissen durch eine gezielte Anregung von Lernprozessen.

Die Lerngegenstandskategorie Anwendungswissen beinhaltet zum einen Inhalte zu Informations- und Wissensbedürfnissen, die sich auf alle vom Kunden im Rahmen der Leistungsnutzung durchgeführten Aktivitäten und Prozesse beziehen. Dies umfasst auch vorbereitende Aktivitäten und Prozesse, wie z. B. die Installation der Leistung, sowie solche zur Ausmusterung und zum Ersatz der Leistung. Zum anderen treten auch Informations- und Wissensbedürfnisse zu Aktivitäten und Prozessen im Leistungsumfeld auf, die für eine Wissensvermittlung relevant sind. Dies sind vor allem solche, die der unmittelbaren Leistungsnutzung vor- und nachgelagert sind und auf eine vermehrte oder umfangreichere Nutzung der Leistung abzielen. Ein Beispiel sind Aktivitäten und Prozesse zur Nachbearbeitung und Veröffentlichung digitaler Bilder im Zusammenhang mit der Nutzung einer Digitalkamera. Der inhaltliche Umfang der Vermittlung von Anwendungswissen ist auf Lerneinheiten ausgelegt, die als Wissenskomponenten die Durchführung einzelner Aktivitäten oder gesamter Prozesse betrachten.

In der Lerngegenstandskategorie Hintergrundwissen werden Lerninhalte erfasst, die aufgrund einer hohen emotionalen Beteiligung, eines hohen empfundenen Risikos oder persönlicher Interessen für den Kunden zusätzlich relevant sind. Beim kaufprozessbegleitenden Lernen beziehen sich die Informations- und Wissensbedürfnisse auf die Vertiefung von Themen und den Erwerb von Kompetenzen, die einen direkten Bezug zur Kernleistung des Unternehmens haben. Dies können z. B. weiterführende Inhalte zu Herstellungsprozessen, zu berücksichtigten ökologischen, sozialen und Qualitätsstandards, zu in der Leistung verwendeten Technologien sowie der getestete Erwerb von Kompetenzen bei der Nutzung der Leistung, wie z. B. Aktienhandel, sein. Für das kaufprozessneutrale Lernen sind ebenfalls Themen und Kompetenzen im Leistungsumfeld relevant. Im Umfeld weniger komplexer Produkte, wie z. B. Babynahrung oder Mineralöl, sind Themen wie Gesundheit und Ernährung von Kleinkindern oder Umwelt und Klima zu finden, bei denen durch eine hohe emotionale Beteiligung umfassende Informations- und Wissensbedürfnisse entstehen. Daneben kommen auch Themen und Kompetenzen in Frage, die in das Leistungsumfeld fallen und mit häufig durchgeführten Freizeitaktivitäten oder dem beruflichen Alltag in Verbindung stehen. Dabei können Lerninhalte so ausgewählt und zusammengestellt werden, das ein Nachweis des Kompetenzerwerbs in Form von Zertifikaten ermöglicht wird, um das Erreichen persönlicher Ziele zu dokumentieren oder die berufliche Weiterentwicklung zu unterstützen. Relevante Themen und Kompetenzen im Leistungsumfeld können z. B. durch die Bestimmung verwandt wahrgenommener über- und untergeordneter Begriffe abgegrenzt werden [Robr07, S. 116f.]. Der inhaltliche Umfang des Hintergrundwissens reicht von Lerneinheiten, die einzelne (Teil-)Themen oder (Teil-)Kompetenzen umfassen, bis zu größeren Kursen. Kurse werden hier als Verknüpfung und strukturierte Anordnung einzelner Lerneinheiten verstanden, die in Bezug auf Inhalt und didaktische Funktionen den Erwerb von Wissen zu einem größeren, abgeschlossenen Thema oder einer Kompetenz ermöglichen.

Ergebnisse der Nachfragerstudie

Abbildung 3-7 (S. 57) zeigt, welche Lerngegenstandskategorien beim kaufprozessbegleitenden sowie beim kaufprozessneutralen Lernen aus Sicht potenzieller Kunden relevant sind.

Betrachtet man zunächst das kaufprozessbegleitende Lernen, so wird deutlich, dass in der Phase der Problemerkenntnis den Kunden eine Festlegung zum benötigten Wissen schwer fällt. Basiswissen zur Eingrenzung des Informationsproblems zu benötigen, wird von 21% der Befragten angegeben, bevor man sich eingehender mit der Leistung und deren Anwendung beschäftigt. Leistungswissen (11%), Hintergrundwissen (7%) und Anwendungswissen (4%) kommt dagegen eine geringere Bedeutung in dieser Phase zu, da der Bedarf noch nicht genau spezifiziert werden kann. Die Bedeutung von Basiswissen nimmt in der darauf folgenden Phase der Informationssuche nochmals zu und wird von 70% der Befragten als relevant eingeschätzt. Dies ist in dieser Phase vor allem zur Herausarbeitung des Bedarfs und zur Bestimmung entsprechend zu betrachtender Leistungseigenschaften notwendig. Danach ist die Bedeutung des Basiswissens stetig abnehmend (41% in der Evaluationsphase und 17% in der Nachkaufphase) und eher für die Erläuterung von Grundlagen für das Verständnis weiterer Inhalte von Interesse. In den Phasen Informationssuche (72%) und Evaluation (87%) hat Wissen zu den Eigenschaften der Leistung die größte Relevanz und fällt nach der getroffenen Kaufentscheidung (16%) stark ab. Daher scheinen Lerninhalte mit Leistungswissen zur Vermittlung des vollen Funktionsumfangs der Leistung nach dem Kauf aus Sicht der Kunden weniger relevant zu sein. Anwendungswissen erhält mit zunehmendem Fortschritt im Kaufprozess eine höhere Bedeutung. In der Phase der Informationssuche wird dieses nur von 28% der Befragten als relevant eingeschätzt. Die Relevanzangabe steigt in der Evaluationsphase auf 62% und bleibt im Anschluss nach dem Kauf auf dem gleichen Wert. Der Bedarf an Hintergrundwissen steigt vor dem Kauf zunächst stetig an und ist nach dem Kauf leicht abfallend (Informationssuche 12%, Evaluation 36% und Nachkaufphase 30%). Insgesamt ist dieses aber für das kaufprozessbegleitende Lernen von geringerer Bedeutung.

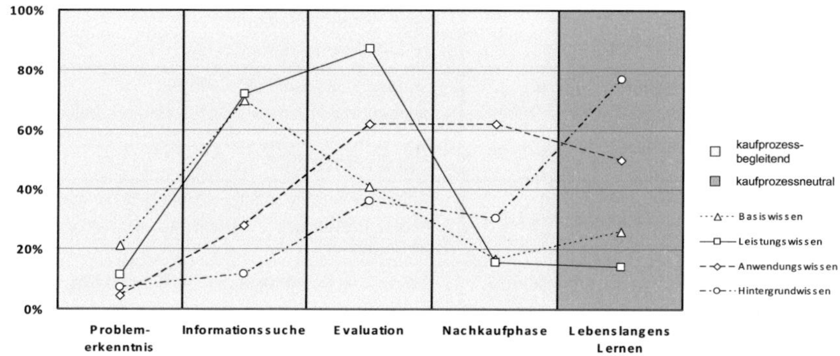

Abbildung 3-7: Lerngegenstandskategorien im CFEL

Beim kaufprozessneutralen Lernen hat hingegen das Hintergrundwissen mit 77% die größte Bedeutung. Auch Anwendungswissen wird noch verstärkt nachgefragt (50%), was insbesondere für die Durchführung mehrerer verbundener Markttransaktionen und angrenzende Prozesse und Aktivitäten im Leistungsumfeld relevant ist. Basiswissen und Leistungswissen haben nur geringe Bedeutung, da Kunden von einem ausreichenden Wissensstand ausgehen und Lernen hier nicht mehr in einem direkten Zusammenhang mit dem Erwerb einer konkreten Leistung steht.

3.4.1.3 Tätigkeitsanalyse

Für die Auswahl relevanter Lerninhalte im kaufprozessbegleitenden Lernen wird zusätzlich eine Tätigkeitsanalyse herangezogen, da sich die Tätigkeiten der Kunden im Rahmen des Kaufprozesses genauer bestimmen lassen. Im Unterschied zur Sachanalyse stellt die Tätigkeitsanalyse die zukünftige Anwendbarkeit und kurzfristige Verwertbarkeit des über die Lerninhalte erworbenen Wissens in den Mittelpunkt der Betrachtung [Kerr01, S. 152]. Es wird analysiert, welches Wissen für die Durchführung bestimmter (Arten von) Tätigkeiten benötigt und ad-hoc verwertet wird [Kerr01, S. 151]. Dafür müssen relevante Zieltätigkeiten festgelegt und auf dabei anfallende Informations- und Wissensbedürfnisse hin untersucht werden.

Tätigkeiten des Kunden, die mit einem Mangel an Informationen verbunden sind, und sein Informationsverhalten hängen im Wesentlichen von der Phase im Kaufprozess ab, in der er sich gerade befindet [Silb81, S. 28]. Tätigkeiten der Kunden innerhalb der einzelnen Kaufprozessphasen, die für eine Unterstützung durch CFEL relevant sind, sowie beispielhafte Informations- und Wissensbedürfnisse, die bei diesen Tätigkeiten entstehen, sind in Tabelle 3-5 dargestellt [MuÖs98, S. 108; Schu00, S. 50].

Phase	Tätigkeiten der Kunden	Beispiele für Informations- und Wissensbedürfnisse
Problemerkenntniss	Marktentwicklungen verfolgen	- Marktabgrenzung - Innovationen und Trends im Markt(-umfeld)
	neue Leistungen wahrnehmen	- Leistungsinnovationen - Problemlösung / Einsatzfelder
Informationssuche	Informationen über Leistungen beschaffen	- Leistungskategorien und -klassen - Leistungsspektrum und Schlüsselmerkmale - relevante Merkmalsausprägungen für Problemlösung / Einsatzfeld
Evaluation	Anforderungen an Leistung bestimmen	- vorhandene Leistungsmerkmale und -funktionen - Basis-, Leistungs- und Überraschungsanforderungen
	Leistungen selektieren	- Beitrag zur Problemlösung / für Einsatzfeld - Anwendungsbedingungen und -voraussetzungen
	Leistungen vergleichen und bewerten	- allgemeine Bewertungsschemata - relevante Beurteilungs- und Vergleichskriterien - Einschätzung der Kriterien
Nachkaufphase	Verwendung der Leistung erlernen	- Installation, Integration in vorhandenes Umfeld und Inbetriebnahme der Leistung - vorhandene Leistungsmerkmale und -funktionen - Referenzeinsatzprozesse
	Leistung nutzen, pflegen und aktualisieren	- Problemlösungsprozesse, Funktionsausschöpfung, Tipps und Tricks - Wartung und Reparatur - Updates / Upgrades - ergänzende Leistungen und Ersatzleistungen - Entsorgung
	Erfahrungen sammeln und austauschen	- angrenzende Leistungen und Prozesse - nachträgliche Bewertung der erworbenen und alternativer Leistungen

Tabelle 3-5: Zieltätigkeiten und beispielhafte Informations- und Wissensbedürfnisse im kaufprozessbegleitenden Lernen

Einfache Informationen, die für die Ausführung von Tätigkeiten während des Kaufprozesses benötigt werden, wie z. B. der Preis einer Leistung, sind für eine Wissensvermittlung durch ein CFEL-Angebot nicht relevant (vgl. Abschnitt 3.5.2.3). Diese können ohne kognitiv anspruchsvolle Informationsverarbeitung direkt in das Bewusstsein aufgenommen werden [Ried91, S. 91]. Dementsprechend kommt den einzelnen Tätigkeiten der Kunden und Kaufprozessphasen eine unterschiedliche Bedeutung im Hinblick auf auftretenden Informations- und Wissensbedürfnisse und eine Unterstützung durch ein CFEL-Angebot zu.

Ergebnisse der Nachfragerstudie

Abbildung 3-8 zeigt, bei welchen Tätigkeiten im Kaufprozess sich potenzielle Nachfrager eine Unterstützung durch ein CFEL-Angebot zur Befriedigung ihrer Informations- und Wissensbedürfnisse wünschen.

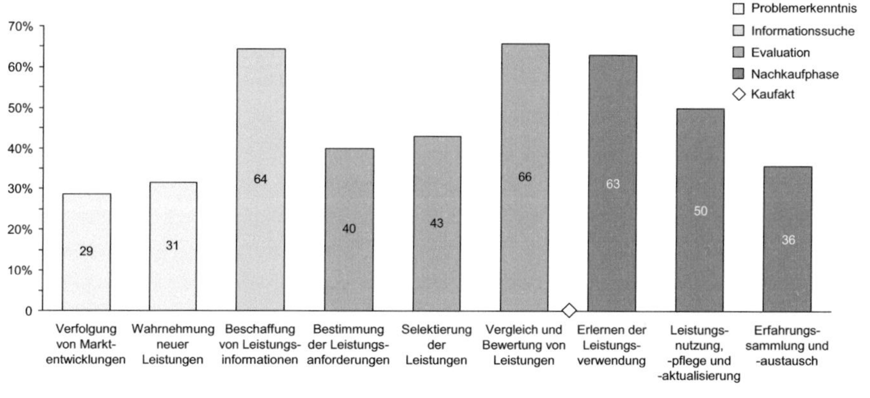

Abbildung 3-8: Unterstützungspotenzial von CFEL bei Kundentätigkeiten im Kaufprozess

Es bestätigt sich zunächst, dass alle Tätigkeiten im Kaufprozess als relevante Zieltätigkeiten zur Auswahl von Lerninhalten eingestuft werden können, da bei allen Tätigkeiten ein grundsätzlicher Wunsch zur Bereitstellung von CFEL-Angeboten besteht. Mit Ausnahme der „Beschaffung von Leistungsinformationen" ist auffällig, dass der Unterstützungswunsch mit zunehmendem zeitlichem Abstand zum Kaufakt, der zwischen Evaluations- und Nachkaufphase liegt, sinkt.

Eine große Bedeutung kommt den Zieltätigkeiten „Beschaffung von Leistungsinformationen" (64%), „Vergleich und Bewertung von Leistungen" (66%) und „Erlernen der Leistungsverwendung" (63%) zu, bei denen jeweils mehr als die Hälfte der Befragten durch CFEL-Angebote unterstützt werden möchten. Diese Tätigkeiten, die im Rahmen der Formung von Bedürfnissen sowie unmittelbar vor und nach dem Kaufakt durchgeführt werden, sind durch umfangreiche kognitive Steuerung und Verarbeitungsprozesse geprägt. Zur Befriedigung der in Tabelle 3-5 (S. 58) aufgezeigten Informations- und Wissensbedürfnisse sind daher als Schnittmenge für das kaufprozessbegleitende Lernen insbesondere solche

Lerninhalte bei der Auswahl zu berücksichtigen, die Wissen zu Leistungseigenschaften und -funktionen, zur Bewertung von Leistungseigenschaften sowie zu Referenzeinsatzprozessen vermitteln.

Eine geringere Bedeutung haben hingegen die Tätigkeiten „Verfolgung von Marktentwicklungen" (29%), „Wahrnehmung neuer Leistungen" (31%) und „Erfahrungssammlung und -austausch" (36%). Dies kann auf die fehlende Operationalisierung der Bedürfnisse beim Kunden und den größeren zeitlichen Abstand zum Kaufakt zurückgeführt werden. Lerninhalte, die einen geringen Bezug zur Kernleistung des Unternehmens aufweisen oder der Nachkaufbestätigung dienen, sind daher aus Sicht potenzieller Nachfrager für das kaufprozessbegleitende Lernen weniger von Interesse.

3.4.2 Lernziele

3.4.2.1 Komponenten

Eine einfache Präsentation und mediale Übermittlung der ausgewählten Lerninhalte ist nicht ausreichend, um notwendige Lernprozesse zur Deckung der Informations- und Wissensbedürfnisse anzuregen und dem anvisierten Bildungsanliegen zu entsprechen [Hans07, S. 77; Kerr01, S. 146f.]. Vielmehr soll der Lernende durch das Lernangebot zu einer intensiven kognitiven Auseinandersetzung mit dem Lerngegenstand aktiviert werden, so dass durch Interaktion mit dem Medium Lernaktivitäten zur Informationsverarbeitung und Wissensaneignung angestoßen werden [Kerr01, S. 148]. Die Lerninhalte müssen so in präsentierende als auch aktivierende Lernangebote überführt werden, dass die angestrebten Lernprozesse möglichst zuverlässig stattfinden [Kerr01, S. 148].

Für eine derartige Transformation der Lerninhalte müssen Lernziele bestimmt werden, die durch die Lernprozesse erreicht werden sollen. Lernziele beschreiben allgemein Eigenschaften, die der Lerner nach erfolgreicher Lernerfahrung erworben hat bzw. Ergebnisse, die durch das Lernangebot erreicht werden sollen [Hans01, S. 77; Pawl01, S. 20]. Im CFEL stehen dabei die Ziele der Lernenden und ihre Bedürfnisse in speziellen Lernsituationen im Vordergrund. Lehrziele i. S. v. Zielen einer lehrenden Instanz, die nicht immer mit den Lernzielen übereinstimmen, werden nicht näher betrachtet [Kerr01, S. 177].

Die Bestimmung von Lernzielen umfasst eine Inhalts- und eine Ergebniskomponente. Durch die Inhaltskomponente werden zunächst die Lerngegenstände, die am Ende des Lernprozesses beherrscht werden sollen, grob klassifiziert, da die Art der Lerninhalte die notwendigen Lernaktivitäten entscheiden beeinflusst [Kerr01, S. 155]. Die Ergebniskomponente beschreibt im Anschluss, welche Qualität des Lernprozess erreicht werden soll bzw. welche Kompetenz als Ergebnis des Lernprozesses erwartet wird [Kerr01, S. 153].

3.4.2.2 Wissensklassifikation

Die Klassifikation von Lerngegenständen im CFEL orientiert sich am kognitiven Bereich der menschlichen Informationsverarbeitung und erfolgt anhand von kognitiven Wissensdimensionen, die stufenweise die unterschiedliche Komplexität des zu erwerbenden Wissens angeben [Baum07, S. 155]. Dabei können die Wissensdimensionen Fakten, Konzepte, Prozeduren und Metakognition bzw. Prinzipien unterschieden werden [AnKr01, S. 42f.; Krat02] (vgl. Abbildung 3-9).

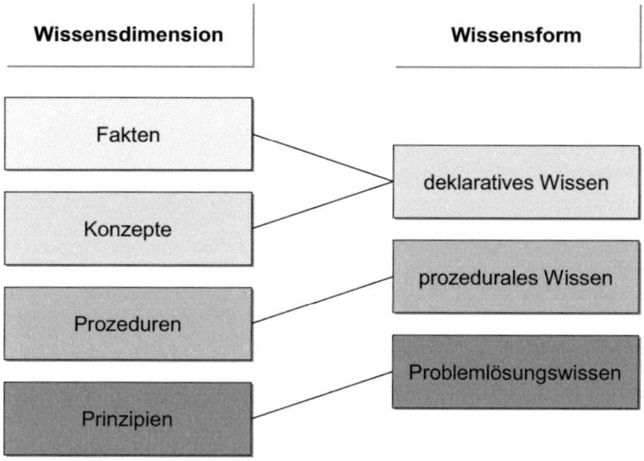

Abbildung 3-9: Inhaltskomponente der Lernziele

Faktenwissen umfasst grundlegende Wissenselemente eines Fachgebiets, die Lernende wissen müssen, um einen gewissen Grad an Expertentum zu erreichen und umfassendere Sachverhalte identifizieren und wahrnehmen zu können [Hofm05, S. 5f.]. Im Unterschied zum Konzeptwissen können einzelne Wissenselemente isoliert als beliebig geordnete Informationsbestandteile mit einer eigenen Bedeutung i. S. konkreter Einzelheiten betrachtet werden [Hofm05, S. 6; Kerr01, S. 190]. Konzeptwissen beinhaltet hingegen komplexere, organisierte Schemata, Modelle oder Theorien, die auf begrifflicher Ebene Struktur, Ordnung und Gesetzmäßigkeiten eines Sachgebiets darstellen [Hofm05, S. 8f.]. Es werden dabei z. B. Vergleiche, Zusammenhänge oder Abgrenzungen zu anderen Informationsbestandteilen oder Konzepten hergestellt.

Die Dimensionen Fakten- und Konzeptwissen repräsentieren „wissen, was“ und werden auch als deklaratives Wissen bezeichnet [Reet96, S. 176f.]. Bei deklarativem Wissen ist eine Verbalisierung möglich, die den Zugang und die Vermittlung des Wissens vereinfacht [Man+93, S. 146]. Fakten und Konzepte können anhand ihres Abstraktionsgrades (konkret – abstrakt) geordnet und z. B. mithilfe von semantischen Netzwerken grafisch dargestellt werden [Kerr01, S. 163f.].

Wissen zu Prozeduren wird auch als prozedurales Wissen bezeichnet und repräsentiert „wissen, wie“. Allgemein kann von Wissen über die Ausführung einer Abfolge von Tätigkeiten oder über eine Sequenz von Schritten, die zur Erreichung eines spezifischen Ziel erforderlich ist, gesprochen werden [Reet96, S. 176f.; Kerr01, S. 190]. Für CFEL stehen dabei z. B. im Rahmen der Vermittlung von Wissen zur Installation und Bedienung von Leistungen kognitive Fertigkeiten im Vordergrund, die sich im Gegensatz zu psychomotorischen Fertigkeiten, wie das Bedienen eines Kraftfahrzeugs, auf mentale Prozesse beziehen [Sche04, S. 11]. Prozedurales Wissen ist schwerer explizierbar als deklaratives Wissen und wird daher immer in Teilschritte zerlegt und zunächst häufig als deklaratives Wissen über prozedurales Wissen, z. B. eine verbale Beschreibung einer Tätigkeit, dargestellt [Man+93, S. 177f.].

Letztlich ist in der Dimension Prinzipien für CFEL vor allem Wissen zu Strategien zur Analyse und Behandlung komplexer Probleme in neuen Kontexten relevant [Krat02]. Wissen in diesem Bereich wird daher auch als Problemlösungswissen oder kontextuelles Wissen bezeichnet [Man+93, S. 192; Kerr01, S. 163].

Ergebnisse der Nachfragerstudie

Im Hinblick auf die in Abschnitt 3.4.1 aufgezeigten Lerngegenstände muss grundsätzlich davon ausgegangen werden, dass zum einen im CFEL alle Wissensdimensionen zu finden sind und zum anderen in den verschiedenen Phasen des Kaufprozesses sowie im kaufprozessbegleitenden und kaufprozessneutralen Lernen jeweils unterschiedliche Wissensdimensionen im Vordergrund stehen. Abbildung 3-10 zeigt das Auftreten und die Bedeutung der einzelnen Wissensdimensionen im CFEL aus Sicht der Probanden.

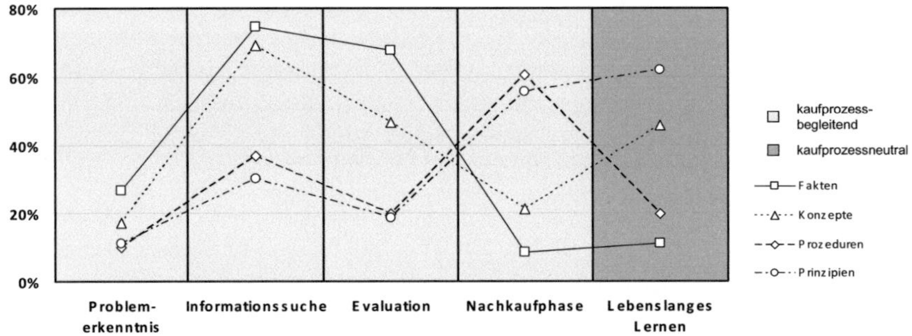

Abbildung 3-10: Wissensdimensionen im CFEL

Im kaufprozessbegleitenden Lernen ist Faktenwissen die dominierende Dimension in den Phasen vor dem Kaufakt (Problemerkenntnis 27%, Informationssuche 75% und Evaluation 68%). Einen ähnlichen Kurvenverlauf auf etwas niedrigerem Niveau zeigt die Wissensdimension Konzepte, die in den Phasen Problemerkenntnis von 11%, Informationssuche von 69% und in der Evaluationsphase von 47% der Befragten als relevant angegeben wird. Die vermutete Komplexität des Wissens entspricht im Wesentlichen den aufgezeigten Lerngegenständen, bei denen in den Phasen vor dem Kauf Basis- und Leistungswissen die größte Bedeutung einnehmen. In der Evaluationsphase ist daneben Anwendungswissen als Lerngegenstand bedeutend. Die Wissensdimension Prozeduren wird von den Befragten allerdings in den Phasen vor dem Kaufakt als weniger relevant eingeschätzt (Problemerkenntnis 10%, Informationssuche 37% und Evaluation 20%). Daher kann davon ausgegangen werden, dass vor dem Kauf Anwendungswissen zu möglichen (zukünftigen) Einsatzszenarien und Anwendungsprozessen durch deklaratives Wissen aufgezeigt wird. Der Wissensdimension Prinzipien kommt wie der Dimension Prozeduren vor dem Kauf nur eine untergeordnete Rolle zu (Problemerkenntnis 11%, Informationssuche 30% und Evaluation 19%). Die Kurven beider Dimensionen unterscheiden sich in den Vorkaufphasen kaum im Verlauf und nehmen in der Phase der Informationssuche höhere Werte an. Dies kann dadurch erklärt werden, dass im Rahmen der Informationssuche prozedurales Wissen zum Auffinden und Problemlösungswissen zur Einordnung von Informationen benötigt wird. In der Nachkaufphase kommt der Dimension Prozeduren mit 61% die größte Bedeutung zu. Unmittelbar danach ist die Wissensdimension Prinzipien (56%) einzuordnen, die sich hier vor allem auf den Erwerb von Wissen zum Umgang mit unbestimmten und komplexen Situationen der Leistungsverwendung, wie z. B. Fehlersituationen, bezieht. Es zeigt sich, dass Fakten (8%) und Konzepte (21%) hier nur noch eine geringere Bedeutung haben. Die Befragten gehen davon aus, dass sie bereits entsprechendes Grundlagenwissen und umfassende Kenntnisse zur Leistung besitzen. Betrachtet man den gesamten Kaufprozess, steigt mit zunehmendem Fortschritt im Kaufprozess die Komplexität des benötigten Wissens.

Im Bereich des kaufprozessneutralen Lernens ist die Komplexität des Wissens eher hoch und den Dimensionen Prinzipien (62%) und Konzepte (46%) kommt die größte Bedeutung zu. Kunden möchten vor allem in die Lage versetzt werden, komplexeres Wissen entsprechend ihrer Interessensgebiete zu erwerben, neues Wissen in vorhandene Konzepte einzuordnen und selbst abstrakte Konzepte abzuleiten. Prozeduren (20%) haben aufgrund des fehlenden direkten Bezugs zur Leistung weniger Bedeutung. Die Berücksichtigung von Faktenwissen (11%) ist kaum von Interesse, da dieses als bereits erworben vorausgesetzt wird.

3.4.2.3 Lernzielpotenziale

Nach der Klassifikation von Lerninhalten wird im Rahmen der Ergebniskomponente des Lernziels das angestrebte Leistungsniveau festgelegt, das als Ergebnis der Lernaktivitäten erwartet wird [Kerr01, S. 147f.]. Für Lernziele im CFEL, die sich am kognitiven Bereich orientieren, wird bestimmt, in welcher Qualität kognitive (Lern-)Prozesse auf den unterschiedlichen Komplexitätsstufen des Wissen realisiert werden sollen [Baum07, S. 7, 9]. Es kann so z. B. unterschieden werden, ob als Resultat der Lernaktivitäten Fakten wiedergegeben können oder komplexe Zusammenhänge von Begriffen verstanden werden [Kerr01, S. 156]. Das Lernziel besteht neben einem Substantiv, der Wissensdimension, also immer auch aus einem Verb, dem Leistungsniveau [Baum07, S. 7]. Unterschiedliche Leistungsniveaus führen zu unterschiedlichen Lernaktivitäten und haben z. B. entscheidenden Einfluss auf die Methodenwahl [Kerr01, S. 155f.]. Auf Basis des angestrebten Leistungsniveaus können weitere Entscheidungen zum didaktischen Design des Lernangebots getroffen werden.

Für die Klassifikation von Leistungsniveaus werden häufig Lernzieltaxonomien verwendet. Grundidee der bekanntesten Taxonomie der kognitiven Lernziele von BLOOM [Bloo72, S. 31] ist es, kognitive Prozesse nach dem Grad ihrer Komplexität in eine hierarchische Ordnung zu bringen [Kerr01, S. 156; Sche04, S. 25]. Die Lernzielstufen wurden begrifflich von KRATHWOHL [Krat02] überarbeitet, da die von BLOOM verwendeten Begriffe stark auf reproduzierendes Lernen zugeschnitten sind [Baum07, S. 7]. In aufsteigender Reihenfolge werden die aufeinander aufbauenden Lernzielstufen Erinnern, Verstehen, Anwenden, Analysieren, Bewerten und Erzeugen unterschieden, wobei die letzten drei Stufen auch als Problemlösen bezeichnet werden [Eule92, S. 57].

Im Gegensatz zu den Wissensdimensionen schließt eine höhere Lernzielstufe niedrigere Stufen mit ein und kann nur bei deren Beherrschung erreicht werden [Groß98, S. 10]. Die Klassifikation nach unterschiedlichen Lernergebnissen ist nicht gleichzusetzen mit der oben dargestellten Wissensklassifikation. Gleichwohl wird eine Analogie zu den oben beschriebenen Wissensdimensionen und -typen deutlich [Sche04, S. 25f.]. Bestimmte Lerninhalte sind auch an erreichbare Lernergebnisse, sog. Lernzielpotenziale, geknüpft [Sche04, S. 24f.]. In Abbildung 3-11 sind für unterschiedliche Wissensdimensionen und -formen die zugehörigen Lernzielpotenziale dargestellt.

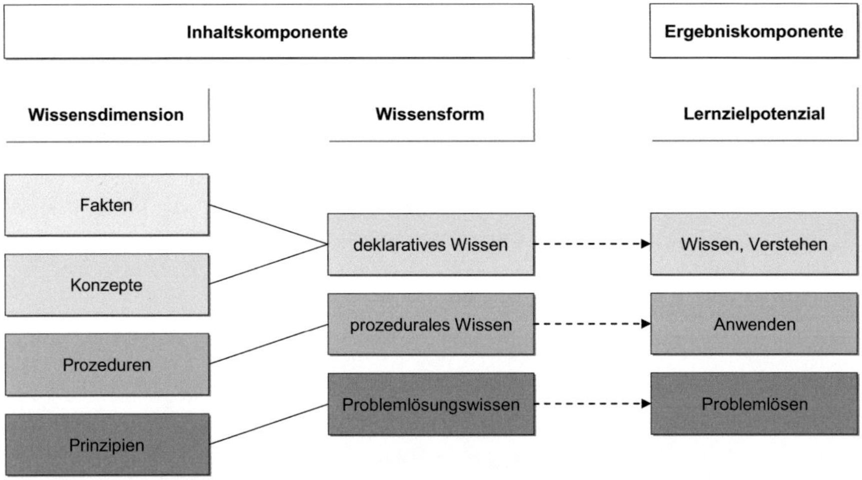

Abbildung 3-11: Inhalts- und Ergebniskomponente der Lernziele

Die Auseinandersetzung mit deklarativem Wissen ermöglicht es dem Lerner, Wissen über und Verstehen von Sachverhalten zu erreichen [Sche04, S. 26]. Auf dieser ersten Lernzielstufe „Wissen, Verstehen" kann der Lernenden sich an relevante Informationen erinnern (an Fakten und Konzepte aber auch an deklaratives Wissen über Prozeduren und Prinzipien) sowie neue Informationen verarbeiten und in einen größeren Kontext einordnen [Kerr01, S. 156]. Durch Lernaktivitäten, die auch die Verarbeitung von prozeduralem Wissen beinhalten, können Fähigkeiten zum Anwenden des Wissens in definierten Situationen entwickelt werden [Kerr01, S. 156; Sche04, S. 26]. Die Lernzielstufe „Anwenden" schließt ein, dass sich der Lerner z. B. an deklaratives Wissen über die Ausführung einer Abfolge von Handlungen erinnern kann. Nach einer erfolgreichen Auseinandersetzung mit Problemlösungswissen können Lerner auch Probleme in unbekannten Situationen lösen [Kerr01, S. 156; Sche04, S. 26]. Das Leistungsniveau auf dieser höchsten Lernzielstufe umfasst daher neben dem Wissen und Verstehen von Sachverhalten, dem Anwenden von Wissen in vordefinierten Situationen auch die situative Analyse und Behandlung von komplexen Problemen in neuen Kontexten.

Ergebnisse der Nachfragerstudie

Entsprechend der Ergebnisse im Bereich Wissensklassifikation (vgl. Abschnitt 3.4.2.2) werden in den einzelnen Phasen des Kaufprozesses und im Rahmen des Lebenslangen Lernens von den Probanden ebenfalls unterschiedliche Lernziele angestrebt, die in Abbildung 3-12 dargestellt sind.

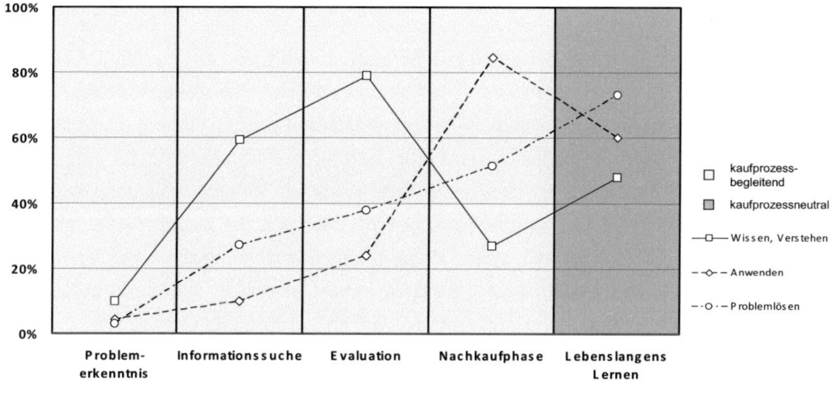

Abbildung 3-12: Lernzielpotenziale im CFEL

Das kaufprozessbegleitende Lernen erfolgt in den Phasen vor dem Kaufakt auf einem niedrigeren Leistungsniveau. Die Befragten wollen vor allem das Lernziel „Wissen, Verstehen" erreichen (Problemerkenntnis 10%, Informationssuche 59%, Evaluation 79%). Die steigende Anzahl an Nennungen macht aber deutlich, dass das tatsächliche Erreichen dieses Ziels mit wachsendem Fortschritt im Kaufprozess für die Kunden wichtiger wird. Das Lernziel „Anwenden" spielt in den Phasen Problemerkenntnis (4%), Informationssuche (10%) und Evaluation (24%) hingegen nur eine untergeordnete Rolle. Nach dem Kauf wendet sich der Kurvenverlauf und 85% der Befragten schreiben dem Lernziel „Anwenden" die größte Bedeutung zu. Das Wissen und Verstehen von relevanten Sachverhalten wird von einem Großteil der Befragten bereits als erreicht vorausgesetzt und das entsprechende Lernziel nur noch von 27% der Befragten angestrebt. Insofern werden auch von den Probanden diese beiden Lernzielstufen als aufeinander aufbauend eingeschätzt. Die Bedeutung des Lernziels „Problemlösen" nimmt mit im Laufe des Kaufprozesses stetig zu (Problemerkenntnis 3%, Informationssuche 27%, Evaluation 38%, Nachkaufphase 51%). Zum einen setzt sich der Kunde immer intensiver mit den Lerngegenständen auseinander, die

Komplexität des Wissens nimmt zu und bei extensiven Kaufentscheidungen, die einmalige durchgeführt oder selten wiederholt werden, sowie bei der späteren Verwendung der Leistung steht der Kunde vor der Lösung von Problemen in neuen, unbekannten Situationen. Das bedeutet z. B. im letzten Fall, dass der Kunde die Lerninhalte nicht nur verstehen und anwenden können, sondern ggf. auch auf neue Situationen übertragen muss. Zum anderen wird auch aufgrund mehrerer verbundener Marktransaktionen eine tiefere Auseinandersetzung mit Wissen im Rahmen des Kaufprozesses angeregt, um z. B. zu ergründen, wie eine Leistung in ein bestimmtes Umfeld passt und zur Lösung eines spezifischen Problems beiträgt. Darüber hinaus wird mit zunehmendem Fortschritt im Kaufprozess aber auch verstärkt Interesse an Leistungen und am Leistungsumfeld geweckt, so dass hier häufig der in Abschnitt 3.3 aufgezeigte Übergang zum kaufprozessneutralen Lernen stattfindet.

Dementsprechend zeigt sich auch im Bereich des Lebenslangen Lernens, dass höhere Leistungsniveaus angestrebt werden. Die Bedeutung des Lernziels „Problemlösen" steigt hier weiter und wird von den Befragten mit 73% als dominierend eingeschätzt. Dies wird gefolgt von den Lernzielen „Anwenden" (60%) und „Wissen, Verstehen" (48%), die als Grundlage zum Erreichen des Leistungsniveaus angesehen werden können. Das Hauptaugenmerk liegt in diesem Bereich auf den Lernaktivitäten selbst und nicht auf Tätigkeit im Rahmen des Kaufprozesses, so dass eine Tiefe kognitive Verarbeitung der Lerninhalte möglich ist und von den Probanden angestrebt wird. Die Tiefe der kognitiven Verarbeitung ist nicht mehr dadurch beschränkt, dass mit dem Ziel einer erfolgreichen, kognitiv harmonischen Kaufentscheidung gelernt wird, sondern höhere Lernziele, die durch persönliche Interessen und Problemstellungen getrieben werden, im Vordergrund stehen.

3.5 Struktur

3.5.1 Lehr-Lernprozess

3.5.1.1 Steuerung

Im Hinblick auf die didaktisch-methodische Struktur des Lernangebots muss zunächst bestimmt werden, von wem die Steuerung der Lehr-Lernaktivitäten in der Lernumgebung übernommen wird. Bei direkten bzw. fremdgesteuerte Lernumgebungen sind die meisten Aktivitäten bereits vorstrukturiert [Wilb01, S. 15]. Dabei werden die Aktivitäten vor allem zeitlich durch eine schrittweise Bereitstellung und Präsentation von Lehr-Lernelementen strukturiert [Kerr01, S. 187]. Dies ist mit der Vorstellung verbunden, dass der Lernprozess planbar und ein sich zeitlich erstreckender Prozess ist, der durch die richtige zeitliche Anordnung von Elementen des Lernangebots positiv beeinflusst werden kann [Kerr01, S. 186]. Man spricht dabei auch von Instruktion, die dem lernenden Individuum eine eher passive Rolle zuweist.

Indirekte bzw. selbstgesteuerte Lernumgebungen überlassen dem Lerner die wesentlichen Entscheidungen zur Ausführung der Aktivitäten [Wilb01, S. 16]. Der Lerner selbst rückt in den Mittelpunkt der Betrachtung und seine Lernaktivitäten können den Lehr-Lernprozess gravierend und folgenreich beeinflussen [Wein82, S. 102]. Wissen wird nicht nur rezeptiv empfangen, sondern aktiv und situativ erarbeitet und konstruiert. Man spricht daher auch von Konstruktion. Diese Lernangebote sind nicht zeitlich strukturiert. Entsprechende Elemente der Lernumgebung zur Unterstützung des Lernprozesses sind jedoch logisch angeordnet und mit Orientierungshilfen versehen, damit diese erfolgreich exploriert werden können [Kerr01, S. 217].

Die Anwendung dieser beiden Gestaltungsprinzipien bietet sich in unterschiedlichen Einsatzzusammenhängen an [Wilb01, S. 17]. Wesentliche Kriterien für CFEL, die mehr oder weniger Instruktion und Konstruktion bedingen, sind in Tabelle 3-6 dargestellt [Wilb01, S. 17; Kerr01, S. 314; Dubs95, S. 42ff.].

Kriterien	fremdgesteuerte Lernumgebung	selbstgesteuerte Lernumgebung
Zielgruppe	homogen	heterogen
Motivation	extrinsisch	intrinsisch
Lernsituation	formell	informell
verfügbare Zeit	wenig	viel
Vorwissen	niedrig	hoch
Lernziele	Wissen / Verstehen und Anwenden	Anwenden und Problemlösen
Lerninhalt	hierarchisch gegliedert	flach gegliedert

Tabelle 3-6: Einsatz von fremd- und selbstgesteuerten Lernumgebungen

Die Zielgruppe von CFEL ist, wie in Abschnitt 3.2.2 diskutiert, heterogen in Bezug auf Vorwissen, Lerngewohnheiten und Lerndauer und überwiegend intrinsisch motiviert. Diese Befunde sprechen generell eher für den Einsatz von selbstgesteuerten Lernumgebungen im CFEL, ebenso wie die Tatsache, dass Lernsituationen im CFEL immer informell sind. Allerdings unterscheiden sich Zeitbudget, Vorwissen, Lernziele und -inhalte im kaufprozessbegleitenden und kaufprozessneutralen Lernen sowie mit zunehmendem Fortschritt im Kaufprozess erheblich (vgl. Abschnitt 3.4), so dass keine der beiden Arten von Lernumgebungen uneingeschränkt verwendet werden kann.

Derartige Probleme sind in der Praxis häufig zu finden, wodurch i. d. R. Mischungsverhältnisse zwischen selbst- und fremdgesteuerten Lernumgebungen vorliegen [Frie02, S. 4]. Darüber hinaus werden extreme Formen der Selbst- und Fremdsteuerung auch als nicht effektiv eingeschätzt [Toug89, S. 434]. Selbststeuerung und Fremdsteuerung definieren bei der Gestaltung der Lehr-Lernprozesse lediglich zwei Enden eines Kontinuums, in dem die Auflösung der Fremdsteuerung ein Mehr an Selbststeuerung bedeutet [Wilb01, S. 17].

Übergeordnete Leitprinzipien zur Gestaltung von Lernumgebungen, wie die Problemorientierung, stellen ein Bindeglied zwischen Instruktion und Konstruktion dar [ReMa01, S. 605ff.]. Dieses Leitprinzip ist insbesondere für CFEL relevant, da von Problemorientierung gesprochen wird, wenn Lernen aufgrund von Bedürfnissen oder Problemen erfolgt, die authentisch sind oder Bezug zu authentischen Anwendungssituationen aufweisen, für die Lernenden bedeutsam sind und eine gewisse Aktualität haben und deshalb neugierig und auch betroffen machen [SeEu05, S. 21]. Derartige Bedürfnisse und Probleme sind im CFEL die Ausgangsbasis im Anwendungsumfeld für die Nutzung der Lernumgebung (vgl. Abschnitt 3.2.1.2). Nach dem Leitprinzip der Problemorientierung gilt es, eine Balance zwischen expliziter Instruktion durch die Lernumgebung und konstruktiver Aktivität des Lernenden zu finden [SeEu05, S. 21] (vgl. Abbildung 3-13, in Anlehnung an SEUFERT & EULER [SeEu05, S. 21], REINMANN-ROTHMEIER & MANDL [ReMa01, S. 608]).

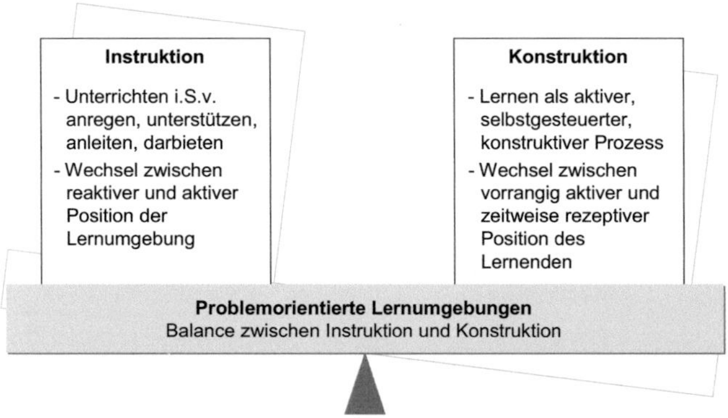

Abbildung 3-13: Gestaltung problemorientierter Lernumgebungen

Dabei muss keine Ausgewogenheit zwischen Instruktion und Konstruktion angestrebt werden, sondern Lernumgebungen können mit unterschiedlichen Anteilen von Fremd- und Selbststeuerung ausgestaltet sein [SeEu05, S. 22]. Um zu bestimmen, über welche fremd- und selbstgesteuerten Anteile Lernumgebungen im CFEL verfügen, müssen die Lehr-Lernprozesse in den unterschiedlichen Lernsituationen näher betrachtet werden.

Zur Strukturierung von Lehr-Lernprozessen im Rahmen der Entwicklung und Gestaltung von Lernumgebungen existieren verschiedene Planungsmodelle, die notwendige Aktivitäten für „gutes Lehren und Lernen" in einem idealtypischen Ablauf darstellen [Kerr01, S. 187ff.; SeEu05, S. 27ff.]. Diese Planungsmodelle werden jedoch aufgrund ihrer hauptsächlich instruktionsorientierten Sicht und der damit verbundenen strikten Vorgaben zur Abfolge einzelner Lehr-Lernaktivitäten stark kritisiert [Schu04, S. 20]. Offene Planungsmodelle mit variablen Aktivitäten, die dem Konstruktionsparadigma folgen, liefern hingegen kaum Impulse zur Ableitung von Entscheidungen zur Gestaltung von Lernumgebungen [SeEu05, S. 30]. Daher scheint eine gewisse Strukturierung von Lehr-Lernprozessen unumgänglich, um eine Planung des Lernprozesses zu ermöglichen und Anhaltspunkte zur Gestaltung von virtuellen Lernumgebungen zu erhalten [SeEu05, S. 30].

Der Ablauf von Lehr-Lernprozessen kann in verschiedene Phasen unterteilt werden, denen jeweils eine didaktische Funktion zu Grunde liegt [Sche04, S. 43]. Im Zusammenhang mit fremdgesteuerten und selbstgesteuerten Lernumgebungen zeigt WILBERS

[Wilb01, S. 16] in Anlehnung an SIMONS [Simo92] fünf grundlegende didaktische Funktionen auf, die entweder vom Lehrenden bzw. der Lernumgebung, als dessen mediale Repräsentation, oder vom Lernenden übernommen werden können. Aus den Funktionen lassen sich die Phasen Motivation, Vorbereitung, Präsentation / Interaktion, Reflexion und Bewertung als Grundgerüst für die Betrachtung von Lehr-Lernprozessen im CFEL ableiten. Innerhalb dieser Phasen können für CFEL verschiedene Aktivitäten für fremd- und selbstgesteuertes Lernen identifiziert werden [Albr03, S. 65ff.; EuWi02, S. 17f.; Wilb01, S. 16; ZiHA03, S. 24ff.], die entweder von der Lernumgebung übernommen werden oder bei deren Durchführung der Kunde von der Lernumgebung unterstützt wird (vgl. Abbildung 3-14).

Abbildung 3-14: Aktivitäten in fremd- und selbstgesteuerten Lehr-Lernprozessen

In der ersten Phase steht die Anregung des Lernprozesses im Mittelpunkt. Hier kann zum einen der äußere Anstoß für Lernen geliefert (vgl. Abschnitt 3.2.1.2) oder die Relevanz der Inhalte verdeutlicht werden, da lernende Kunden i. d. R. schon über eine intrinsische Grundmotivation verfügen.

In der zweiten Phase steht die Selektion geeigneter Lernziele, Inhalte, Schwierigkeitsgrade und Medien im Vordergrund. Bei dem selbstgesteuerten Lernen werden darüber hinaus je nach Kontext, in dem Lernen statt findet oder Wissen angewendet werden soll, ggf. verschiedene Zugriffswege zum Lernangebot bereitgestellt, die der Kunde entsprechend wählen kann [GöSe05, S. 78f.].

In der Phase der Präsentation von und Interaktion mit Lerninhalten, in der das eigentliche Lernen durch eine kognitive Verarbeitung der Inhalte stattfindet, werden im Rahmen des fremdgesteuerten Lernens Lernwege, Perspektiven auf den Lerngegenstand sowie Lerndauer und -zeiten vorgegeben. Bei dem selbstgesteuerten Lernen können Lernwege und Perspektiven im Rahmen des durch die Lernumgebung aufgespannten Präsentations- und Interaktionsraums selbst gewählt werden, wobei keine Lerndauer und -zeiten festgelegt sind.

In der Phase der Reflexion, in der eine Rückbesinnung auf Lernhandlungen erfolgt, können bei dem fremdgesteuerten Lernen durch die Lernumgebung eine Lernhistorie bestimmt und Analogien zu verwandtem oder bereits erworbenem Wissen sowie zu möglichen real-praktischen Problemen präsentiert werden. Im selbstgesteuerten Lernen sind Inhalte und Lernwege bereits an reale Probleme, den Kontext in dem Lernen stattfindet, angelehnt. Der Verlauf des Lernens kann vom Lerner selbst durch eine Zusammenstellung der aus seiner Sicht bedeutsamen Inhalte in einer Sammlung verfolgt werden.

In der letzten Phase der Bewertung erfolgt im fremdgesteuerten Lernen obligatorisch eine Rückmeldung zum Fortschritt und auch zum Lernergebnis, auf dessen Basis ggf. Zertifikate ausgestellt werden können. Bei dem selbstgesteuerten Lernen wird der Fortschritt bis zur Lösung eines Problems durch den Lerner selbst bestimmt. Das Lernergebnis, als Qualität des Lernprozesses, kann von ihm optional, z. B. durch Tests, überprüft werden.

Ob im CFEL einzelne Phasen des Lehr-Lernprozesses fremd- oder selbstgesteuert durchlaufen werden, kann je nach Lernsituation variieren und ist von dieser abhängig.

3.5.1.2 Methoden

Die didaktische Gestaltung des Lehr-Lernprozesses für bestimmte Lernsituationen wird durch die Wahl einer Methode bestimmt [BaBS01, S. 178]. Der Begriff Methode wird häufig in unterschiedlicher Bedeutung verwendet [Pete01, S. 27ff.]. Hier wird unter Methode ein für sich beschreibbarer, eigenständiger Teil des Lernangebots verstanden, der auf Lehr-Lernprinzipien basiert und ein Grundmuster für die Gestaltung des Lehr-Lernprozesses für bestimmte Lernsituationen vorgibt [Hans07, S. 92, S. 96]. Das Grundmuster bezieht sich dabei auf die Bestimmung der Fremd- und Selbststeuerung einzelner Phasen des Lehr-Lernprozesses in unterschiedlichen Lernsituationen. Konkrete Techniken, die innerhalb von Methoden als begrenzte Steuerungsmaßnahmen in Lehr-Lernprozessen zur Auslösung und Gestaltung einzelner Lernaktivitäten eingesetzt werden [Pete01, S. 29], wie z. B. die hyperstrukturierte Vernetzung von Lerninhalten [GöSe05, S. 78f.], sind im Rahmen der unterschiedlichen Anwendungssysteme beschrieben (vgl. Abschnitte 4 und 5).

Für CFEL kann zwischen den methodischen Gestaltungsmöglichkeiten E-Training und Just-in-time-E-Learning unterschieden werden (vgl. Abbildung 3-15).

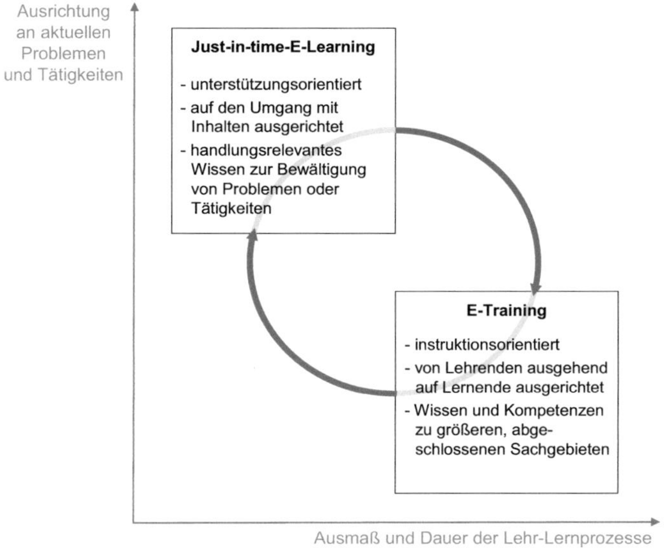

Abbildung 3-15: Eigenschaften von Just-in-time-E-Learning und E-Training

E-Training ist instruktionsorientiert und von Lehrenden bzw. der Lernumgebung ausgehend auf die Vermittlung von Kompetenzen und Wissen zu einem abgeschlossenen, größeren Sachgebiet ausgerichtet [BaBS01, S. 167, S. 175ff.; DaRi05, S. 44]. Lehr-Lernprozesse erfolgen dabei eher losgelöst von weiteren Alltagstätigkeiten und sind von längerer Dauer [BaBS01, S. 103]. E-Training ist daher eher für kaufprozessneutrales Lernen geeignet.

Just-in-time-E-Learning ist im Gegensatz dazu unterstützungsorientiert und auf den Umgang mit benötigten Lerninhalten zur Bewältigung eines Problems oder einer aktuell anstehenden Tätigkeit ausgerichtet [BaBS01, S. 168]. Dabei wird ausschließlich unmittelbar handlungsrelevantes Wissen ad-hoc in eher kurzen Lehr-Lernprozessen von zum Teil nur wenigen Minuten erworben, die direkt in weitere Alltagstätigkeiten integriert sind und diese möglichst nicht unterbrechen [BaBS01, S. 193; DaRi05, S. 50f.]. Es handelt sich also nicht um abgeschlossene Kurse, sondern vielmehr um Microcontents, kleinere Lerneinheiten und Werkzeuge zur Wissenskonstruktion, die bei Bedarf vom Lernenden sofort gefunden und unmittelbar aufgerufen werden können [DaRi05, S. 51; Keat02, S. 67; Regl00]. Diese Gestaltungsmöglichkeit ist hauptsächlich für das kaufprozessbegleitende Lernen geeignet.

Beide methodischen Gestaltungsmöglichkeiten schließen sich nicht gegenseitig aus und können in einzelnen Lernsituationen auch miteinander kombiniert werden [BaBS01, S. 173]. Dies ist für CFEL insbesondere dann relevant, wenn Übergänge von inzidentellem zu intentionalem Lernen und umgekehrt stattfinden (vgl. Abschnitte 3.2.1.2 und 3.3). So kann z. B. einerseits auf der Basis von E-Training zunächst grundlegendes Wissen vermittelt werden, das dann anwendungsspezifisch bei konkreten Problemen während Alltagstätigkeiten durch Just-in-Time-E-Learning weiter vertieft wird. Anderseits kann z. B. auch das im Rahmen von Just-in-Time-E-Learning während Alltagstätigkeiten erworbene Anwendungswissen zu weiteren Wissensbedürfnissen führen, die dann in „Aufbaukursen“ befriedigt werden, für die der Einsatz von E-Training vorteilhafter ist [BaBS01, S. 103].

Ergebnisse der Nachfragerstudie

In Abbildung 3-16 sind die aus Sicht der Probanden im kaufprozessbegleitenden und -neutralen Lernen zu wählenden methodischen Gestaltungsoptionen dargestellt.

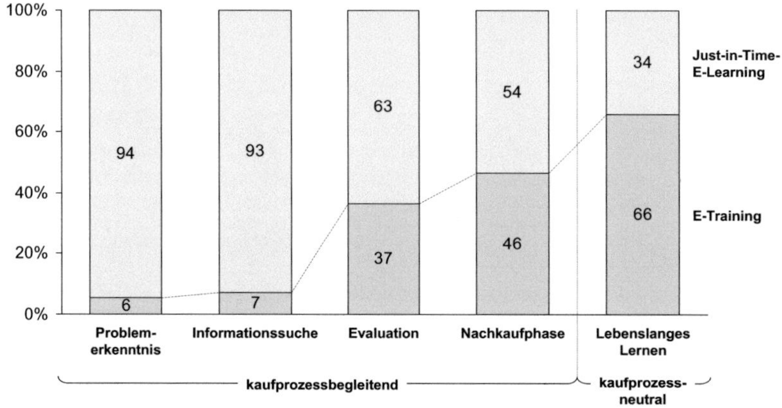

Abbildung 3-16: Einsatz methodischer Gestaltungsoptionen im CFEL

Im kaufprozessbegleitenden Lernen allgemein und insbesondere in den frühen Phasen des Kaufprozesses wird Just-in-Time-E-Learning bevorzugt. Die Kunden möchten hier Wissen eher ad-hoc durch ein Lernangebot erwerben, das auf die aktuellen Tätigkeiten und Probleme im Kaufprozess ausgerichtet ist und bei dem die Lehr-Lernprozesse möglichst in ihre Haupttätigkeiten zum Erwerb von Leistungen integriert sind. Daneben ist ersichtlich, dass E-Training teilweise als Ergänzung dazu gesehen und in der Nachkaufphase nahezu gleichwertig eingeschätzt wird. Es gewinnt mit zunehmendem Fortschritt im Kaufprozess an Bedeutung, da durch steigendes Interesse und zunehmende Bereitschaft, Zeit in Lernen zu investieren, ein umfassenderer Wissenserwerb angestrebt wird. Demzufolge sollten in der Phase der Evaluation und in der Nachkaufphase beide methodischen Gestaltungsmöglichkeiten eingesetzt und kombiniert werden.

Bei dem kaufprozessneutralen Lernen stehen auch aus Sicht potenzieller CFEL-Interessenten Methoden des E-Training im Vordergrund. Der zum Teil auftretende Wunsch nach Just-in-Time-E-Learning lässt darauf schließen, dass das Lernangebot auch hier Probleme, Bedarfe und Tätigkeiten im Alltag berücksichtigen bzw. darauf Bezug nehmen sowie Ausmaß und Dauer des Lernens ggf. eingeschränkt oder auf mehrere Lernsitzungen aufgeteilt werden muss.

Dem in Abbildung 3-17 dargestellten Polaritätsprofil kann der gewünschte Grad der Fremd- bzw. Selbststeuerung in den einzelnen Phasen des Lehr-Lernprozesses für die beiden methodischen Gestaltungsmöglichkeiten entnommen werden [Bugd90].

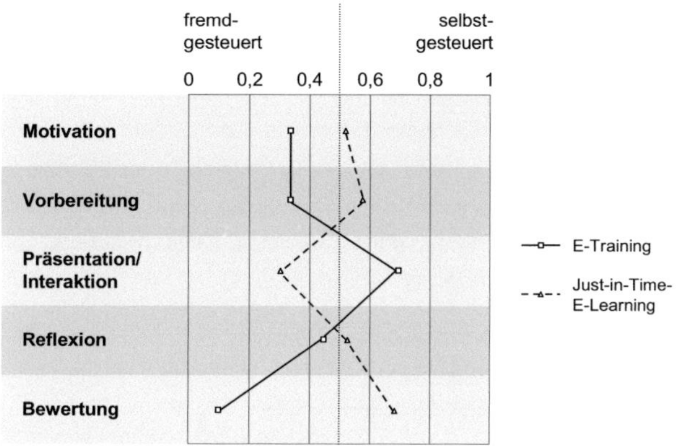

Abbildung 3-17: Fremd- und Selbststeuerung von Lernaktivitäten im CFEL

Grundsätzlich weist das Just-in-Time-E-Learning überwiegend selbstgesteuerte und das E-Training vor allem fremdgesteuerte Phasen auf. Auffallend ist zum einen, dass sich in der Phase der Präsentation / Interaktion der Wunsch zur Steuerung der Lernaktivitäten wendet. Dies kann insbesondere auf das fehlende Zeitbudget im Just-in-Time-E-Learning zurückgeführt werden, das für offene Lernwelten notwendig wäre. Beim E-Training sind Ausmaß und Dauer der Lehr-Lernprozesse hingegen größer, so dass den Kunden mehr Zeit zur Verfügung steht, um sich bei einer nicht sequenziell ablaufenden Präsentation der Lerninhalte zu orientieren. Zum anderen ist in der Phase der Bewertung des Wissenserwerbs der Unterschied zwischen Just-in-Time-E-Learning und E-Training besonders groß. Bei letzterem werden die Überprüfung des Lernergebnisses und eine Rückmeldung zum Lernfortschritt durch die Lernumgebung als notwendig eingeschätzt. Beim Just-in-Time-E-Learning möchten die Kunden auf eine derartige Bewertung eher verzichten.

3.5.2 Anpassung des Lernangebots

3.5.2.1 Adaptive Lernumgebungen

Die konkreten Aktivitäten eines Lerners im Lehr-Lernprozess und korrespondierende Elemente des Lernangebots, die zur Aneignung von bestimmtem Wissen in spezifischen Situationen tatsächlich notwendig und geeignet sind, lassen sich häufig nur unzureichend im Voraus bestimmen [Kerr01, S. 69]. Daher muss im Rahmen der Gestaltung von medialen Lernangeboten immer auch überdacht werden, ob Möglichkeiten zur Anpassung des Lernangebots an den in einer bestimmten Situation aktuell stattfindenden Lernprozess eines Einzelnen zu Beginn oder während des Lernens geschaffen werden können [Kerr01, S. 70]. Für CFEL ist eine Anpassung des Lernangebots insbesondere aufgrund der informellen

Lernsituation relevant (vgl. Abschnitt 3.2.1). Die Gestaltung des Lernangebots orientiert sich dabei nicht an festen Vorgaben, wie zu erfüllenden Lehrplänen, sondern an den aktuell auftretenden Informations- und Wissensbedürfnissen der Kunden.

Bei der Anpassung des Lernangebots spricht man auch vom Einsatz adaptiver Lernumgebungen, wobei Adaptivität die Fähigkeit zur inhalts- und prozessbezogenen Anpassung an den Lerner bzw. Objekte und Zustände der Umwelt meint [PeRe06, S. 188; AmOW03, S. 12]. Für adaptive Lernumgebungen im CFEL kann grundsätzlich zwischen einer Individualisierung und einer Situierung des Lernangebots unterschieden werden (vgl. Abbildung 3-18). Individualisierung und Situierung spielen im CFEL eine besondere Rolle und sind ein wesentliches Merkmal, durch das sich CFEL-Angebote von klassischen E-Learning-Angeboten unterscheiden.

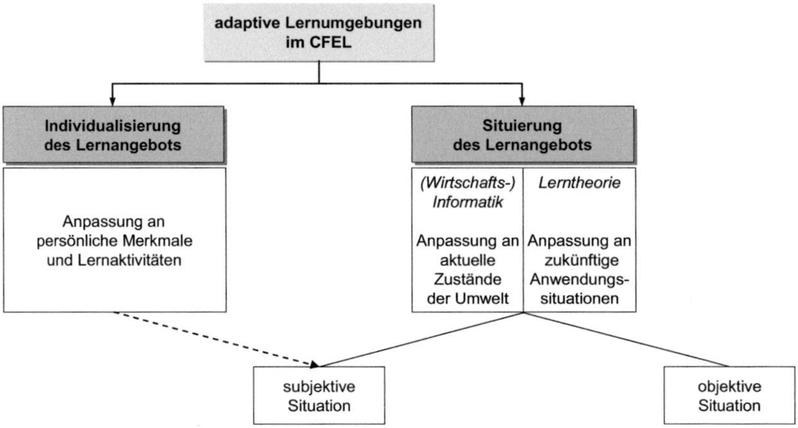

Abbildung 3-18: Adaptive Lernumgebungen im CFEL

Individualisierung bezeichnet die durch eine adaptive Lernumgebung ermöglichte Anpassung des CFEL-Angebots an persönliche Merkmale eines Kunden. In Abgrenzung zur Personalisierung werden bei der Individualisierung auch die Rolle des Nutzers bzw. die durch die Lernumgebung zu unterstützenden Aktivitäten des Benutzers berücksichtigt [MeSZ04, S. 4; Walt05, S. 8f.].

Die Situierung umfasst die Anpassung des Lernangebots an Zustände der Umwelt, die mit dem Lernprozess im Zusammenhang stehen. Aus Sicht der (Wirtschafts-)Informatik werden dabei aktuelle Zustände der lokalen Umwelt berücksichtigt, in der der Lernprozess stattfindet [MeSZ04, S. 4; Walt05, S.19f.]. Aus lerntheoretischer Sicht wird im Wesentlichen eine Anpassung des Lernangebots an potenzielle, zukünftige Anwendungssituationen angestrebt [MaGR02, S. 140]. Dies basiert auf der Annahme, dass Wissen in einem aktiven Prozess vom Lernenden individuell konstruiert wird und zur Unterstützung dieses Konstruktionsprozesses Lernen immer in einen Zusammenhang mit der Umwelt im Alltagsleben gesetzt werden muss, damit Wissen überhaupt erworben und das Gelernte auch außerhalb von Lernsituationen angewendet werden kann [MaGR02, S. 140f.]. Allgemein kann die Anpassung an objektive Situationen, die sich personenunabhängig beschreiben lassen, und an subjektive Situationen, die die individuelle Wahrnehmung und Interpretation von Umweltzuständen widerspiegeln, erfolgen [Walt05, S. 15]. Letztere werden durch persönliche Merkmale und Aktivitäten beeinflusst, so dass hier eine Verbindung zur Individualisierung besteht. Die Individualisierung kann als Voraussetzung für eine umfassende Situierung gesehen werden. Die Situierung auf Basis subjektiver Situationen stellt wiederum eine Erweiterung von Individualisierungsansätzen dar.

3.5.2.2 Individualisierung des Lernangebots

Aufgrund mehrerer heterogener Merkmale der Zielgruppe im CFEL (vgl. Abschnitt 3.2.2) ist die Individualisierung des Lernangebots von besonderer Bedeutung. Je nach methodischer Gestaltung und Lernsituation können unterschiedliche Ansätze zur Individualisierung des Lernangebots verfolgt werden. Wesentliche Merkmale zur Charakterisierung der Individualisierungsansätze und mögliche Ausprägungen im CFEL sind in Tabelle 3-7 dargestellt [DiKi05, S. 26; MeSZ04, S. 5].

<table>
<tr><th>Merkmal</th><th colspan="6">Ausprägungen</th></tr>
<tr><td>Individualisierungsumfang</td><td colspan="6">makro-adaptiv</td></tr>
<tr><td rowspan="2">Individualisierungsobjekt</td><td colspan="6">Lernangebot</td></tr>
<tr><td>Inhalte</td><td>Schwierigkeitsgrade</td><td colspan="2">Medien</td><td>Lerndauer</td><td>Lernwege</td></tr>
<tr><td>Individualisierungssubjekt</td><td colspan="3">Kunde</td><td colspan="3">Lernumgebung</td></tr>
<tr><td>Erhebung der Benutzermerkmale</td><td colspan="3">explizit</td><td colspan="3">implizit</td></tr>
<tr><td>Individualisierungskriterien</td><td colspan="2">Vorwissen</td><td colspan="3">Lerngewohnheiten</td><td>Lerndauer</td></tr>
</table>

Tabelle 3-7: Individualisierung im CFEL

Das Individualisierungsobjekt ist im CFEL das Lernangebot selbst. Die Anpassung des Lernangebots erfolgt dabei nicht auf Basis von vielfach kritisierten online-Diagnosen des aktuellen Lernverhaltens bzw. des aktuellen Dialogs zwischen Lerner und System (mikro-adaptiv), sondern immer auf Grundlage der zu Beginn des Lernprozesses durch den Lerner angegebenen oder bereits erfassten Benutzermerkmale (makro-adaptiv) [Kerr01, S. 73, 370]. Es liegt also kein geschlossenes, vorgefertigtes Lernangebot vor, das sich an die aktuellen Interaktionen mit dem Lerner anpasst. Vielmehr wird durch die adaptive Lernumgebung am Anfang von Lernprozessen jeweils ein individuelles Lernangebot für den Kunden automatisiert zusammengestellt. Voraussetzung dafür ist die Bildung von Lernmodulen in Form von kleinen instruktionalen Einheiten, die zu solchen individualisierten Lernangeboten zusammengesetzt werden können [Kerr01, S. 372] (vgl. Abschnitt 3.5.2.4). Die Anpassung des Lernangebots kann sich auf die Auswahl dieser Einheiten entsprechend geeigneter Inhalte, Schwierigkeitsgrade, Medien und Lerndauer und deren Anordnung in Form von Lernwegen beziehen.

Das Individualisierungssubjekt bezeichnet, durch wen die Individualisierung des Lernangebots vorgenommen wird. Dabei kann unterschieden werden, ob dies durch den Kunden oder die Lernumgebung erfolgt [DiKi05, S. 26]. Generell ist aus Sicht des didaktischen Designs für ein Lernangebot zu berücksichtigen, inwieweit dem Lerner selbst im Rahmen von Interaktionen mit der Lernumgebung Entscheidungen zur Individualisierung überlassen werden können [Kerr01, S. 73]. Gerade für ein nicht-institutionalisiertes Lernangebot ohne strikte Vorgaben ergeben sich größere Entscheidungsspielräume, die die Erreichung von Lernzielen und die Zufriedenheit des Kunden mit dem Lernangebot durch eine hohe Bedürfnisentsprechung sicherstellen. Beide Varianten schließen sicht nicht gegenseitig aus, so dass auch eine hybride Individualisierung eingesetzt werden kann, die je nach methodischer Gestaltung und der damit verbundenen Selbst- und Fremdsteuerung von Lernaktivitäten unterschiedliche Schwerpunkte setzt.

Beim Just-in-Time-E-Learning wird dem Kunden im Rahmen der Vorbereitung des Lernens zunächst eine Selbstindividualisierung des Lernangebots auf Grundlage eines durch die Lernumgebung vorgegebenen Entscheidungsraums überlassen, z. B. durch die Auswahl des relevanten Sachgebiets und bevorzugten Medientyps. In der Phase der Präsentation und Interaktion werden dann weitere Entscheidungen, wie z. B. die Zusammenstellung der zum Sachgebiet vorhandenen Einheiten und die Festlegung der Lernwege, durch die Lernumgebung automatisiert getroffen. Darüber hinaus können durch die Lernumgebung in der Präsentationsphase auch Empfehlungen zu alternativen oder ergänzenden instruktionalen Einheiten ausgesprochen und diese nach Wunsch automatisiert zusammengestellt werden. Im Gegensatz dazu ist beim E-Training in der Phase der Lernvorbereitung zunächst eine automatisierte Vorselektion instruktionaler Einheiten durch die Lernumgebung auf Basis verfolgter Lernziele und erfasster Benutzermerkmale möglich. In der darauf folgenden Phase der Präsentation und Interaktion entscheidet der Kunde selbst, welche Einheiten des zusammengestellten Lernangebots er nutzt. Ihm werden je nach Vorwissen entsprechende Zugangswege zu den Lerngegenständen bereitgestellt.

Die Individualisierung des Lernangebots setzt in jedem Fall voraus, dass die relevanten Benutzermerkmale in der Lernumgebung bekannt sind und entsprechend erfasst werden [MeSZ04, S. 3]. Bei der expliziten Erhebung von Benutzermerkmalen werden die Eigenschaften, vorzugsweise durch den Kunden selbst, direkt angegeben [MeHö99, S. 30]. Dazu muss der Kunde z. B. Fragen beantworten oder Formulare ausfüllen. Diese Art der Datenerhebung bietet den Vorteil, dass die Merkmale mit wenig Unsicherheit behaftet sind und für den Lerner transparent ist, welche Informationen zur Individualisierung des Lernangebots verwendet werden und er ggf. ändern muss, wenn die Anpassungen für ihn nicht zufrieden stellend sind. Allerdings kosten die Angaben dem Kunden Zeit, können ihn von seinen ursprünglichen Zielen ablenken und sind teilweise ex ante schwierig zu beschreiben

[MeSZ04, S. 8]. Bei einer impliziten Erhebung der Benutzermerkmale werden im Gegensatz dazu das Verhalten des Nutzers beobachtet und Rückschlüsse auf seine Eigenschaften gezogen [MeHö99, S. 30]. Dadurch können zwar zusätzliche Eingaben vermieden werden, die aus dem Benutzerverhalten abgeleiteten Merkmale sind aber mit einer größeren Unsicherheit behaftet [MeSZ04, S. 8].

Die Kriterien, auf deren Basis die Individualisierung erfolgt, ergeben sich aus den als sehr heterogen identifizierten Zielgruppenmerkmalen Vorwissen, Lerngewohnheiten und gewünschte Lerndauer (vgl. Abschnitt 3.2.2). Je nach Individualisierungsobjekt werden spezifische Informationen zu diesen Merkmalen herangezogen. Diese Informationen können einzeln erhoben oder die Komplexität durch die Bildung von Stereotypen eingeschränkt werden [MeHö99, S. 29]. Im letzten Fall wird einem Kunden ein Eigenschaftenbündel zugeordnet, wenn eine bestimmte auslösende Information, ein sog. Trigger, eintritt [Bode92, S. 241].

Ergebnisse der Nachfragerstudie

Das Interesse an einer Individualisierung des Lernangebots ist generell sehr hoch. 73 % der Befragten wünschen sich eine Anpassung des Lernangebots an ihre persönliche Eigenschaften und Präferenzen. Abbildung 3-19 zeigt, wie die Bedeutung der einzelnen Individualisierungskriterien von potenziellen Nachfragern eingeschätzt wird.

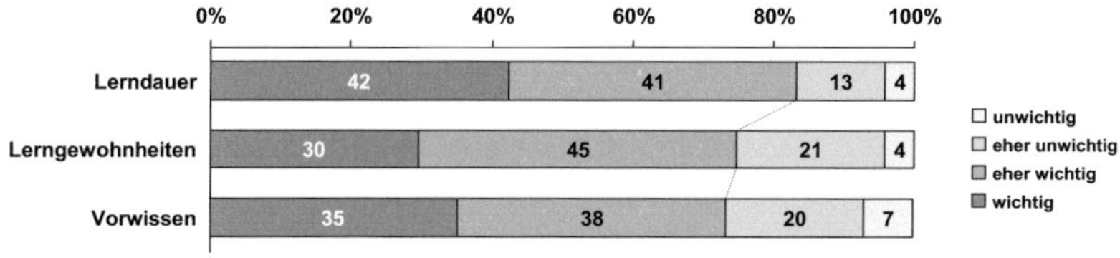

Abbildung 3-19: Einschätzung der Individualisierungskriterien

Am wichtigsten ist den Probanden die Berücksichtigung ihres individuellen Zeitkontingents. Insgesamt 83 % der Antworten entfielen auf die Ausprägungen „wichtig“ und „eher wichtig“. Die Anpassung des Lernangebots an das Vorwissen und die Berücksichtigung der persönlichen Medienpräferenz wurden mit 75 % bzw. 73 % als „wichtig“ und „eher wichtig“ eingestuft.

3.5.2.3 Situierung des Lernangebots

Die Anpassung des Lernangebots an die Umwelt, in der Wissen erworben und angewendet wird, ist für das tatsächliche und erfolgreiche Stattfinden von informellen Lernprozessen wie im CFEL wesentlich [Dohm01, S. 19; WaMa92, S. 287ff.]. Zum einen muss die Umwelt des Lerners, in der im Rahmen von Alltagstätigkeiten Informations- und Wissensbedürfnisse entstehen, ein gewisses Potenzial zur Anregung und Unterstützung von Lernprozessen durch die Möglichkeit des direkten Zugriffs auf benötigtes Wissen bieten [Dohm00]. Ziel hierbei ist es, Situationen der potenziellen Wissensanwendung mit Lernmöglichkeiten anzureichern [Dohm00] (Verbindung von Anwendungs- mit Lernsituationen). Zum anderen muss das dargebotene Lernangebot auch zweckmäßig im Hinblick auf spezifische Situationsanforderungen im Anwendungsumfeld sein [Dohm01, S. 19; WaMa92, S. 287ff.] (Verbindung von Lern- mit Anwendungssituationen). Die Situierung des Lernangebots kann dazu beitragen, die Distanz zwischen Darbietungs- und Anwendungsumfeld (vgl. Abschnitt 3.2.1) bzw. zwischen Lern- und Anwendungssituationen zu minimieren [MaGR02, S. 140f., S. 148]. Eine Situierung kann einerseits aus Sicht der Mediendidaktik durch die Berücksichtigung bestimmter Gestaltungsanforderungen und anderseits durch die Nutzung von Potenzialen neuer IuK-Technologien erreicht werden [Dohm00; MaGR02, S. 143] (vgl. Abbildung 3-20).

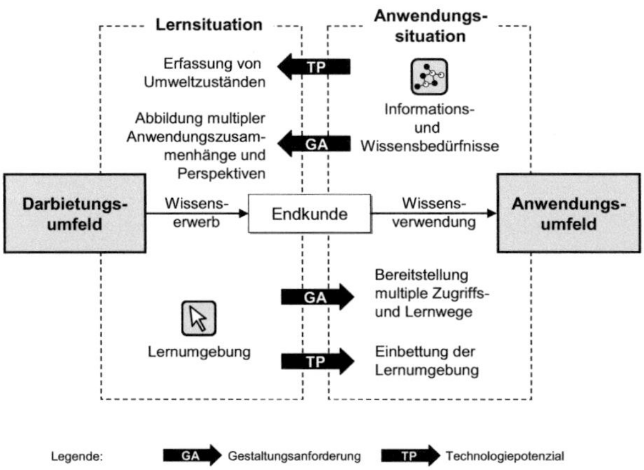

Abbildung 3-20: Gestaltungsanforderungen und Technologiepotenziale zur Situierung des Lernangebots

Zur Überbrückung der Lücke zwischen Lern- und Anwendungssituation ermöglicht es der Einsatz von IuK-Technologien, verschiedene Zustände der Umwelt teilweise direkt und in Echtzeit zu erfassen, unter denen Informations- und Wissensbedürfnisse entstehen bzw. das Wissen angewendet werden soll. Diese Informationen können anschließend zur Anpassung des Lernangebots verwendet werden. Die Erfassung solcher Umweltzustände ist nicht für alle Anwendungssituationen im CFEL realisierbar, insbesondere wenn, wie beim kaufprozessneutralen Lernen, Anwendungs- und Lernsituationen zeitlich und räumlich auseinander fallen. Daher kann auf eine vorherige Abbildung des potenziellen Anwendungsumfelds entlang verschiedener Dimensionen zurückgegriffen werden. Damit wird der mediendidaktischen Gestaltungsanforderung entsprochen, im Lernangebot vorab mögliche Anwendungszusammenhänge für das Wissen und multiple Perspektiven auf den Lerninhalt festzuhalten, um das Lernangebot anpassen oder diese dem Lerner bei Bedarf aufzeigen zu können [MaGR02, S. 141, S. 143].

Zur Reduzierung der Lücke zwischen Anwendungs- und Lernsituation ermöglicht es die Nutzung von Technologiepotenzialen, CFEL-Anwendungssysteme direkt in Situationen einzubetten, in denen Informations- und Wissensbedürfnisse entstehen und das Wissen angewendet wird. Das unmittelbare Anwendungsumfeld kann so um zusätzliche virtuelle Lernräume erweitert werden, in denen das Lernangebot bereit steht. Aus Sicht der Mediendidaktik müssen für Anwendungssituationen, in denen eine direkte Einbettung der Lernumgebung nicht möglich ist, multiple Zugriffs- und Lernwege im Lernangebot bereitgestellt werden, so dass der Lerner in Anlehnung an spätere Anwendungszusammenhänge die gewünschten und benötigten Lerninhalte abrufen kann [Weid02, S. 60]. Dadurch kann der Lerner das vermittelte Wissen vielfältig speichern, in entsprechenden Anwendungssituationen flexibel nutzen, Querverbindungen zu ähnlichem Wissen herstellen und leichter zu anderen Inhalten abgrenzen [MaGR02, S. 143; Weid02, S. 60].

Grundlage für die Bereitstellung verschiedener Zugriffs- und Lernwege bildet die bereits erwähnte Abbildung des potenziellen Anwendungsumfelds. Für CFEL umfasst dies v. a. die Abbildung von Eigenschaften bzw. Komponenten und Funktionen der Leistungen, Aktivitäten und Prozessen des Leistungseinsatzes sowie Themen und Kompetenzen im Leistungsumfeld sowie eine daran orientierte Gestaltung der Zugriffs- und Lernwege [GöLa05, S. 10].

Ergebnisse der Nachfragerstudie

Abbildung 3-21 stellt die von potenziellen Nachfragern bevorzugten Zugriffs- und Lernwege für die im CFEL vorkommenden Lerngegenstandskategorien dar (vgl. Abschnitt 3.4.1.2).

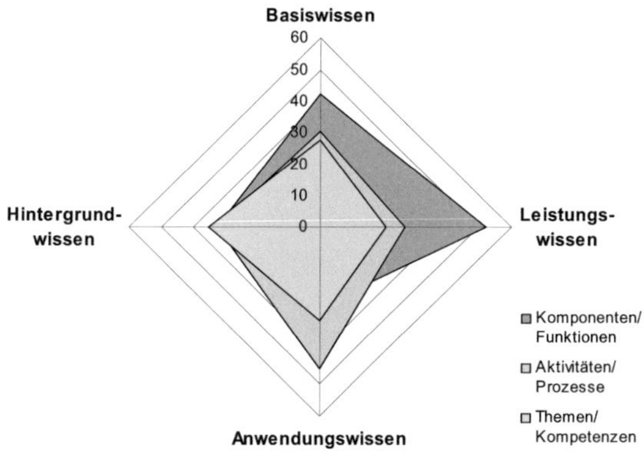

Abbildung 3-21: Zugriffs- und Lernwege für Lerngegenstandskategorien

Für Lerninhalte, die in die Kategorien Leistungs- (52%) und Anwendungswissen (45%) fallen, wünschen die Probanden v. a. eine Orientierung und Gestaltung der Zugriffs- und Lernwege entsprechend der sachimmanenten Struktur. Weitere Zugriffs- und Lernwege werden unterstützend für eine flexible Anwendung des Wissens nachgefragt, z. B. um eine Beziehung herstellen zu können, bei welchen Aktivitäten und Prozessen eine bestimmte Komponente oder Funktion der Leistung zum Einsatz kommt.

Bei der Lerngegenstandskategorie Basiswissen wird deutlich, dass vermittelte Lerninhalte in dieser Kategorie hauptsächlich zur weiteren Konkretisierung der Vorstellung über eine bedürfnis- und problemgerechte Leistung verwendet werden. Die Befragten bevorzugen hier Zugriffs- und Lernwege, die sich an Komponenten und Funktionen der Leistung orientieren (42%). Für Lerninhalte, die Grundlagen zum Verständnis weiterer Inhalte vermitteln, müssen darüber hinaus alternative Zugriffs- und Lernwege gewählt werden.

Auf Lerninhalte, die Hintergrundwissen umfassen, wollen die Probanden möglichst vielfältig zugreifen. Zugriffs- und Lernwege in Anlehnung an Leistungskomponenten und -funktionen (32%), Aktivitäten und Prozesse der Leistungsnutzung und im Leistungsumfeld (32%) sowie Themen und Kompetenzen im Leistungsumfeld (36%) werden nahezu gleichwertig beurteilt. Dementsprechend müssen für vertiefende Lerninhalte stets verschiedene Zugriffs- und Lernwege angeboten, die der Kunde entsprechend der beabsichtigten Wissensverwendung selbst wählen kann.

3.5.2.4 Kontextbasiertes Customizing

Zur Umsetzung der Individualisierung und Situierung des Lernangebots im CFEL müssen die eingesetzten adaptiven Lernumgebungen ein kontextbasiertes Customizing ermöglichen. Der Begriff Customizing bezeichnet dabei allgemein den Prozess der Anpassung einer Softwarekomponente bzw. einer Leistung an spezifische Gegebenheiten der Umwelt durch die Auswahl einer Möglichkeit aus einer festgelegten, begrenzten Anzahl von Optionen oder einem aufgespannten Möglichkeitsraum [Hein98]. Im CFEL soll das angepasste Lernangebot zum einen im Sinne einer Mass Customization die unterschiedlichen Bedürfnisse jedes einzelnen Nachfragers in einem (relativ) großen Markt möglichst genau treffen [Pille06, S. 159f.]. Zum anderen soll das Customizing automatisiert und dynamisch zur Laufzeit erfolgen.

Dazu wird das Customizing kontextbasiert durchgeführt, d. h. auf der Grundlage der zum Zeitpunkt der Nutzung verfügbaren Informationen über die Umwelt [RaHe05, S. 10f.]. Kontext ist allgemein „(...) any information that can be used to characterize the situation of an entity. An entity is a person, place, or object that is considered relevant to the interaction between a user and an application, including the user and applications themselves." [Dey01, S. 5] Im CFEL beinhaltet der Kontext dabei sowohl Informationen über Lernsituationen als auch potenzielle Situationen der Wissensanwendung. Neuere Ansätze nutzen zur Beschreibung des Kontextes nicht nur objektiv feststellbare Informationen über die Umwelt, wie z. B. Ort und Zeit, sondern beziehen ausdrücklich statische und dynamische Merkmale des Nutzers mit ein [RaHe05, S. 11]. Das kontextbasierte Customizing umfasst daher sowohl die Situierung als auch die Individualisierung des Lernangebots und bezieht sich auf eine Anpassung des CFEL-Angebots an subjektive Situationen des Kunden im Darbietungs- und Anwendungsumfeld (vgl. Abschnitt 3.5.2.1).

Kontextinformationen

Generell können im Hinblick auf die Art der Informationen über die Umwelt und den Nutzer verschiedene Kategorien von Kontextinformationen unterschieden werden [RaHe05, S. 12]. Für CFEL sind Informationen zum physikalischen Kontext (z. B. Zeit, Ort, betrachtete Leistungen), aktionsbasierten Kontext (z. B. Lern- und Kaufaktivitäten), intrapersonellen Kontext (z. B. Lerngewohnheiten und Interessen), intentionalen Kontext (z. B. Tätigkeiten im Kaufprozess mit Informationsmängeln) und informationellen Kontext (z. B. erklärungsbedürftige Leistungskomponenten und -funktionen) relevant [DeSA99, S. 103; RaHe05, S. 12]. Die konkret heranzuziehenden Kontextinformationen innerhalb dieser Kategorien sind von den spezifischen, im CFEL eingesetzten Anwendungssystemen und den Lernsituation, auf die sie ausgerichtet sind, abhängig (vgl. Abschnitte 4 und 5).

Kontextinformationen können entweder aktuell zum Zeitpunkt der Nutzung des Lernangebots erfasst werden oder es wird auf bereits gewonnene und gespeicherte sowie vorab hinterlegte Kontextinformationen zurückgegriffen. Letzteres ist einerseits für die Anreicherung aktuell erfasster Kontextinformationen von Bedeutung. So können aus sog. primären Kontextinformationen, z. B. einer erfassten Produkt-ID, weitere sekundäre Kontextinformationen, z. B. erklärungsbedürftige Komponenten und Funktionen des Produktes, abgeleitet und für eine detailliertere Interpretation und Bestimmung des Kontextes genutzt werden [RaHe05, S. 11]. Anderseits sind in bestimmten Situationen der Wissensanwendung Kontextinformation nicht aktuell erfassbar, z. B. wenn Lern- und Anwendungssituationen zeitlich und räumlich auseinander fallen.

Das potenzielle Umfeld der Wissensanwendung und mögliche Anwendungszusammenhänge (vgl. Abschnitt 3.5.2.3) müssen daher teilweise vorab auf Basis einzelner Kontextinformationen oder von Kontextmodellen abgebildet und beschrieben werden [Schm04, S. 3]. Kontextmodelle strukturieren entweder Kontextinformationen einer bestimmten Kategorie (z. B. informationeller Kontext) entlang verschiedener Dimensionen (z. B. Leistungskomponenten und -funktionen sowie Prozesse und Aktivitäten der Leistungsnutzung) oder führen Kontextinformationen kategorieübergreifend zusammen (z. B. Orte und gewöhnliche Tätigkeiten im Kaufprozess an diesen Orten).

Lernobjekte

Die Grundlage für eine automatisierte Anpassung von Leistungen bilden häufig einzelne Bausteine bzw. Module, aus denen Leistungen wie in einem Baukastensystem zusammengesetzt werden [Pille06, S. 159]. Solche Bausteine bzw. modularisierten Lerninhalte, die als kleine unabhängige Einheiten in verschiedenen Kombinationen zu größeren Einheiten zusammengestellt werden können, werden im E-Learning auch als Lernobjekte bezeichnet [Mont04b, S. 4; Wille00, S. 15].

In der Literatur sind verschiedene Bezeichnungen für Lernobjekte und Definitionen des Begriffs zu finden, die oft in gleichem oder ähnlichem Zusammenhang verwendet werden

[Mont04b, S. 4; LöHG01, S. 4]. Meist wird auf die Definition von WILLEY zurückgegriffen, der Lernobjekte als „any digital resource that can be reused to support learning" charakterisiert [Wille00, S. 7]. Diese beinhaltet mit der potenziellen Wiederverwendbarkeit und Unterstützung von Lernprozessen die als wesentlich erachteten Eigenschaften von Lernobjekten [LöHG01, S. 5; Knol03, S. 3]. Daneben werden auch die eigenständige Konsumierbarkeit als in sich geschlossene Einheiten und die gleichzeitige Aggregierbarkeit zu größeren Einheiten als entscheidende Merkmale von Lernobjekten für ein Customizing von Lernangeboten gesehen [Knol03, S. 3].

Die Größe von Lernobjekten kann variieren, da unterschiedliche Vor- und Nachteile mit der Verwendung von feingranularen und gröberen Lernobjekten verbunden sind [vgl. z. B. Knol03, S. 3; Mont04b, S. 4]. Daher wird teilweise eine hierarchische Aggregation und Festlegung von Lernobjekten genutzt, bei der die Objekte sowohl jeweils einzeln als auch Gruppierungen dieser Objekte als übergeordnetes Lernobjekt angelegt werden [CTAL01]. Für CFEL können entsprechend des festgestellten möglichen Inhaltsumfangs Lernobjekte als einzeln verwendbare Microcontents oder aggregiert als vorkonfigurierte und anpassbare Lerneinheiten und Kurse vorliegen (vgl. Abschnitt 3.4.1.2).

Lernobjekt-Metadaten

Metadaten werden allgemein als „Daten über Daten" bezeichnet und häufig als unmittelbarer Bestandteil von Lernobjekten gesehen [Dove99; Knol03, S. 4; Long00]. Sie stellen beschreibende Informationen für jedes Lernobjekt zur Verfügung und sind die Voraussetzung für die Identifikation, das Auffinden und die Wiederverwendung von Lernobjekten sowie für deren automatisierte Auswahl und Zusammenstellung zu Lernangeboten [IEEE05; Knol03, S. 5; Mont04b, S. 4; Pawl01, S. 104f.].

Die größte Verbreitung für eine einheitliche und strukturierte Beschreibung von Lernobjekten weist der LOM (Learning Object Metadata)-Standard auf, der vom Learning Technology Standards Committee (LTSC) der Organisation IEEE (Institute of Electrical and Electronics Engineers) entwickelt und durch das IEEE zertifiziert wurde [Mont04b, S. 17, S. 28]. In den LOM-Standard sind Vorarbeiten anderer Standardisierungsinitiativen eingeflossen. Er bildet die Basis für zahlreiche weitere Metadaten-Spezifikationen [Mont04b, S. 17; Pawl01, S. 107]. Der LOM-Standard zielt auf die Bereitstellung einer minimalen Menge an Basiselementen und -attributen ab, die ggf. an die Anforderungen eines Einsatzbereichs angepasst werden können [Knol03, S. 4; Mont04b, S. 17; Pawl01, S. 106].

Tabelle 3-8 gibt einen Überblick über das Basisschema der LOM-Spezifikation und die darin enthaltenen Elemente [IEEE02]. Das Schema ist hierarchisch strukturiert und in neun Kategorien, darunter zusammengefasste Metadatenelemente und ggf. weitere, in Klammern dargestellte Unterelemente, unterteilt.

Kategorie	Beschreibung	CFEL-Relevanz	Metadatenelemente
1. General	allgemeine Informationen über das Lernobjekt	hoch	Identifier (Catalog*, Entry*), Title*, Language*, Description*, Keyword*, Coverage, Structure, Aggregation Level*
2. Life Cycle	Entwicklungshistorie und aktuelle Version des Lernobjekts	mittel	Version*, Status, Contribute (Role, Entity, Date)
3. Meta-Metadata	Informationen über die Metadaten-Instanz	niedrig	Identifier (Catalog, Entry), Contribute (Role, Entity, Date), Metadata Scheme*, Language
4. Technical	technische Voraussetzungen und Merkmale des Lernobjekts	hoch	Format*, Size*, Location*, Requirement (Type, Name, Minimum Version, Maximum Version), Installation Remarks, Other Platform Requirements, Duration*
5. Educational	pädagogische Merkmale des Lernobjekts	hoch	Interactivity Type*, Learning Resource Type*, Interactivity Level*, Semantic Density*, Intended End User Role, Context*, Typical Age Range, Difficulty*, Typical Learning Time*, Description, Language
6. Rights	Immaterialgüterrecht und Nutzungskonditionen des Lernobjekts	mittel	Cost*, Copyright and Other Restrictions, Description
7. Relation	Beziehungen zu anderen Lernobjekten	niedrig	Kind, Resource (Identifier (Catalog, Entry), Description)
8. Annotation	Bemerkungen zum Lernobjekt	niedrig	Entity, Date, Description
9. Classification	Einordnung des Lernobjekts in Klassifikationssysteme	hoch	Purpose*, Taxon Path (Source*, Taxon (ID*, Entry*)), Description, Keywords*

(* ➔obligatorisch für kontextbasiertes Customizing)

Tabelle 3-8: LOM-Spezifikation

Dabei ist es nicht notwendig, stets Daten zu allen Elementen der LOM-Spezifikation zu erfassen [Garr03; Mont04b, S. 17]. Dies ist vielmehr vom Einsatzbereich abhängig und insbesondere vor dem Hintergrund bedeutend, dass die Erfassung umfangreicher und zu vieler Metadaten häufig einen hohen und ggf. unnötigen Aufwand verursacht [HaRi02]. Darüber hinaus dienen einige Metadatenelemente nur der Katalogisierung, die ausschließlich für das Auffinden von Lernobjekten durch Suchmaschinen oder Personen wichtig sind [Garr03]. Daher wird i. d. R. eine Beschränkung der Metadatensätze auf relevante Elemente angestrebt [Garr03]. Für das kontextbasiertes Customizing im CFEL sind die in Tabelle 3-8 gekennzeichneten Elemente zwingend notwendig und müssen obligatorisch erfasst werden. Die Erfassung aller anderen Elemente ist optional. Aus didaktischer Sicht und für eine automatisierte Anpassung des Lernangebots sind vor allem Metadatenelemente in den Kategorien „General“, „Technical“, „Educational“ und „Classification“ von hoher Relevanz [Garr03].

Kontextualisierung von Lernobjekten

Die Kontextualisierung von Lernobjekten bezeichnet die Referenzierung von Kontextinformationen in den Lernobjekt-Metadaten [GöSe05, S. 81; Schm04, S. 3]. Dazu verweisen Metadatenelemente in der Kategorie „Classification“ des LOM-Standards auf einzelne Kontextinformationen oder Elemente in Kontextmodellen. Dies ist für das kontextbasierte Customizing im CFEL aus zwei Gründen bedeutend.

Zum einen kann auf Basis dieser Referenzen im Rahmen der automatisierten Anpassung des Lernangebots genau bestimmt werden, welche Lernobjekte in einzelnen Lern- und Anwendungssituationen potenziell relevant sind. Zum anderen entsteht im Zuge der Modularisierung von Lerninhalten und der Festlegung von Lernobjekten häufig ein Dilemma zwischen der Wiederverwendbarkeit von Lernobjekten auf der einen Seite und der Darstellung von semantischen und rhetorisch-didaktischen Beziehungen zwischen Lerninhalten auf der anderen Seite [Baum04, S. 1; Schi02, S. 81]. Je weniger spezifische Angaben der Inhalt eines Lernobjekts zu verwandten Lernobjekten enthält, desto eher lässt sich das Lernobjekt für die Zusammenstellung verschiedene Lernangebote nutzen und desto höher ist sein Wiederverwendungswert [GöSe05, S. 78; Schi02, S. 81]. Eine umfassende Abbildung von Beziehungen zwischen Lernobjekten ist allerdings die Voraussetzung dafür, dass verwandte Lerninhalte ebenfalls in das Lernangebot aufgenommen und die Inhalte entsprechend ihrer Beziehungen untereinander angeordnet werden können.

Durch die Kontextualisierung von Lernobjekten werden implizit bidirektionale semantische und rhetorisch-didaktische Beziehungen zwischen Lernobjekten, die Beziehungsart und der Gültigkeitsbereich der Beziehung durch den gleichzeitigen Verweis auf einzelne Kontextinformationen oder Elemente eines Kontextmodells sowie durch die Beziehung der Kontextinformationen untereinander erfasst [GöSe05, S. 81].

Weitere Vorteile, die sich durch eine Kontextualisierung von Lernobjekten gegenüber der Verwendung von Metadatenelementen der Kategorie „Relation“ bei der Abbildung von Beziehung zwischen Lernobjekten ergeben, sind in Abbildung 3-22 dargestellt [GöSe05, S. 80f.].

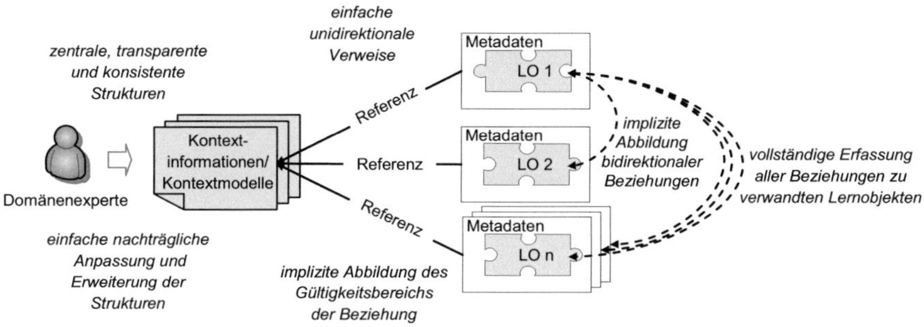

Abbildung 3-22: Vorteile der Kontextualisierung von Lernobjekten

Ablauf des kontextbasierten Customizing

Der allgemeine Ablauf des kontextbasierten Customizing im CFEL kann in Anlehnung an HUTZSCHENREUTER [Hutz02] und SCHMIDT [Schm04] in vier Phasen unterteilt werden, die Anwendungssysteme im CFEL unterstützen müssen (vgl. Abbildung 3-23).

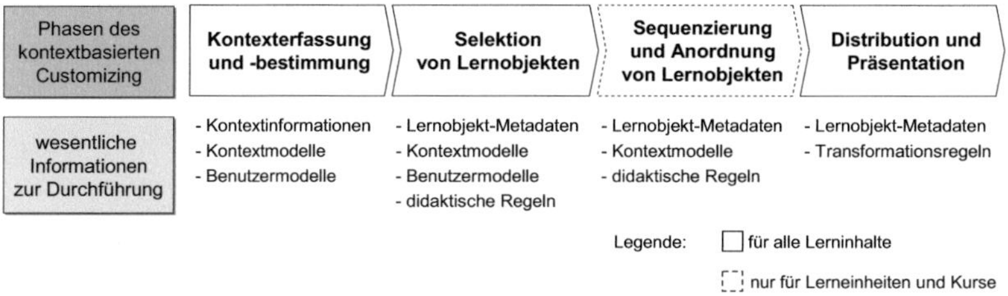

Abbildung 3-23: Ablauf des kontextbasierten Customizing

In der ersten Phase der Kontexterfassung und -bestimmung werden Kontextinformationen zu aktuellen Lern- und Anwendungssituationen gewonnen, gespeicherte und vorab festgehaltene Kontextinformationen ausgewählt, sekundäre Kontextinformationen abgeleitet und so der Kontext des Lernens umfassend bestimmt [Schm04, S. 3]. In der nachfolgenden Phase der Selektion erfolgt das Auffinden und die Auswahl der Lernobjekte, die für die Situationen relevant und die individuellen Merkmale eines Kunden geeignet sind [Hutz02, S. 6, Schm04, S. 3]. Die dritte Phase beinhaltet die Sequenzierung von Lernobjekten und deren Anordnung bei der Zusammenstellung von Lerneinheiten und Kursen [Schm04, S. 3]. Dabei werden sowohl didaktische Aspekte als auch eine kontextgerechte Anordnung der Lernobjekte berücksichtigt. Diese Phase ist für solche Lerninhalte nicht relevant, die den Umfang von Microcontents aufweisen. Die letzte Phase der Distribution und Präsentation umfasst die bedarfsgerechte Bereitstellung der Lerninhalte über ein Mediensystem und ggf. eine Überführung der Lernobjekte in ein bestimmtes Zielpräsentationsformat [Hutz02, S. 6].

Dieser Ablauf bildet die Grundlage zur Anpassung des Lernangebots im CFEL durch adaptive Lernumgebungen und Anwendungssysteme. Zur Durchführung des kontextbasierten Customizing werden dabei in den einzelnen Phasen vor allem die in Abbildung 3-23 dargestellten Informationsquellen verwendet. Die konkrete, funktionale Ausgestaltung dieser Phasen in Anwendungssystemen und die dabei herangezogenen Informationen sind im Rahmen der unterschiedlichen Anwendungssysteme dargestellt (vgl. Abschnitte 4 und 5).

3.6 Organisation und Bereitstellung

3.6.1 Lerndauer

Bei der Bereitstellung und Organisation des Lernangebots erfolgt zunächst eine zeitliche Integration des CFEL-Angebots in potenzielle Lernsituationen (vgl. Abschnitt 3.1.1). Neben möglichen Lernzeitpunkten, die sich aus der zeitlichen Einordnung von Lernsituationen im Rahmen der Interaktion zwischen Anbieter und Kunde ergeben (vgl. Abschnitt 3.3), ist dabei v. a. die anzusetzende Lerndauer relevant [Pawl01, S. 19]. Die Betrachtung der Lerndauer im CFEL bezieht sich auf die Phase der Präsentation von und Interaktion mit Lerninhalten des Lernprozesses (vgl. Abschnitt 3.5.1.1), da alle anderen Phasen bei freiwilligen und selbst initiierten Lernprozessen üblicherweise offen gestaltet sind [Pawl01, S. 19]. Werden individuelle Merkmale der Lerner ausgenommen, ist die Lerndauer von der spezifischen Lernsituation abhängig, in der sich ein Kunde befindet (vgl. Abschnitt 3.2.2).

Bei Lernsituationen im kaufprozessbegleitenden Lernen ist in der Phase Präsentation / Interaktion des Lernprozesses ein Zeitraum zur Bearbeitung der Lerninhalte vorgegeben, d. h. eine typische Lerndauer festgelegt [Pawl01, S. 19]. Lernen findet hier als Nebentätigkeit im Zusammenhang mit Aktivitäten des Kunden im Kaufprozess statt, die auch den Zeitraum bestimmen, in dem die Lerninhalte vollständig bearbeitet werden sollen. Die Lerndauer für Lernsituationen des kaufprozessbegleitenden Lernens orientiert sich v. a. an der Bereitschaft der Kunden, in bestimmten Situationen Zeit für das Lernen zu investieren und unterscheidet sich ggf. vor und nach dem Kauf (vgl. Abschnitt 3.2.2). Sie ist ausschlaggebend für die Festlegung des Umfangs von einzeln zu präsentierenden Lernobjekten sowie die Zusammenstellung und Anordnung von Lernobjekten zu Lerneinheiten und Kursen.

Im Gegensatz zum kaufprozessbegleitenden Lernen gibt es bei Lernsituationen im kaufprozessneutralen Lernen keine festgelegten Anfangs- und Endzeitpunkte für die Bearbeitung der Lerninhalte [Pawl01, S. 19]. Die Phase Präsentation / Interaktion des Lernprozesses findet selbstgesteuert, ohne festen zeitlichen Rahmen statt. Die umfangreicheren und komplexeren Inhalte zum Erwerb von Kompetenzen oder Wissen zu einem abgeschlossenen Themengebiet werden nicht vollständig auf einmal sondern in mehreren Sitzungen bearbeitet. Diese Sitzungen können je nach verfügbarem Zeitbudget teilweise zeitlich stark auseinander fallen. Daher wird für das kaufprozessneutrale Lernen betrachtet, wieviel Zeit Kunden in eine einzelne Sitzung investieren möchten. Diese sitzungsbezogene Lerndauer ist entscheidend für die Aufteilung des gesamten Lerninhalts in einzelne Module.

Ergebnisse der Nachfragerstudie

In Abbildung 3-24 ist die gewünschte Lerndauer für verschiedene Lernsituationen im CFEL aus Sicht potenzieller Nachfrager dargestellt.

Im kaufprozessbegleitenden Lernen ergibt sich für Lernsituationen vor dem Kauf ein heterogenes Bild. Zwischen einer Lerndauer von 5-10 Minuten und 1-2 Stunden sind die Häufigkeiten nahezu gleich verteilt. Es existieren vor dem Kauf sehr unterschiedliche Bereitschaften, Zeit in Lernen zu investieren, die durch das persönlich empfundene Kaufrisiko, die Risikoneigung sowie die individuelle Einschätzung geprägt sind, inwieweit Risiken durch den Erwerb von zusätzlichem Wissen minimiert werden können (vgl. Abschnitt 2.2.3.2). Etwas häufiger geben die Befragten aber eine bevorzugte Lerndauer von 5-10 und 15-30 Minuten an (jeweils 18%). Grundsätzlich sollte v. a. in frühen Phasen des Kaufprozesses eine kurze Lerndauer von 5-10 Minuten angesetzt und den Kunden eine Möglichkeit für einen flexiblen Zugriff auf weiterführende und vertiefende Lerninhalte angeboten werden. Der Zugriff kann dabei über einen direkten Verweis zu ergänzenden Inhalten erfolgen.

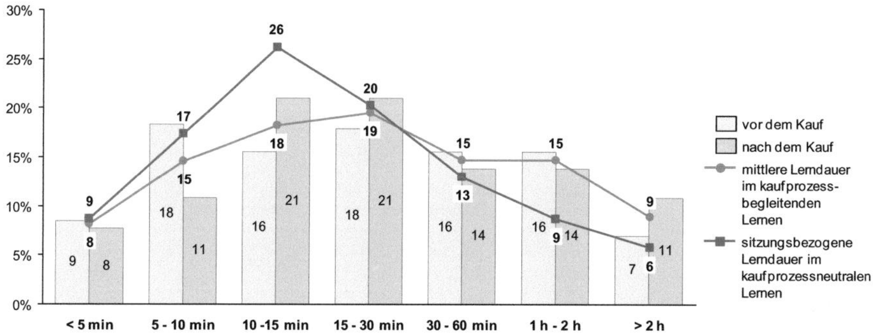

Abbildung 3-24: Lerndauer im CFEL

Nach dem Kauf sind die Kunden im kaufprozessbegleitenden Lernen tendenziell bereit, etwas mehr Zeit für Lernen aufzuwenden. Hier bevorzugen jeweils 21% der Probanden eine Lerndauer von 10-15 bzw. 15-30 Minuten. Im Rahmen der automatisierten Zusammenstellung von Lerneinheiten mit einer Lerndauer von 15-30 Minuten können ggf. eine Aufteilung der Lerninhaltspräsentation vorgenommen und Pausen eingefügt werden, wenn im Benutzerprofil des Kunden eine geringere bevorzugte Lerndauer festgehalten ist. Die Kunden können auf diese Weise entsprechend ihrer gewünschten Lerndauer eine kurze Lernpause einlegen und die Bearbeitung der Einheit im Anschluss fortsetzen [Meyr07, S. 25].

Im Mittel bevorzugen die Befragten im kaufprozessbegleitenden Lernen eine Lerndauer von 15-30 Minuten. Die gewünschte Dauer einer Sitzung im kaufprozessneutralen liegt hingegen darunter. Hier ziehen 26 % der Probanden eine Dauer von 10-15 Minuten pro Sitzung vor. Umfangreichere Inhalte zum Erwerb von Kompetenzen oder Wissen zu einem abgeschlossenen Themengebiet müssen im CFEL daher in eine Vielzahl kleinerer Präsentationseinheiten und Module unterteilt werden. Allerdings sind auch 65% der Befragten bereit, das CFEL-Angebot einmal im Monat oder häufiger zu nutzen (vgl. Abbildung 3-25).

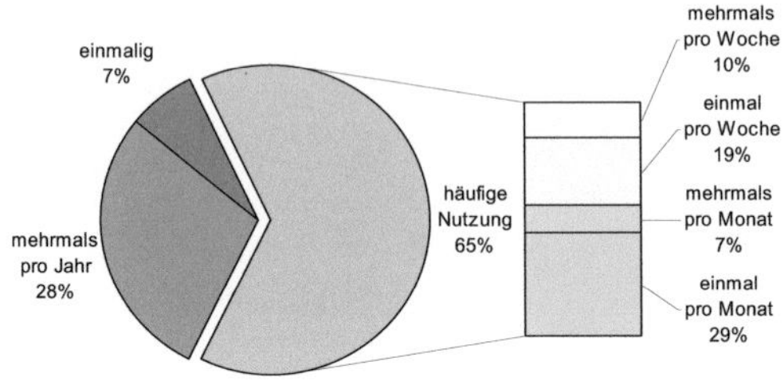

Abbildung 3-25: Lernregelmäßigkeit im kaufprozessneutralen Lernen

3.6.2 Medienzugang und -systeme

Für die Bereitstellung und Organisation des Lernangebots wird ebenfalls eine räumliche Einordnung in potenzielle Lernsituationen vorgenommen und festgelegt, über welche Mediensysteme der Kunde Zugang zum Lernangebot erhält (vgl. Abschnitt 3.1.1). Abbildung 3-26 gibt dazu einen Überblick.

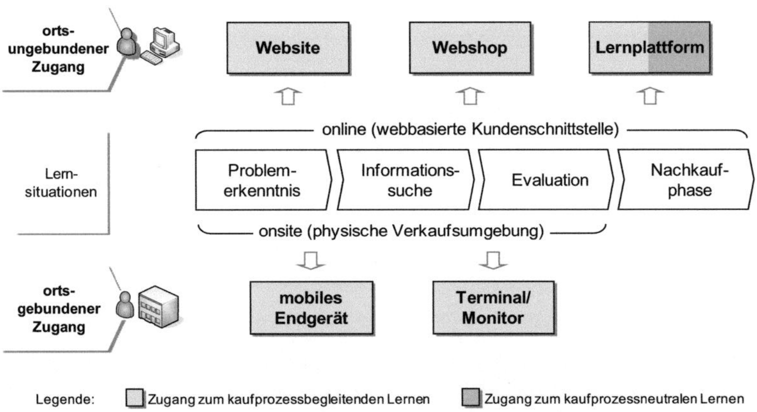

Abbildung 3-26: Medienzugang und -systeme im CFEL

Ein ortsungebundener Zugang, bei dem der Kunde über Vermittlungsnetze und entsprechende Endgeräte unabhängig von seinem aktuellen Aufenthaltsort auf das Lernangebot zugreifen kann, besteht bei der online-Bereitstellung des CFEL-Angebots an der webbasierten Kundenschnittstelle des Unternehmens [Kerr01, S. 287f.]. Hier kann das Lernangebot entweder über die allgemeine Website des Unternehmens, direkt integriert in die virtuelle Verkaufsumgebung eines Webshop oder über eine Lernplattform bereitgestellt werden. Letztere unterstützt insbesondere das kaufprozessneutrale Lernen, bei dem die Nutzung des Lernangebots als Haupttätigkeit vom Kunden verfolgt wird.

Der Zugang zum CFEL-Angebot ist ortsgebunden, wenn das Lernangebot onsite in der physischen Verkaufsumgebung des Unternehmens zur Verfügung gestellt wird [Kerr01, S. 285]. Dem Kunden kann bei einem Besuch der Ladenumgebung ein Zugriff auf das Lernangebot über mobile Endgeräte sowie Monitore und Terminals ermöglicht werden. Im Gegensatz zur online-Bereitstellung ist eine bedürfnisgerechte Unterstützung von Lernprozessen in der Nachkaufphase nur beschränkt möglich.

Ergebnisse der Nachfragerstudie

Im Rahmen der Nachfragerstudie zeigt sich eine grundsätzliche hohe Akzeptanz für den Zugriff auf das CFEL-Angebot über die aufgezeigten Mediensysteme (vgl. Abbildung 3-27).

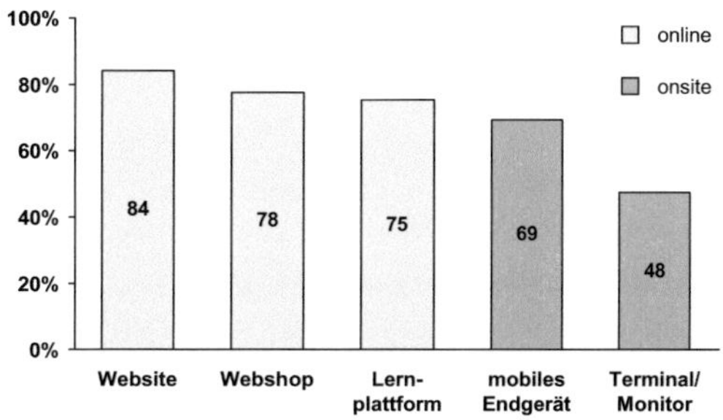

Abbildung 3-27: Akzeptanz der Mediensysteme für den Zugang zum Lernangebot

Für die online-Bereitstellung geben 84 % der Befragten an, dass sie einen Zugang zum Lernangebot über die Website des Unternehmens geeignet finden. Darüber hinaus würden sich auch 78 % der Probanden einen direkten Zugriff auf das CFEL-Angebot innerhalb eines Webshops wünschen. Nahezu gleich häufig (75 %) würden potenzielle Nachfrager eine dedizierte Lernplattform für den Zugang zum Lernangebot verwenden.

Die Akzeptanz für Mediensysteme, die bei der onsite-Bereitstellung von CFEL zum Einsatz kommen können, ist etwas geringer ausgeprägt. In der physischen Verkaufsumgebung würden 69 % der Befragten einen Zugang über ein mobiles Endgerät zum Lernangebot nutzen. Ebenfalls können sich 48 % der Befragten vorstellen, über einen Terminal oder Monitor in der Ladenumgebung zu lernen.

Die Nutzung und Wahl eines Mediensystems ist insbesondere auch davon abhängig, ob dieses für eine bestimmte Lernsituation geeignet ist [Kerr01, S. 270]. Abbildung 3-28 (S. 90) zeigt, wie die Eignung der Mediensysteme für Lernsituationen im kaufprozessbegleitenden und kaufprozessneutralen Lernen aus Sicht potenzieller Nachfrager eingeschätzt wird.

Im kaufprozessbegleitenden Lernen werden für Lernsituationen vor dem Kauf die Website (73 %) und der Webshop (72 %) des Unternehmens als besonders geeignet angesehen, da sie online auch als zentraler Einstieg in den Kaufprozess dienen. Eine Lernplattform würden die Befragten hingegen vor dem Kauf kaum nutzen (27 %). Hingegen können sich

59 % der Probanden auch vorstellen, in Lernsituationen, die vor dem Kauf in einer physischen Verkaufsumgebung stattfinden, über ein mobiles Endgerät zu lernen.

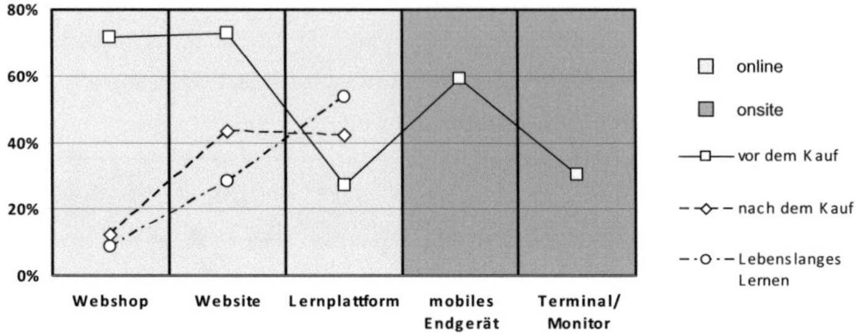

Abbildung 3-28: Eignung der Mediensysteme für Lernsituationen im CFEL

Nach dem Kauf sollte das CFEL-Angebot aus Sicht der Befragten über die Website (43 %) oder eine dedizierte Lernplattform (42 %) bereitgestellt werden. Der Lernplattform wird aber aufgrund ihrer speziellen Eigenschaften eine besondere Bedeutung bei der Unterstützung von Lernprozessen im kaufprozessneutralen Lebenslangen Lernen zugeschrieben (54 %).

Generell ist eine Kombination verschiedener Mediensysteme für den Zugang zum Lernangebot sinnvoll, wenn das Unternehmen anstrebt, verschiedene Lernsituationen zu unterstützen und sowohl online als auch onsite umfassende Lernmöglichkeiten zu schaffen. Dabei können zum einen auch Verweise zu Lernangeboten erfolgen, auf die über andere Mediensysteme zugegriffen werden kann (z. B. von der Website des Unternehmens zum Lernangebot im Webshop oder zur Lernplattform). Zum anderen können auch Inhalte aus über verschiedene Mediensysteme bereitgestellten Lernangeboten wieder verwendet werden (z. B. in Lernangeboten auf der Website und im Webshop).

3.7 Charakterisierungsschema

Tabelle 3-9 (S. 91) gibt einen zusammenfassenden Überblick über die grundsätzlichen Möglichkeiten der didaktischen Gestaltung von CFEL-Angeboten, die in Kapitel 3 in den Entscheidungsfeldern Lernsituationen, Lerninhalte und Lernziele, Struktur sowie Organisation und Bereitstellung dargestellt sind. Dabei sind die Gestaltungsmöglichkeiten in den verschiedenen Feldern nicht immer voneinander unabhängig. So ist z. B. eine Wissensform mit einem erreichbaren Lernzielpotenzial verbunden (vgl. Abschnitt 3.4.2.3) oder entscheidungsfeldübergreifend die methodische Gestaltungsoption E-Training mit einem offenen Bearbeitungszeitraum verknüpft (vgl. Abschnitte 3.5.1.2, 3.6.1). Ausgangspunkt für die Festlegung der didaktischen Gestaltung sind allerdings immer die Lernsituationen im CFEL. Sie geben zum einen Rahmenbedingungen vor und beeinflussen so die didaktische Gestaltung (z. B. der aufgezeigte Einfluss von Lernsituationen im kaufprozessbegleitendem Lernen auf andere Entscheidungsfelder). Zum anderen sind sie auch selbst Teil didaktischer Entscheidungen, indem z. B. festgelegt wird, wo das Lernangebot räumlich bereit steht.

Merkmal	Merkmalsausprägungen				
Lernsituationen					
Handlungsabsicht	kaufprozessbegleitendes Lernen	kaufprozessneutrales Lernen			
zeitlich	Problemerkenntnis	Informationssuche	Evaluation	Nachkaufphase	
räumlich	online	onsite			
Lerninhalte und Lernziele					
Lerngegenstand	Basiswissen	Leistungswissen	Anwendungswissen	Hintergrundwissen	
Inhaltsumfang	Microcontents	Lerneinheiten	Kurse		
Wissensform	deklaratives Wissen	prozedurales Wissen	Problemlösungswissen		
Lernzielpotenzial	Wissen, Verstehen	Anwenden	Problemlösen		
Struktur					
methodische Gestaltung	Just-in-Time-E-Learning	E-Training			
Individualisierung	Inhalte	Schwierigkeitsgrad	Medien	Lerndauer	Lernwege
Situierung	Erfassung von Umweltzuständen	Abbildung multipler Anwendungszus.	Einbettung der Lernumgebung	multiple Zugriffs- und Lernwege	
Organisation und Bereitstellung					
Lerndauer	vorgegebener Bearbeitungszeitraum	offener Bearbeitungszeitraum			
Medienzugang	Website	Webshop	Lernplattform	mobiles Endgerät	Terminal / Monitor

Tabelle 3-9: Charakterisierungsschema für CFEL-Anwendungssysteme

Das Lernangebot wird über Lernumgebungen bzw. Anwendungssysteme bereitgestellt, die alle während der didaktischen Gestaltung festgelegten Entscheidungen berücksichtigen und sich konzeptionell im Hinblick auf die Unterstützung von Lernprozessen daran orientieren [Hans07, S. 25f.]. Die in Tabelle 3-9 dargestellten Gestaltungsmöglichkeiten sind daher auch Merkmale der Lernprozessunterstützung von CFEL-Anwendungssystemen und werden für die Systemcharakterisierung zu Beginn der nachfolgenden Kapitel 4 und 5 verwendet, die prototypische Realisierungsansätze aufzeigen.

Der Fokus bei der Darstellung von Realisierungsansätzen liegt auf Anwendungssystemen, die ein kaufprozessbegleitendes und informelles Lernen umfassend unterstützen, indem sie das Lernangebot direkt in Kundenaktivitäten während des Kaufprozesses integrieren (vgl. Abschnitt 1.1, 1.3.2). Für diese Anwendungssysteme ist die Individualisierung und Situierung des Lernangebots von besonderer Bedeutung, weshalb in den folgenden Kapiteln insbesondere auf den Prozess des kontextbasierten Customizing eingegangen wird (vgl. Abschnitt 3.5.2.4). Zum einen wird in Kapitel 4 ein online-Anwendungssystem vorgestellt, das das Lernangebot in Kaufprozesse integriert, die in einer webbasierten, virtuellen Einkaufsumgebung stattfinden. Kapitel 5 stellt zum anderen ein onsite-Anwendungssystem vor, das CFEL-Angebote auch in physischen, realen Verkaufsumgebungen des stationären Handels bereitstellt.

KAPITEL 4

Online-Anwendungssystem

4.1 Charakterisierung

Im Rahmen der online-Bereitstellung von CFEL eröffnet der Einsatz der Web-Service-Technologie dem Anbieter die Möglichkeit, CFEL-Anwendungen und -Dienste zentral zur Verfügung zu stellen, realisierte Funktionalitäten zur Unterstützung des Lernens mehrfach wieder zu verwenden und ggf. mit anderen Anwendungen zu kombinieren sowie ein standardisiertes Lernangebot in verschiedene, lernrelevante online-Mediensysteme an der Kundenschnittstelle flexibel einzubinden. Allgemein ermöglicht es der Einsatz von Web Services, die Integration von Anwendungen über Unternehmensgrenzen hinweg zu vereinfachen [HoJu02, S. 32; Kei+02, S. 293]. Web Services sind modulare Anwendungen und Dienste, auf die über elektronische Netze auch unternehmensübergreifend zugegriffen werden kann und die Funktionalitäten für eine spezifische, abgegrenzte Aufgaben- bzw. Problemstellung bereitstellen [Gra+02, S. 10; HaSc02, S. 13f.; Meyr07, S. 10]. Sie weisen eine hohe Wiederverwendbarkeit auf und können flexibel in mehrere Geschäftsprozesse und Einsatzumgebungen als Einzelanwendung oder als Teil eines übergeordneten Leistungsbündels eingebunden werden [Meyr07, S. 10; Scho04, S. 210]. Dazu werden Web Services als plattform- und implementierungsunabhängige Softwarekomponenten über definierte Schnittstellen aufgerufen und ggf. mit anderen Applikationen kombiniert [Gra+02, S. 9].

Zum einen kann ein CFEL-Web-Service (CWS) insbesondere mit Webshop-Applikationen kombiniert und das Lernangebot direkt in das Umfeld eingebettet werden, in dem Informations- und Wissensbedürfnisse beim Kunden entstehen (vgl. Abschnitt 3.5.2.3). Dies ist vor allem in frühen Phasen des Kaufprozesses notwendig, in denen Lernen nicht Hauptzweck der aktuellen Tätigkeit des Kunden ist und dedizierte Lernplattformen ungeeignet sind (vgl. Abschnitte 3.3, 3.6.2). Für den Kunden werden zusätzliche Lernmöglichkeiten geschaffen und Lernen kann als Nebenhandlung ausgeführt werden, ohne dass der Kunde den Webshop verlassen und seinen Prozess zum Erwerb der Leistung unterbrechen muss. Zusätzlich können durch eine Kombination des CWS mit Webshop-Applikationen Informationen zum Kontext, in dem Lernen statt findet, erfasst und zur Anpassung des Lernangebots verwendet werden.

Zum anderen eröffnet ein CWS die Möglichkeit, das kundenorientierte Lernangebot unternehmensübergreifend auch Intermediären (z. B. Einzelhändlern, die die Kernprodukte und -dienstleistungen des Unternehmens an Endkunden vermitteln) zur Integration in deren Webshop-Umgebungen zur Verfügung zu stellen. Aus Sicht des Intermediärs kann ein solches CFEL-Anwendungssystem in seine bestehende Webshop-Umgebung eingebunden und eine zusätzliche Serviceleistung angeboten werden, die v. a. die Kundenzufriedenheit und -bindung verbessert sowie die Erreichung ökonomischer Zielsetzungen unterstützt (vgl. Abschnitt 2.2.1.1). Die Kunden des Intermediärs müssen darüber hinaus zur Befriedigung ihrer Informations- und Wissensbedürfnisse nicht mehr zum online-Angebot des Herstellers bzw. CFEL-Anbieters wechseln und ihre aktuellen Interaktions- und Transaktionsprozesse im Webshop abbrechen. Aus Sicht des CFEL-Anbieters ergeben sich zusätzliche Ansätze zur Differenzierung im Wettbewerb (vgl. Abschnitt 2.2.1.1), die sowohl von den Intermediären als auch von den Endkunden wahrgenommen werden. Daneben können über verschiedene Vertriebskanäle hinweg CFEL-Angebote stets aktuell gehalten und v. a. mögliche Kundenkontaktpunkte ausgeweitet und dadurch Kundenbeziehungen intensiviert werden. Letzteres wird auch als eines der wesentlichen Einsatzfelder von Web Services gesehen [Forr02]. Daher wird im Weiteren die Bereitstellung eines CWS in Webshop-Umgebungen von Intermediären näher betrachtet.

Die Merkmale eines CWS sind in Tabelle 4-1 (S. 95) zusammengefasst. Ein CWS ist auf eine online-Unterstützung des kaufprozessbegleitenden Lernens in den Phasen Problemerkenntnis, Informationssuche und Evaluation bis zum eigentlichen Kaufakt ausgerichtet. Mit der Bereitstellung von Microcontents, die Basis- und Leistungswissen umfassen, wird deklaratives Wissen vermittelt und die Erreichung der Lernziele Wissen und Verstehen angestrebt. Die methodische Gestaltung ist dementsprechend auf eine Ad-hoc-Unterstützung des Kunden durch Just-in-Time-E-Learning ausgelegt. Im Rahmen der Individualisierung werden Inhalte, Schwierigkeitsgrade und Medien an persönliche Merkmale der Kunden angepasst. Da vom CWS einzelne, feingranulare Lernelemente mit einer geringen, vorgegebenen Bearbeitungszeit verwendet werden, ist eine Anpassung der Lerndauer und Lernwege nicht relevant. Der Zugang zum CFEL-Angebot erfolgt über einen Webshop, in den die Lernumgebung eingebettet ist und in dem Kontextinformationen zur Anpassung des Lernangebots erfasst werden (Situierung).

Merkmal	Merkmalsausprägungen				
Lernsituationen					
Handlungsabsicht	kaufprozessbegleitendes Lernen		kaufprozessneutrales Lernen		
zeitlich	Problemerkenntnis	Informationssuche	Evaluation	Nachkaufphase	
räumlich	online		onsite		
Lerninhalte und Lernziele					
Lerngegenstand	Basiswissen	Leistungswissen	Anwendungswissen	Hintergrundwissen	
Inhaltsumfang	Microcontents	Lerneinheiten	Kurse		
Wissensform	deklaratives Wissen	prozedurales Wissen	Problemlösungswissen		
Lernzielpotenzial	Wissen, Verstehen	Anwenden	Problemlösen		
Struktur					
methodische Gestaltung	Just-in-Time-E-Learning		E-Training		
Individualisierung	Inhalte	Schwierig-keitsgrad	Medien	Lerndauer	Lernwege
Situierung	Erfassung von Umweltzuständen	Abbildung multipler Anwendungszus.	Einbettung der Lernumgebung	multiple Zugriffs- und Lernwege	
Organisation und Bereitstellung					
Lerndauer	vorgegebener Bearbeitungszeitraum		offener Bearbeitungszeitraum		
Medienzugang	Website	Webshop	Lernplattform	mobiles Endgerät	Terminal / Monitor

Tabelle 4-1: Eigenschaften des entwickelten CFEL-Web-Service

4.2 Konzept

4.2.1 Integration von CFEL in Webshop-Umgebungen

Das Vorgehen zur Integration von CFEL in Webshop-Umgebungen ist in Abbildung 4-1 (S. 96, in Anlehnung an GRAHAM [Gra+02, S. 23]) dargestellt. Der Hersteller der mit CFEL verbundenen Kernleistung veröffentlicht als Anbieter des CWS eine so genannte Service Description (1), die den Web Service standardisiert beschreibt und alle für dessen Nutzung relevanten Informationen spezifiziert [Scho04, S. 211]. Die Veröffentlichung kann für ausgewählte Intermediäre oder für alle potenziellen Kooperationspartner frei verfügbar in einer Service Registry erfolgen. Die Service Registry ist ein öffentliches Verzeichnis, in dem Service-Anbieter Informationen über sich und ihre angebotenen Dienste hinterlegen [Scho04, S. 211]. Der Intermediär, der die Kernleistung des CFEL-Anbieters an den Endkunden vertreibt, kann mithilfe der Service Description den Dienst finden (2) und diesen auf Basis der darin enthaltenen Informationen in die lernrelevanten Bereiche seines Webshops integrieren. Damit der Implementierungsaufwand für den Webshop-Betreiber möglichst gering ist, wird zur weiteren Vereinfachung der Integration vom CFEL-Anbieter neben dem Web Service ein Service Client zur Verfügung gestellt. Der Service Client umfasst alle notwendigen Funktionen zum Aufruf des CWS sowie zur Einbettung des Lernangebots in die Benutzeroberfläche des Webshops (vgl. Abschnitt 4.3.2) und muss zur Entwicklungszeit vom Intermediär lediglich auf den lernrelevanten Webshop-Seiten positioniert werden. Greift der Kunde auf diese Webshop-Seiten zu (3), wird über den Service Client der CWS aufgerufen und dynamisch zur Laufzeit in die Webshop-Umgebung eingebunden (4).

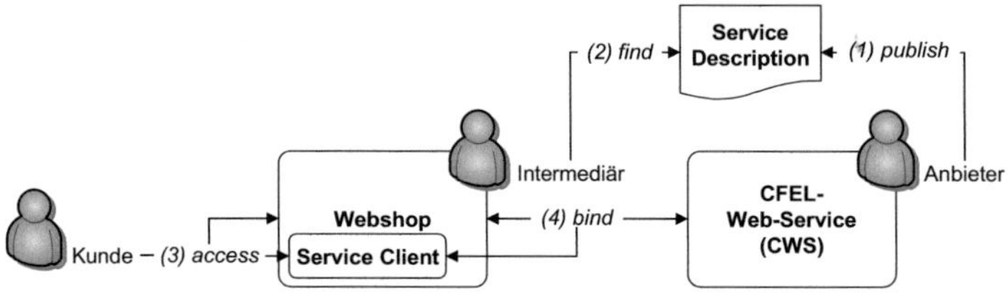

Abbildung 4-1: Integration von CFEL in Webshop-Umgebungen

4.2.2 Einbindung des Lernangebots in die Kundenschnittstelle

Für eine von der Webshop-Umgebung weitgehend unabhängige Einbettung des Lernangebots in die grafische Benutzeroberfläche des Webshops wird der Service Client als webbrowserseitige Komponente auf Basis von Ajax (Asynchronous JavaScript And XML) realisiert, zur Laufzeit mit den Webshop-Seiten geladen und im Webbrowser des Kunden ausgeführt. Der Einsatz von Ajax, einer Verknüpfung verschiedener Browser-Technologien, ermöglicht eine vom Webshop-System losgelöste Darstellung des Lernangebots. Mit der Ajax-Technologie können auch für bereits geladene und im Webbrowser dargestellte Webshop-Seiten einzelne Inhalte und Nutzdaten für das CFEL-Angebot sukzessive bei Bedarf nachgeladen und Teile der Webshop-Seiten modifiziert, ersetzt und ergänzt werden. Dazu wird eine asynchrone Datenübertragung zwischen Webbrowser und Server verwendet, bei der innerhalb einer HTML-Seite eine HTTP-Anfrage ausgeführt wird, ohne die Seite komplett neu zu laden (vgl. Abbildung 4-2, in Anlehnung an GARETT [Garr05]).

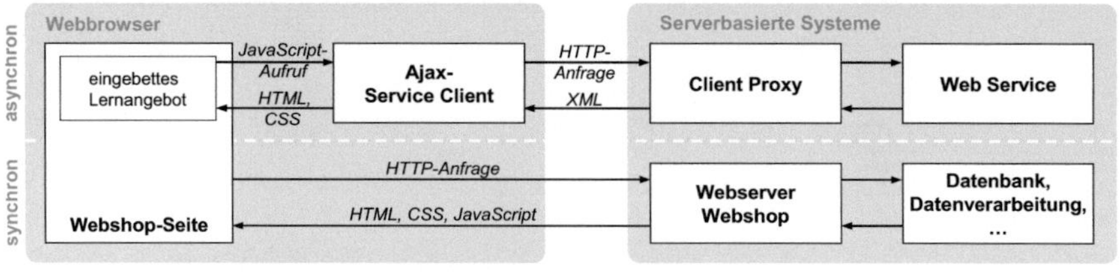

Abbildung 4-2: Asynchrone Datenübertragung mit Ajax

Anstelle von HTTP-Anfragen an einen Server erfolgen bei Aktionen auf der Webshop-Seite, die das Lernangebot betreffen, JavaScript-Aufrufe an den Service Client. Werden in

Folge solcher Aufrufe, z. B. für die Weiterverarbeitung von Daten oder das Nachladen von Inhalten, ebenfalls HTTP-Anfragen an den Web Service notwendig, ruft der Service Client über die JavaScript-Schnittstelle des Webbrowsers ein `XMLHttpRequest`-Objekt auf und übergibt die entsprechenden Anfragedaten. Die generierte HTTP-Anfrage wird zunächst an einen Proxy weitergeleitet, der die Anfrage in das notwendige Format und an die entsprechende Adresse des Web Service überträgt. Die Antwort des Web Service wird vom Client Proxy in einen XML-Baum überführt, der im Anschluss zur clientseitigen Datenverarbeitung und Modifikation der auf Basis von HTML und CSS dargestellten Webshop-Seiten verwendet wird. [Meyr07, S. 52f.]

4.2.3 Präsentations- und Interaktionsräume

Im Rahmen der Darstellung des Lernangebots auf der grafischen Benutzeroberfläche des Webshops müssen geeignete Präsentations- und Interaktionsräume aufgespannt werden, die einerseits den Anzeigebereich des Webshops nicht maßgeblich einschränken und Informationen des Webshops nicht in den Hintergrund treten lassen, anderseits bei Bedarf den Kunden über benutzerfreundliche Bedienkonzepte einen direkten Zugriff auf Lerninhalte ermöglichen. Grundsätzlich können für den Ajax-basierten Service Client die in Abbildung 4-3 dargestellten Formen zur Schaffung von Interaktions- und Präsentationsräumen auf einem begrenzten Darstellungsraum in Webshop-Umgebungen unterschieden werden.

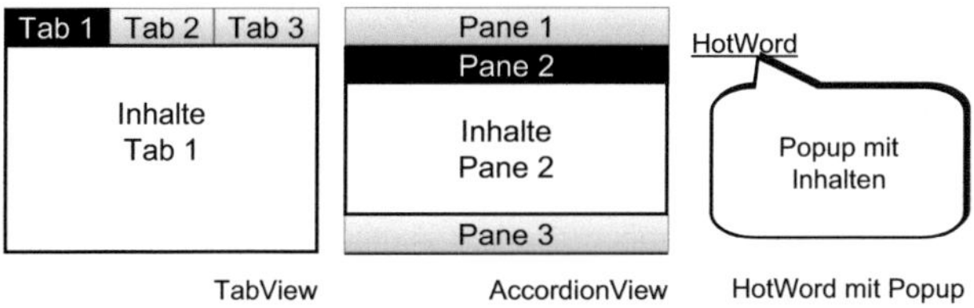

Abbildung 4-3: Präsentations- und Interaktionsräume auf Basis von Ajax

Die verschiedenen Formen basieren auf dem Konzept eines Containers, der alle darzustellenden Inhalte umgibt und zusammenfasst [Mahe07]. Zum einen gibt es Darstellungsformen wie TabView und AccordionView, die Präsentations- und Interaktionsräume dauerhaft auf der Benutzeroberfläche verfügbar machen, aber nicht alle enthaltenen Inhalte gleichzeitig anzeigen. Vielmehr unterteilen sie die Inhalte in kleinere Gruppen, die unabhängig voneinander aufgerufen werden können. Zum anderen kann die Darstellungsform Popup zur temporären Bereitstellung von Präsentations- und Interaktionsräumen genutzt werden. Die enthaltenen Inhalte werden dabei nur vorübergehend während der Anwahl gesondert markierter Aktionswörter, so genannter HotWords, durch eine kurzfristige Modifizierung der Webshop-Seite dargestellt.

In welchen Webshop-Bereichen das Lernangebot generell bereitgestellt wird und welche Darstellungsformen dafür jeweils geeignet sind, hängt von den Lernsituationen ab, die in bestimmten Webshop-Bereichen auftreten bzw. dort geschaffen werden können [Meyr07, S. 6ff., S. 19]. Tabelle 4-2 gibt einen Überblick.

Lernsituation	Webshop-Bereiche	Lerngegenstände	Präsentations- und Interaktionsräume
Problemerkenntnis	Startseite, Einstiegsseite Markenshop	*Basiswissen*: Innovationen und Trends im Markt, Leistungsinnovationen	*TabView*: gegliedert nach Leistungs-kategorien
Informationssuche	Kategorie- und Leistungs-übersichtsseiten	*Basiswissen*: Grundlagen zu Leistungskategorien und -klassen und zur Abgrenzung des Leistungsspektrums	*HotWords mit Popup*: für einzelne Kategorie-begriffe
	Suchformularseiten	*Leistungswissen*: Schlüssel-merkmale und relevante Merkmalsausprägungen	*TabView:* gegliedert nach Schlüsselmerk-malen
Evaluation	Leistungseinzel-ansichtsseiten	*Basiswissen*: Grundlagen zu Leistungsmerkmalen	*HotWords mit Popup*: zu erklärungsbe-dürftigen Merkmalen
		Leistungswissen: vorhandene Merkmale und Funktionen, Beitrag zur Problemlösung / für Einsatzfeld	*TabView*: gegliedert nach Merkmalen, Funktionen und Anwendungsbeispielen
Lernorganisation auf allen Webshop-Seiten			*AccordionView*: Lern-inhaltssammlung nach Leistungskategorien

Tabelle 4-2: Lernsituationen in Webshop-Umgebungen

Lernsituationen in der Phase „Problemerkenntnis" treten auf der Startseite des Webshops oder auf der Einstiegsseite eines Markenshops auf, wenn eine tiefergehende Kooperation zwischen dem Intermediär und dem Hersteller der vertriebenen Leistungen bzw. dem CFEL-Anbieter besteht. Im Rahmen der Informationssuche kann einerseits beim Kunden eine konkrete Kaufabsicht für eine bestimmte Leistung noch fehlen (sog. Browsing-Customer), so dass dieser sich auf Kategorie- und Leistungsübersichtsseiten informiert und bestimmte Kaufanreize empfängt [Dahl81, S. 313; Meff79, S. 97]. Andererseits kann er / sie über entsprechende Suchformulare konkrete Leistungen mit bestimmten Eigenschaften selektieren. Lernsituationen in der Phase „Evaluation" finden auf den Leistungseinzelansichtsseiten statt, die alle verfügbaren Informationen zur Leistung aufzeigen. Die Art der auf diesen Seiten bereitgestellten Präsentations- und Interaktionsräume hängt vor allem von den dort relevanten Lerngegenständen ab. Bei der Vermittlung von Basiswissen werden i. d. R. kleinere Präsentations- und Interaktionsräume in Form von Popups geschaffen, die nur nach einem expliziten Aufruf durch den Kunden geöffnet werden. Für die Vermittlung von tiefer gehendem Leistungswissen werden größere Räume in Form von TabViews den Webshop-Seiten dauerhaft hinzugefügt, die eine direkte Ansteuerung bestimmter Lerninhaltsteile ermöglichen. Diese sind an weniger zentralen Stellen einer Webshop-Seite, z. B. am Seitenende, positioniert. Einzige Ausnahme ist die Vermittlung von Basiswissen im Rahmen der Phase „Problemerkenntnis", die ebenfalls als eingebettete TabView erfolgt, um eine Kaufabsicht beim Kunden zu wecken oder zu verstärken. Für die Organisation des Lernprozesses wird auf allen Webshop-Seiten ein Präsentations- und Interaktionsraum in Form einer AccordionView verwendet, der unterhalb von Navigationsmenüs oder Informationsboxen des Webshops positioniert werden kann (vgl. Abschnitt 4.5.4).

4.3 Systemarchitektur

4.3.1 Überblick

Abbildung 4-4 gibt einen Überblick über die Systemarchitektur der prototypischen Implementierung. Die funktionalen Systemkomponenten unterteilen sich in Service Client und Web Service. Der Service Client wird in die Benutzeroberfläche eines Webshops integriert und beim Laden der entsprechenden Webshop-Seiten ausgeführt. Er stellt die Schnittstelle zum Kunden und damit verbundene Funktionalitäten zur Verfügung (vgl. Abschnitt 4.3.2). Daten zu den Aktivitäten des Nutzers, die mit CFEL in der Webshopumgebung im Zusammenhang stehen, werden über den Webbrowser durch den Service Client erfasst und gespeichert (vgl. Abschnitt 4.4.2). Die Kommunikation mit dem Web Service erfolgt über einen Client Proxy auf der Basis von SOAP-Nachrichten (vgl. Abschnitt 4.3.4). Der Web Service kann dabei von mehreren Service Clients aus unterschiedlichen Webshopumgebungen angesprochen werden. Er ist für das kontextbasierte Customizing des CFEL-Angebots zuständig und stellt dafür entsprechende Funktionalitäten bereit (vgl. Abschnitt 4.3.3). Die Datenbasis des Web Service umfasst zum einen ein Datenbanksystem (vgl. Abschnitt 4.3.5), das Kontextdaten, Lernobjekt(Meta-)daten und Daten zur Interpretation des Kontextes für einen spezifischen Webshop enthält, und zum anderen ein Dateisystem, in dem die physischen Lernobjekte und Stylesheets für deren Formatierung vorgehalten werden.

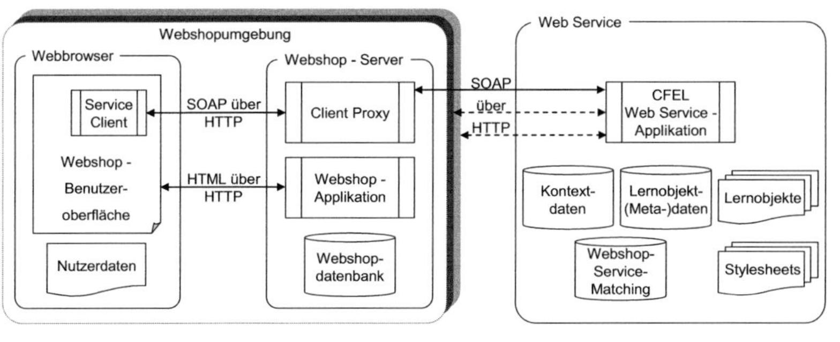

Abbildung 4-4: Systemarchitektur des online-Anwendungssystems

4.3.2 Service Client

Die Anwendungsfälle des Service Client sind in Abbildung 4-5 (S. 100) dargestellt. Durch den Web Service werden dem Service Client geeignete Lerninhalte empfohlen sowie auf den Webshop-Seiten hervorzuhebende Aktionswörter und zu präsentierende Lernobjekte übermittelt. Der Service Client hat die Aufgabe, die für die Empfehlung notwendigen Umgebungsvariablen und Benutzeraktivitäten zu erfassen, ggf. zu speichern (vgl. Abschnitt 4.4.2) und an den Web Service zu übermitteln (vgl. Abschnitt 4.4.3) sowie die vom Web Service erhaltenen Inhalte in die Webshop-Seiten einzubetten (vgl. Abschnitt 4.4.4).

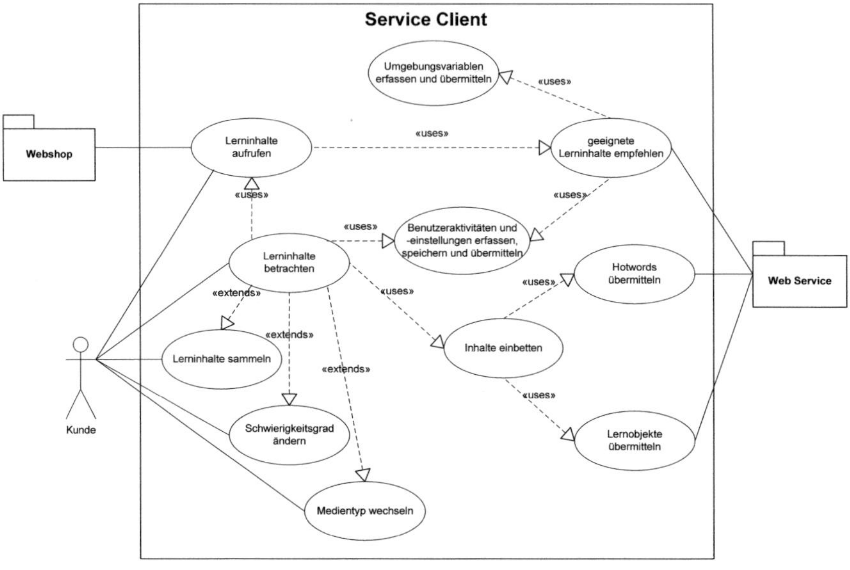

Abbildung 4-5: Anwendungsfalldiagramm des Service Client

Aus der Sicht des Kunden stellt der Service Client die beim Laden der Webshop-Seite oder durch Aktionen des Kunden aufgerufenen Lerninhalte in verschiedenen Präsentations- und Interaktionsräumen dar. Während des Betrachtens der Lerninhalte stehen dem Kunden Möglichkeiten zur Anpassung der Präsentation und zur Organisation des Lernens zur Verfügung.

Aufgrund der unterschiedlichen Gestaltung der Präsentations- und Interaktionsräume für verschiedene Lernsituationen und die Lernorganisation (vgl. Abschnitt 4.2.3) und um die Erfassung von Kaufaktivitäten des Kunden zu ermöglichen, ist der Service Client in spezialisierte Artefakte unterteilt. Diese Artefakte werden in Form von Codefragmenten, die jeweils spezifisch benötigte Funktionalitäten umfassen, in die entsprechenden Seiten des Webshops eingebunden und beim Seitenaufruf geladen und ausgeführt. Hauptsächlich lässt sich zwischen Artefakten, die zur Präsentation und Interaktion in verschiedenen Lernsituationen eingesetzt werden, und Artefakten, die eine Unterstützung bei der Lernorganisation und Erfassung weitergehender Kontextinformationen über verschiedene Lernsituationen hinweg bereit stellen, unterscheiden (vgl. Abbildung 4-6).

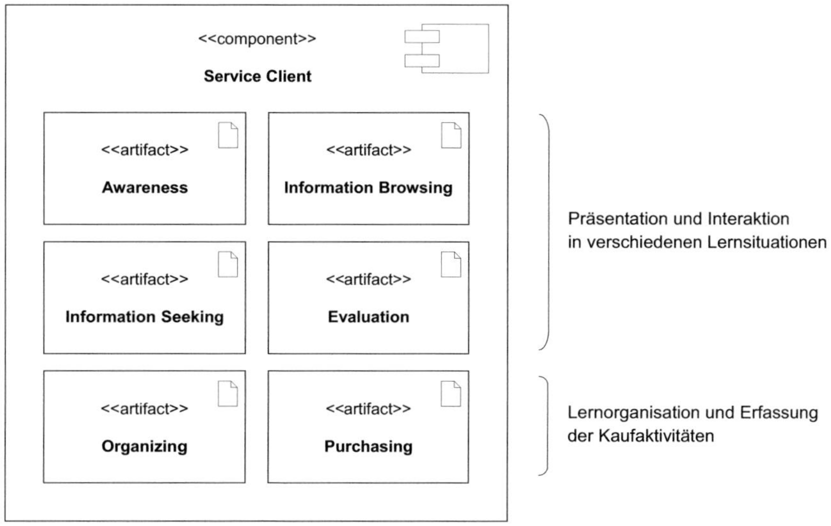

Abbildung 4-6: Artefakte des Service Client

Die Artefakte zur Präsentation und Interaktion in verschiedenen Lernsituationen werden in die zur jeweiligen Situation gehörigen Webshop-Seiten integriert (vgl. Abschnitt 4.2.3). Das für die Lernorganisation bereit gestellte Artefakt `Organizing` ist in alle Webshop-Seiten eingebunden und bietet situationsübergreifend seine Funktionalitäten an. Das Artefakt `Purchasing` dient der Erfassung der vom Kunden erworbenen Leistungen und wird dazu in die Seiten zum Abschluss eines Bestellvorgangs integriert.

4.3.3 Web Service

Aus Sicht des Service Client müssen beim Web Service die für eine spezifische Lernsituation und einen bestimmten Kunden geeigneten Lerninhalte angefragt sowie einzubettende Aktionswörter und Lernobjekte abgerufen werden können (vgl. Abbildung 4-7, S. 102).

Der Web Service stellt dazu entsprechende Methoden zur Verfügung (vgl. Abschnitt 4.4.1) und hat die Aufgabe, relevante Lernobjekte und Aktionswörter zu bestimmen (vgl. Abschnitt 4.4.3) sowie die zu präsentierenden Inhalte vorformatiert an den Service Client auszuliefern, damit diese direkt in die Webshop-Seiten eingebettet werden können (vgl. Abschnitt 4.4.4)

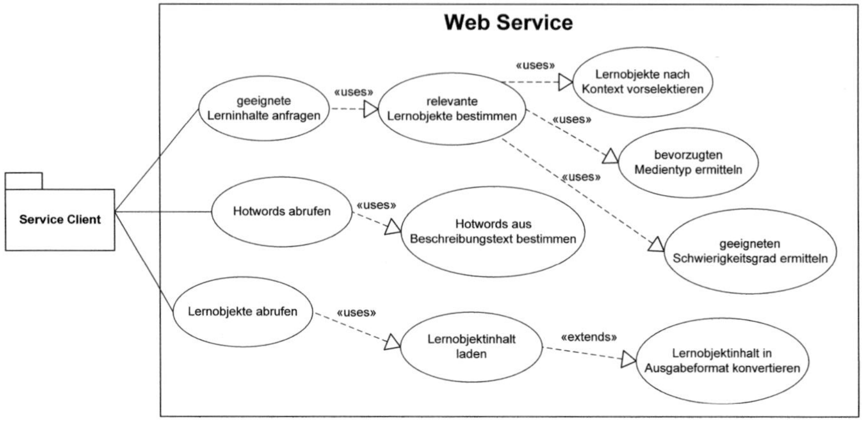

Abbildung 4-7: Anwendungsfalldiagramm des Web Service

4.3.4 Kommunikation

Die Kommunikation zwischen dem Service Client und dem Web Service erfolgt über das Simple Object Access Protocol (SOAP). SOAP legt in einem Standard auf Basis von XML fest, wie Daten in Form von Nachrichten zwischen den verschiedenen zu integrierenden Anwendungen ausgetauscht werden [Scho04, S. 183]. Der physische Transport der Nachrichten erfolgt über das Netzwerkprotokoll HTTP. Der grundlegende Aufbau einer logischen SOAP-Nachricht, die im Nutzdatenbereich des HTTP-Pakets übertragen wird, ist in Abbildung 4-8 dargestellt.

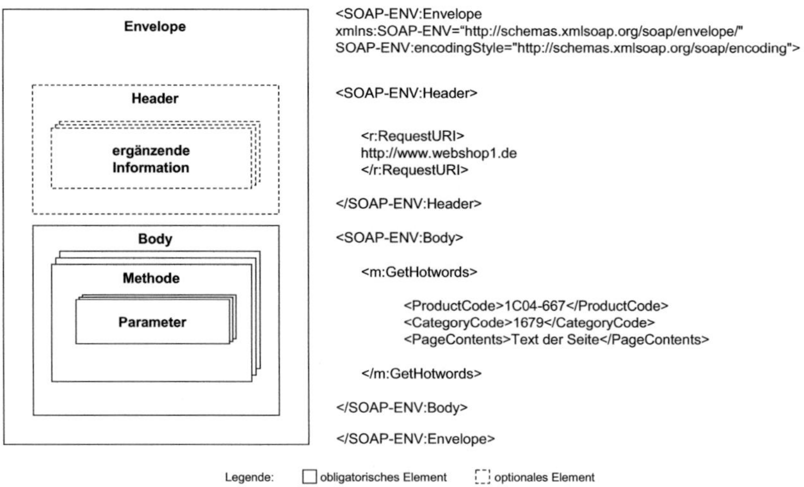

Abbildung 4-8: Aufbau der SOAP-Nachrichten

Das Element `Envelope` bezeichnet das Wurzelelement der SOAP-Nachricht und dient mit dem Verweis auf einen zugehörigen Namensraum als Umschlag für die darin enthaltenen Informationen. Der `Header` kann als Briefkopf der Nachricht gesehen werden, dessen Auftreten und Verarbeitung nicht zwingend notwendig ist. Er enthält z. B. Informationen zur Transaktion, wie einen Uniform Resource Identifier (URI) des anfragenden Webshops. Im Body sind die eigentlichen Aufrufe des Web Services oder dessen Antworten mit den entsprechenden Methoden- / Antwortnamen und zugehörigen Anfrage- / Rückgabewerten kodiert. [Scho04, S. 184]

4.3.5 Datenbasis des Web Service

Die Datenbasis des Web Service beinhaltet Daten zum Webshop-Service-Matching, Kontextdaten und Lernobjekt(Meta-)daten. Abbildung 4-9 zeigt das Relationenmodell des Web Service. Die gerichteten Pfeile stellen die Verwendung des Primärschlüssels des ausgehenden Entitätstyps als Fremdschlüssel im eingehenden Entitätstyp dar.

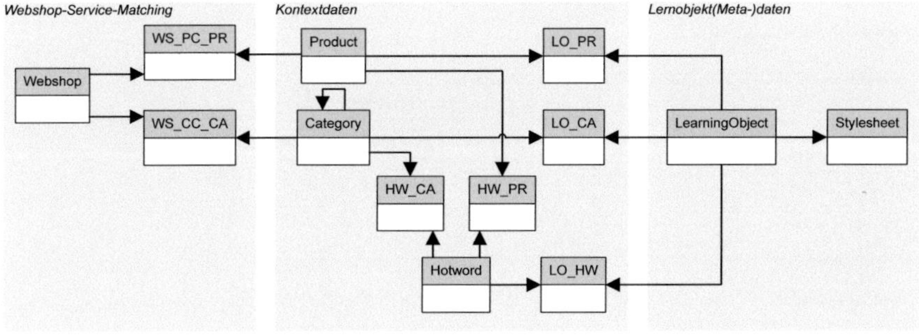

Abbildung 4-9: Relationenmodell des Web Service

Im Rahmen des Webshop-Service-Matching erfolgt eine Zuordnung der vom jeweils teilnehmenden Webshop verwendeten Leistungs- und Leistungskategorieschlüssel zu den Identifikationsbezeichnungen, die der CFEL-Anbieter zur Identifizierung seiner Leistungen nutzt. Im Bereich der Kontextdaten werden zum einen Leistungen sowie Leistungsober- und Leistungsunterkategorien mit Lernobjekten verknüpft, die in diesem Zusammenhang zum Einsatz kommen sollen. Zum anderen sind auch erklärungsbedürftigen Begriffen und Leistungsmerkmalen, die regelmäßig in Texten und Beschreibungen auf Webshop-Seiten enthalten sind und zu denen mithilfe von Hotwords Wissen vermittelt werden soll, entsprechende Lernobjekte zugeordnet. Mit der Abbildung von Beziehungen zwischen Hotwords und Leistungen sowie Leistungskategorien wird berücksichtigt, dass Begriffe und Merkmale in verschiedenen Leistungszusammenhängen eine unterschiedliche Bedeutung haben können und ggf. andere Lernobjekte zur Wissensvermittlung verwendet werden müssen. Die Lernobjekte selbst sind durch Metadaten umfangreich beschrieben (vgl. Abschnitt 3.5.2.4), die u. a. auch Informationen zu Lernsituation, in der das Objekt verwendet werden soll, sowie zu dessen Schwierigkeitsgrad und Medientyp beinhalten. Daneben wird in den Metadaten der Speicherort des physischen Lernobjekts im Dateisystem referenziert. Allen Lernobjekten sind entsprechende Stylesheets zugewiesen, die die Art der Präsentation durch den Service Client festlegen. Die Einträge in der Stylesheet-Tabelle enthalten Referenzen auf verschiedene, im Dateisystem abgelegte Templates, die der Web Service zur Umwandlung der Lernobjekte in ein bestimmtes Präsentationsformat verwenden soll.

4.4 Kontextbasiertes Customizing

4.4.1 Methoden des Web Service

Abbildung 4-10 stellt die Beschreibung des Web Service auf Basis der Web Service Description Language (WSDL) grafisch dar. Innerhalb des Abschnitts `service` werden Registrierungsname und URL-Adresse des Web Service spezifiziert. Im Abschnitt `binding(s)` ist das Trägerprotokoll zur Übermittlung der SOAP-Nachrichten für die einzelnen Methoden des Web Service definiert. Der Abschnitt `portType(s)` umfasst die verschiedenen Methoden bzw. Operationen, die der Web Service zur Durchführung der Aufgabe anbietet, für die er zuständig ist. [Chr+01]

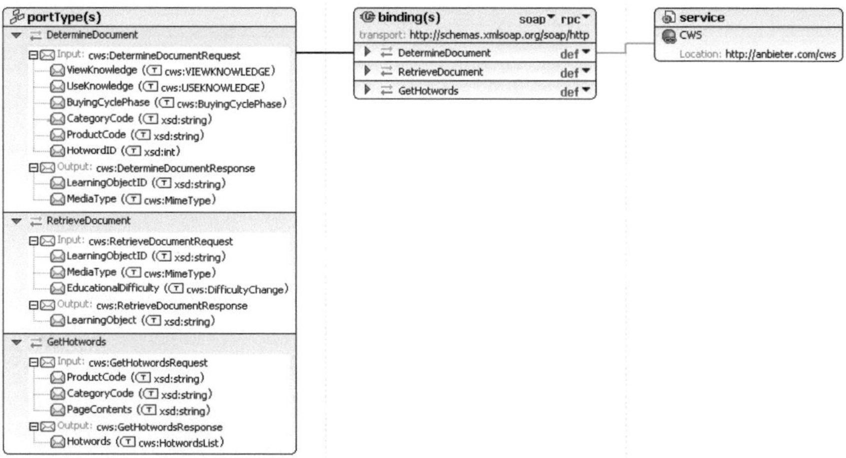

Abbildung 4-10: WSDL-Beschreibung des Web Service

Der CWS stellt die Methoden `DetermineDocument` zur Bestimmung geeigneter Lernobjekte, `RetrieveDocument` zur Distribution formatierter, direkt in Präsentations- und Interaktionsräume einbindbarer Lerninhalte und `GetHotwords` zur Bestimmung vorhandener Aktionswörter bereit. Für diese Methoden sind in der WSDL-Beschreibung des CWS verschiedene Ein- und Ausgabeparameter und deren Datentypen spezifiziert, die beim Aufruf einer Methode bzw. bei der Reaktion auf einen Aufruf verwendet werden.

4.4.2 Erfassung und Speicherung von Kontextinformationen

Für die Bestimmung geeigneter Lernobjekte mithilfe der Methode `DetermineDocument` des Web Service ist eine Erfassung von Kontextinformationen durch den Service Client notwendig, die beim Aufruf der Methode als Parameter übergeben werden. Grundsätzlich kann zwischen einer temporären Erfassung von Informationen zur Umgebung, in der Lernen aktuell stattfindet, und einer fortlaufenden Erfassung und Speicherung von Benutzeraktivitäten unterschieden werden (vgl. Tabelle 4-3).

Art	Kontextinformation	Vorgehen
temporäre Erfassung	- Kaufprozessphase	Definition im Service Client-Artefakt
	- Leistungskategorie - Leistungen	Extraktion aus URL-Parametern
fortlaufende Erfassung und Speicherung	- betrachtete Inhalte - verwendete Medientypen - erworbene Leistungen	Laden erfasster, Ergänzung neuer und Speicherung aller Informationen in XML-Struktur

Tabelle 4-3: Erfassung von Kontextinformationen durch den Service Client

Die temporäre Erfassung von Umgebungsinformationen bezieht sich zum einen auf die Kaufprozessphase, in der sich der Kunde aktuell befindet, und zum anderen auf die momentan betrachtete Leistungskategorie oder eine konkrete Leistung. Die Kaufprozessphase ist bereits in dem jeweiligen Artefakt des Service Clients definiert, das in der Lernsituation eingesetzt wird und auf eine spezielle Kaufprozessphase ausgerichtet ist (vgl. Abschnitt 4.3.2). Informationen zur aktuellen Phase können direkt beim Aufruf der Seite übergeben werden.

Informationen zur Leistungskategorie und / oder Leistung, in deren Kontext Lernen aktuell stattfindet, werden aus der URL der aufgerufenen Webshop-Seite extrahiert. Dabei wird der Umstand genutzt, dass diese Informationen regelmäßig bei der Anfrage von dynamisch generierten Webshop-Seiten in der URL als Parameter übergeben werden. Zur Extraktion der entsprechenden URL-Parameter werden bei der Integration des Service Clients in den Webshop den Variablen `URL_CATEGORY_PARAM` und `URL_PRODUCT_PARAM` die jeweils in der URL einer spezifischen Webshopumgebung vorkommenden Präfixe und Bereiche zugeordnet, die diese zur Übermittlung der relevanten Informationen bei einem Seitenaufruf verwendet (vgl. Abbildung 4-11, S. 106). Nach dieser initialen Konfiguration ist dem Service Client bekannt, welche Fragmente er aus der URL extrahieren muss, um zur Laufzeit automatisch das aktuelle Produkt und / oder die Produktkategorie zu erfassen.

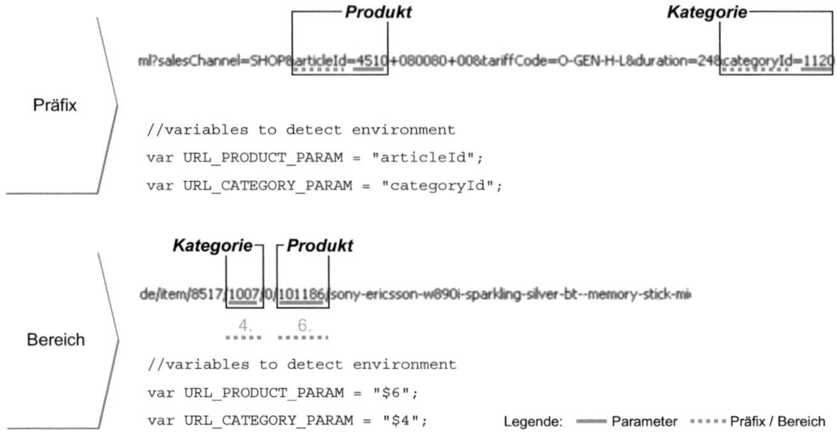

Abbildung 4-11: Extraktion der URL-Parameter

Die Aktivitäten von Kunden im Rahmen der Nutzung von CFEL werden fortlaufend während eines Besuchs oder über mehrere Besuche des Webshops hinweg erfasst und in einer Historie gespeichert werden. Dies ist notwendig, um auf das Vorwissen, die Lerngewohnheiten und die Anwendung des Wissens im Kontext einer Leistung bzw. Vertrautheit mit einer Leistung schließen und bei der Bestimmung geeigneter Lernobjekte berücksichtigen zu können. Dabei werden bei Kundenaktivitäten auf einer Webshop-Seite Informationen zu betrachteten Inhalten, verwendeten Medientypen und Schwierigkeitsgrade sowie ggf. erworbenen Leistungen erfasst und beim Verlassen der Seite durch das Ereignis `OnBeforeUnload` vom Service Client dauerhaft gespeichert. Die Speicherung dieser Informationen durch den Service Client bietet zum einen den Vorteil, dass im Sinne einer einfachen Integration des Web Service nicht in die Webshopanwendung selbst und seine Datenbasis eingegriffen werden muss. Zum anderen werden zum Schutz der Privatsphäre des Kunden die fortlaufend erfassten Daten nicht im Webshop oder beim Web Service-Betreiber, zu dem der Kunde keine Geschäftsbeziehung unterhält, sondern auf dem Client-Rechner des Kunden dauerhaft gespeichert und nur jeweils relevante Informationen an den Web Service übermittelt.

Die Kontextinformationen werden in der XML-Struktur `DocTree` festgehalten und serialisiert gespeichert, so dass die für den Aufruf einer Web Service-Methode benötigten Teile direkt in eine SOAP-Nachricht eingefügt werden können. Beim Besuch weiterer Webshop-Seiten oder beim nächsten Besuch des Webshops wird die XML-Struktur durch den Service Client geladen, deserialisiert und infolge von Lern- und Kaufaktivitäten, der Sammlung von Lerninhalten und vorgenommenen Präsentationseinstellungen um neue Informationen ergänzt (vgl. Abschnitt 4.4.4 und Abbildung 4-15, S. 113). Der Aufbau und die Inhalte der `DocTree`-XML-Struktur sind in Abbildung 4-12 dargestellt.

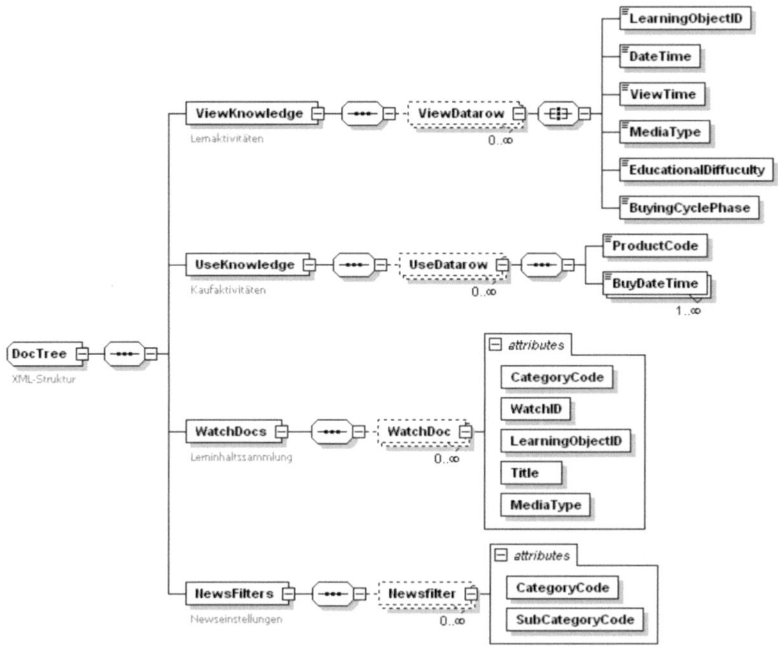

Abbildung 4-12: XML-Struktur zur Speicherung von Benutzerinformationen, Lerninhaltssammlungen und Präsentationseinstellungen

Im Abschnitt `ViewKnowledge` werden Informationen zu den betrachteten Lernobjekten mit Angaben zu Präsentationszeit, -dauer, Medientyp und Kaufprozessphase, in der sich der Kunde bei der Lerninhaltspräsentation befand, festgehalten. Der Abschnitt `UseKnowledge` umfasst die vom Kunden erworbenen Produkte und die jeweiligen Kaufzeitpunkte. Neben Lern- und Kaufaktivitäten werden in der XML-Struktur Angaben zu aktuell gesammelten Lerninhalten im Abschnitt `WatchDocs` und zu individuellen Präsentationseinstellungen im Abschnitt `NewsFilters` protokolliert (vgl. Abschnitt 4.4.4). Diese Informationen dienen ausschließlich der Anpassung der Darstellung von entsprechenden Präsentations- und Interaktionsräumen durch den Service Client (vgl. Abschnitte 4.5.1 und 4.5.4).

4.4.3 Bestimmung geeigneter Lernobjekte

4.4.3.1 Ablauf

Die Anfrage zur Bestimmung geeigneter Lernobjekte erfolgt i. d. R. nach dem `OnLoad`-Ereignis beim Aufruf einer Webshop-Seite durch den Kunden, in die der Service Client integriert ist (vgl. Abbildung 4-13).

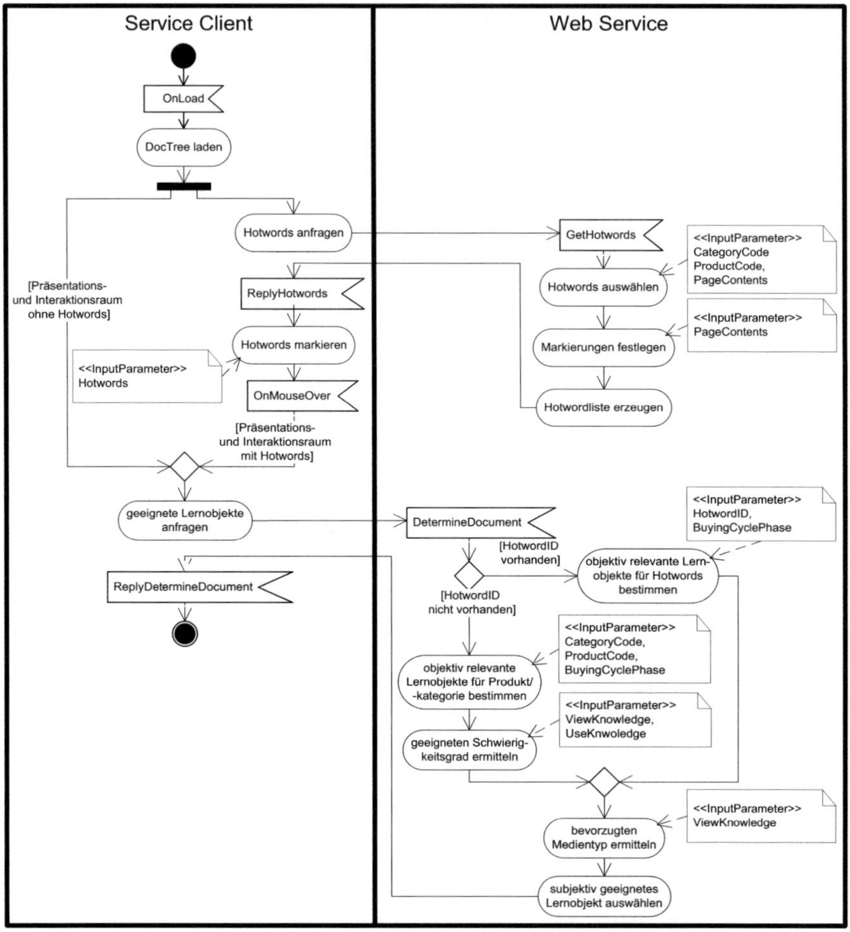

Abbildung 4-13: Ablauf der Anfrage und Bestimmung geeigneter Lernobjekte

Handelt es sich um die Fragmente „Information Browsing“ und „Evaluation“ des Service Client (vgl. Abschnitt 4.3.2), die die Lerninhalte nicht ausschließlich direkt in die Webshop-Seite einbetten und präsentieren sondern auch Hotwords für den Aufruf von Lerninhalten verwenden, müssen zunächst die hervorzuhebenden Textteile im ursprünglichen Inhalt der Webshop-Seite mithilfe der Methode `GetHotwords` ermittelt werden. Nach der Manipulation der Webshop-Seiteninhalte durch den Service Client wird die Anfrage nach geeigneten Lernobjekten durch das Ereignis `OnMouseOver` beim Ansteuern der markierten Hotwords durch den Kunden ausgelöst.

Die Anfrage des Service Clients ruft die Methode `DetermineDocument` des Web Service auf. Dabei werden die aktuell vom Kunden betrachtete Produktkategorie oder das Produkt, die derzeitige Kaufprozessphase, bereits erfasste Lern- und Kaufaktivitäten und, falls Lerninhalte über Aktionswörter aufgerufen werden, die ID des Hotwords als Eingabeparameter übergeben. Der Service Client erhält als Antwort die ID und den Medientyp des zu präsentierenden Lernobjekts.

Die bei der Anfrage übermittelten Eingabeparameter finden innerhalb verschiedener Aktivitäten des CWS zur sukzessiven Bestimmung eines geeigneten Lernobjekts Verwendung. Zunächst werden anhand der betrachteten Produktkategorie oder des Produkts bzw. der Hotword-ID sowie der aktuellen Kaufprozessphase aus den gesamten Lernobjekten diejenigen Objekte vorselektiert, die für die aktuelle, objektiv feststellbare Lernsituation relevant sind. Diese Kontextinformationen können explizit erfasst (vgl. Abschnitt 4.4.2) und in einer Form übermittelt werden, die einen direkten Abgleich der übergebenen Parameter mit Einträgen in den Lernobjektmetadaten und eine Eingrenzung geeigneter Lernobjekte ermöglicht. Die Eingrenzung umfasst Lernobjekte, die im Hinblick auf den Lerngegenstand gleich sind, aber jeweils verschiedene Medientypen und ggf. auch Schwierigkeitsgrade besitzen. Unterschiedliche Schwierigkeitsgrade liegen dabei nur im Rahmen direkt einzubettender Lerninhalte vor, da über Aktionswörter ausschließlich Basiswissen vermittelt wird und dadurch Lernobjekte stets nur im einfachsten Schwierigkeitsgrad vorhanden sind. Aus den vorselektierten Lernobjekten wird durch einen Abgleich mit den Metadaten das Lernobjekt gewählt, das dem bevorzugten Medientyp des Kunden entspricht und einen geeigneten Schwierigkeitsgrad im Hinblick auf das Vorwissen des Kunden besitzt. Damit werden auch individuelle Kundenmerkmale und die subjektive Sicht eines Einzelnen auf die Situation berücksichtigt (vgl. Abschnitt 3.5.2.1). Da explizite Angaben zum Schwierigkeitsgrad und Medientyp für jede spezifische Lernsituation vorab nur schwierig und für den Kunden umständlich erfasst werden können, müssen diese Angaben in der Lernsituation ermittelt werden.

4.4.3.2 Ermittlung des Schwierigkeitsgrads

Die Ermittlung des Schwierigkeitsgrads erfolgt auf Basis der bisherigen Lern- und Kaufaktivitäten des Kunden, die in den Bereichen `ViewKnowledge` und `UseKnowledge` der `DocTree`-XML-Struktur durch den Service Client festgehalten sind und als Eingabeparameter an den CWS übergeben werden. Da im Hinblick auf verschiedene Leistungen unterschiedliches Vorwissen bestehen kann, werden dabei die Einträge innerhalb der Lern- und Kaufaktivitäten betrachtet, bei denen bearbeitete Lernobjekte oder gekaufte Leistungen in einer Beziehung zur aktuell vom Kunden betrachteten Leistung oder Leistungskategorie stehen. Dies ist weitgehend unabhängig von einer spezifischen Lernsituation, so dass Lernaktivitäten über alle Kaufprozessphasen hinweg berücksichtigt werden. Die Ermittlung des Schwierigkeitsgrads ist in Abbildung 4-14 dargestellt.

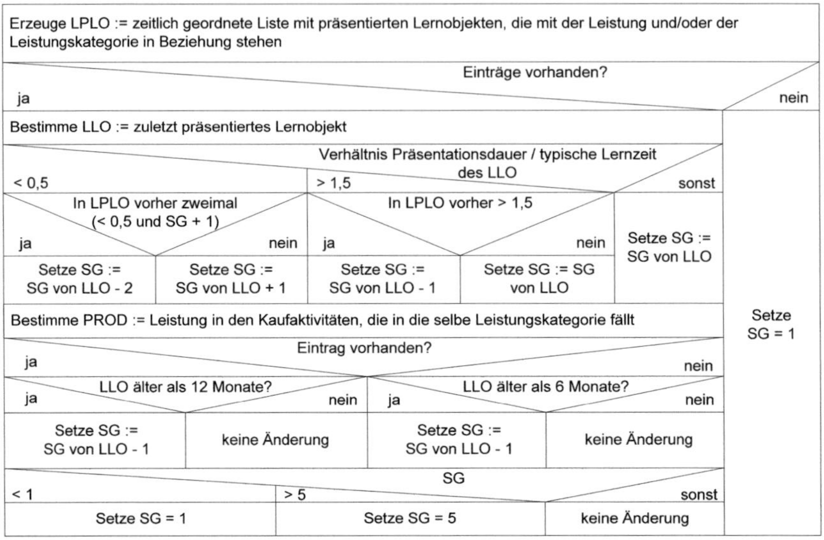

LPLO: zeitlich geordnete Liste mit präsentierten Lernobjekten, die mit der Leistung und/oder der Leistungskategorie in Beziehung stehen
LLO: zuletzt präsentiertes Lernobjekt
SG: Schwierigkeitsgrad

Abbildung 4-14: Ermittlung des Schwierigkeitsgrads

Im Rahmen der Ermittlung wird dabei zunächst das Verhältnis von Präsentationsdauer zu typischer Lerndauer bei bisher präsentierten Lernobjekten mit Bezug zur Leistung / Leistungskategorie betrachtet. Dieses Verhältnis kann als Umfang der Bearbeitung von Lernobjekten interpretiert werden. Darauf aufbauend können Rückschlüsse auf die Eignung des angesetzten Schwierigkeitsgrads gezogen und dieser angepasst werden. Dabei ist insbesondere die Betrachtung des zuletzt präsentierten Lernobjekts relevant, da dadurch stets der aktuelle Wissensstand des Kunden und bisher vorgenommene Anpassungen des Schwierigkeitsgrads durch den Web Service oder den Kunden berücksichtigt sind. Falls noch keine Einträge über Lernaktivitäten mit Bezug zur aktuellen Leistung / Leistungskategorie vorhanden sind, können keine ausreichenden Aussagen zur Eignung eines Schwierigkeitsgrads getroffen werden, so dass zunächst der einfachste gewählt und dieser im Laufe der Zeit durch weitere Anfragen an den Wissensstand des Kunden angepasst wird. Sind Einträge vorhanden, lassen sich für das zuletzt präsentierte Lernobjekt folgende Fälle unterscheiden:

- Ist der Umfang der Bearbeitung kleiner als 50%, wird angenommen, dass die Inhalte entweder zu leicht oder nicht von Interesse waren bzw. nur überflogen wurden. In diesem Fall wird der Schwierigkeitsgrad erhöht, wenn nicht auch für die zwei unmittelbar davor präsentierten Lernobjekte ein geringer Bearbeitungsumfang und eine Erhöhung des Schwierigkeitsgrades vorliegen. Auf diese Weise wird versucht, Fehlinterpretationen, die aufgrund mangelnden Interesses des Kunden am Lerninhalt entstehen, entgegenzuwirken und regelmäßig zu korrigieren.

- Ist der Umfang der Bearbeitung größer als 150%, wird angenommen, dass die Lerninhalte entweder zu schwierig waren oder der Kunde die Präsentation nicht mit voller Aufmerksamkeit verfolgt hat. Der Schwierigkeitsgrad wird in diesem Fall gesenkt, wenn auch beim unmittelbar davor präsentierten Lernobjekt eine hohe Bearbeitungsdauer vorlag. Damit wird ausgeschlossen, dass ein einmaliger Aufmerksamkeitsmangel direkt eine Änderung des Schwierigkeitsgrads zur Folge hat. Treten jedoch dauerhaft Verständnisprobleme auf oder wird den Lernobjekten generell nicht immer die volle Aufmerksamkeit geschenkt, wird dem durch eine Senkung des Schwierigkeitsgrads entgegengewirkt.
- Falls der Bearbeitungsumfang zwischen 50% und 150% liegt, wird davon ausgegangen, dass der bisher gewählte Schwierigkeitsgrad für den Wissenstand des Kunden geeignet ist und weiter angesetzt werden kann.

Weiterhin wird in die Ermittlung eines geeigneten Schwierigkeitsgrads einbezogen, wie lange die Präsentation des letzten Lernobjekts mit Bezug zur aktuell vom Kunden betrachteten Leistung / Leistungskategorie zurück liegt. Der Schwierigkeitsgrad reduziert sich, wenn die Präsentation des Lernobjekts vor mehr als sechs Monate erfolgte. Dadurch wird berücksichtigt, dass Gelerntes im Laufe der Zeit sowie bei geringer Anknüpfungs- und Anwendungshäufigkeit teilweise wieder vergessen wird. Wenn der Kunde bereits eine Leistung in der gleichen Leistungskategorie erworben hat, kann davon ausgegangen werden, dass dieses Vergessen langsamer erfolgt, da durch deren Nutzung eine gelegentliche oder regelmäßige Auseinandersetzung mit dem Themengebiet stattfindet.

Abschließend wird eine Korrektur des Schwierigkeitsgrads vorgenommen, falls dieser den Wert 1 (entspricht ‚very easy') unter- oder den Wert 5 (entspricht ‚very difficult') überschreitet. Damit wird sichergestellt, dass der ermittelte Schwierigkeitsgrad mit den Lernobjektmetadaten nach dem LOM-Standard abgeglichen werden kann und einen der fünf im Standard vorgesehenen Grade (‚very easy', ‚easy', ‚medium', ‚difficult', ‚very difficult') annimmt [IEEE02]. Während der späteren Präsentation der Lerninhalte hat der Kunde jederzeit die Möglichkeit, den ermittelten Schwierigkeitsgrad zu ändern und ein Lernobjekt in einem anderen Grad abzurufen. Die vom Kunden vorgenommenen Anpassungen werden in den Lernaktivitäten erfasst und bei einer erneuten Ermittlung des Schwierigkeitsgrads entsprechend berücksichtigt.

4.4.3.3 Ermittlung des Medientyps

Die Ermittlung des bevorzugten Medientyps erfolgt auf Basis der bisherigen Lernaktivitäten im Bereich `ViewKnowledge` der `DocTree`-Struktur. Im Gegensatz zum Schwierigkeitsgrad werden hierbei allerdings nur Einträge berücksichtigt, die sich auf die Kaufprozessphase beziehen, in der sich der Kunde aktuell befindet. Damit wird berücksichtigt, dass sich die

Präferenz für eine mediale Präsentationsform sowohl aus Persönlichkeitsmerkmalen als auch der spezifischen Lernsituation ergibt und für einen Kunden situativ unterschiedlich ausfallen kann (vgl. Abschnitt 3.2.2).

Um festzustellen, welchen Medientyp der Kunde in dieser Lernsituation bevorzugt, wird innerhalb der aktuellen Kaufprozessphase *p* für jeden Medientyp *m* das Verhältnis von Präsentationsdauer *PD* zu typischer Lerndauer *LD* der *i* im Zeitverlauf bearbeiteten Lernobjekte dieses Medientyps betrachtet. Bricht der Kunde die Präsentation eines Lernobjekts im vom Web Service empfohlenen oder standardmäßig gewählten Medientyp ab und wechselt er die Präsentationsform, nimmt das Verhältnis einen kleinen Wert an. Entspricht der Medientyp hingegen den Präferenzen des Kunden, werden die Inhalte vollständig bearbeitet und die Präsentationsdauer liegt nahe der typischen Lerndauer für das Lernobjekt. Lerngewohnheiten und -präferenzen sind allerdings dynamisch veränderliche Persönlichkeitsmerkmale, so dass das aktuell gezeigte Lernverhalten des Kunden eine größere Aussagekraft besitzt (vgl. Abschnitt 3.2.2). Dementsprechend werden bei der Kumulierung der Verhältniswerte für einen Medientyp kürzer zurückliegende Lernaktivitäten stärker gewichtet als ältere. Der vom Kunden innerhalb der aktuellen Kaufprozessphase bevorzugte Medientyp wird mit nachstehender Formel ermittelt:

$$W_{mp} = \frac{\sum_{i=1}^{n} i \cdot \frac{PD_i}{LD_i}}{\sum_{i=1}^{n} i} \qquad \max\{W.p\}$$

W_{mp} : Wert für den Medientyp m in der Kaufprozessphase p
PD_i : Präsentationsdauer des i-ten Lernobjekts
LD_i : typische Lerndauer des i-ten Lernobjekts

Dabei werden zunächst einzelne Werte für jeden Medientyp bestimmt und im Anschluss der Medientyp gewählt, der für die aktuelle Kaufprozessphase den höchsten Wert aufweist. Liegen für eine Kaufprozessphase noch keine Informationen über Lernaktivitäten des Kunden vor, wird standardmäßig der Medientyp „Text und Bild“ vom Web Service verwendet.

4.4.4 Distribution und Präsentation der Lerninhalte

Die Überführung der Lernobjekte vom Speicher- in ein geeignetes Präsentationsformat und die anschließende Distribution an den Service Client finden unabhängig von der Bestimmung geeigneter Lernobjekte statt und sind im Web Service in der eigenständigen Methode `RetrieveDocument` realisiert. Diese Trennung der Operationen ermöglicht es, dass immer nur die für die aktuelle Lerninhaltspräsentation benötigten Multimediadaten an den Service übermittelt und clientseitig geladen werden müssen. Bei einer Änderung des Schwierigkeitsgrads oder Medientyps durch den Kunden können mithilfe der Methode `RetrieveDocument` alternative Lernobjekte mit gleichem Lerngegenstand durch den Client entsprechend angefragt und nachgeladen werden, wofür keine erneute Eignungsbestimmung notwendig ist. Abbildung 4-15 zeigt den Ablauf der Distribution und Präsentation der Lerninhalte.

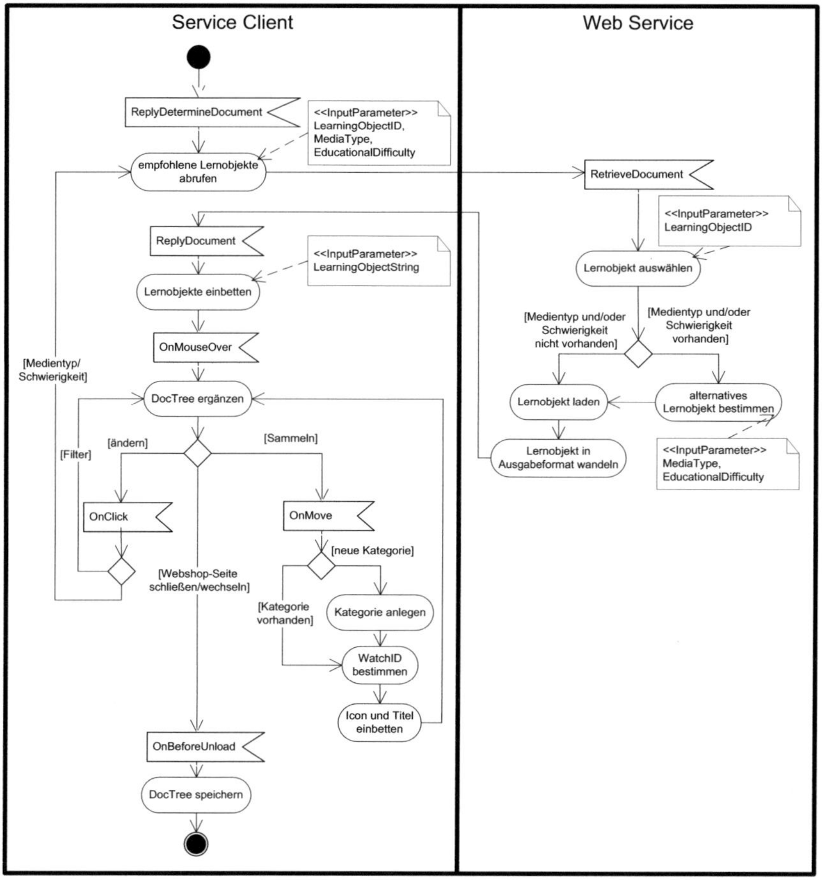

Abbildung 4-15: Ablauf der Distribution und Präsentation von Lerninhalten

Zunächst ruft der Service Client die Methode `RetrieveDocument` des Web Service mit einer SOAP-Nachricht auf, die die ID des vom Web Service zuvor empfohlenen Lernobjekts und ggf. vom Kunden vorgenommene Änderungen des Medientyps und Schwierigkeitsgrads enthält. Danach wird auf Basis der Lernobjekt-ID der entsprechende Metadatensatz zum Lernobjekt ausgewählt, in dem u. a. die Angaben zum physischen Speicherort und -format festgehalten sind. Falls auch Informationen zum Schwierigkeitsgrad oder Medientyp in der Nachricht des Service Client enthalten sind, wird auf Basis der ausgelesenen Metadaten ein ähnliches Lernobjekt mit den gewünschten Eigenschaften vom Web Service bestimmt (vgl. auch Abbildung 4-16, S. 114). Dazu werden die Werte des aktuell ausgewählten Metadatensatzes als Suchkriterien herangezogen und Medientyp bzw. Schwierigkeitsgrad durch die übermittelten Werte ersetzt. Der Web Service wählt anschließend aus den Suchergebnissen das Lernobjekt aus, dass die größte Übereinstimmung bei Medientyp und

Schwierigkeitsgrad aufweist. Das Lernobjekt wird danach in seiner Rohform geladen und in das für den Service Client notwendige Ausgabeformat überführt.

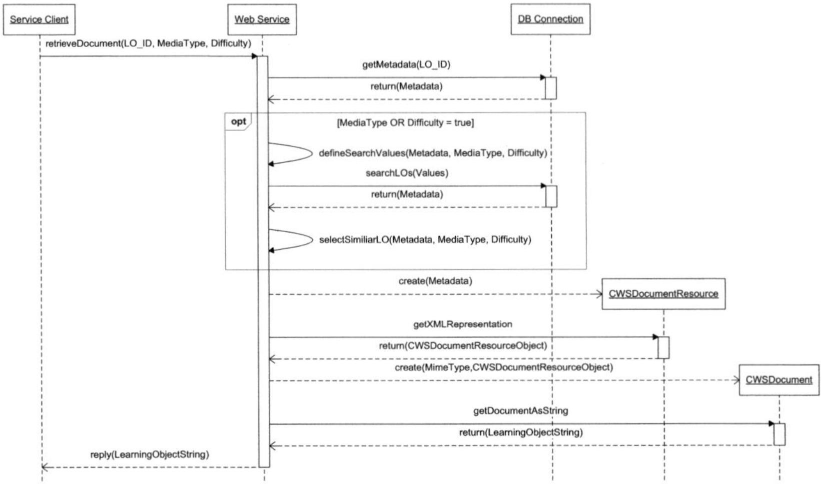

Abbildung 4-16: Abruf, Umwandlung und Auslieferung der Lernobjekte

Bei der Überführung der Lernobjekte von einem Speicherformat (z. B. OpenOffice-Dokumente) in ein für den Service Client geeignetes Präsentationsformat (z. B. HTML) kommen zwei Transformatoren zum Einsatz (vgl. Abbildung 4-16). Dadurch wird ein einfaches Hinzufügen weiterer Speicherformate für Lernobjekte und neuer Präsentationsformate für Service Clients ohne Veränderung des allgemein gehaltenen Abrufablaufs ermöglicht. Der erste Transformator `CWSDocumentResource` hat die Aufgabe, aus einem bestimmten Datenformat eine interne XML-Darstellung zu generieren. Das Objekt, das dabei auf Basis der Lernobjektmetadaten mit einer Fabrikmethode erzeugt wird, kann über das `CWSDocumentResource`-Interface angesprochen werden. Mit dem zweiten Transformator `CWSDocument` wird diese interne Darstellung anschließend in die gewünschte Zieldarstellung überführt. Dabei kommt ebenfalls eine Fabrikmethode zum Einsatz, der das gewünschte Zielpräsentationsformat und das zuvor erstellte `CWSDocumentResource`-Objekt übergeben werden. Die Umwandlung der XML-Darstellung in das Zielformat erfolgt über eine Transformation auf Basis der Extensible Stylesheet Language (XSL) und unter Verwendung verschiedener Stylesheets für die einzelnen Zielpräsentationsformate. Beiden Fabrikmethoden können beliebig weitere Unterklassen zur Erzeugung von internen XML-Darstellungen bzw. zu deren XSL-Transformation für weitere Speicher- und Präsentationsformate hinzugefügt werden.

Die ins Zielpräsentationsformat überführten Lernobjekte werden als Zeichenkette (i. d. R. als HTML-Quellcode) an den Service Client übermittelt, so dass dieser die Inhalte direkt auslesen und in den Webshop einbetten kann. Lernobjekte, die als Audio- und Videodateien vorliegen, werden nicht direkt in die SOAP-Nachricht integriert sondern als externe Ressource mit dem HTML-Element `object` referenziert und eingebunden. Im Rahmen der anschließenden Präsentation der Lerninhalte werden die vom Kunden in den bereit gestellten Präsentations- und Interaktionsräumen durchgeführten Aktivitäten und vorgenommenen Einstellungen durch den Service Client erfasst und gespeichert sowie ggf. neue Anfragen zur Distribution von Lerninhalten an den Web Service gestellt (vgl. Abbildung 4-15, S. 113 und Abschnitt 4.4.2).

4.5 Kundenschnittstelle

4.5.1 Lernen in der Phase „Problemerkenntnis“

Damit sich der Kunde einen Überblick über aktuelle Marktentwicklungen und das Leistungsangebot verschaffen kann, werden ihm beim Betreten des Webshops oder beim Einstieg in einen Markenshop Informationen zu Innovationen und Trends im Markt allgemein und zu neu erschienenen / erscheinenden Leistungen präsentiert (vgl. Abbildung 4-17).

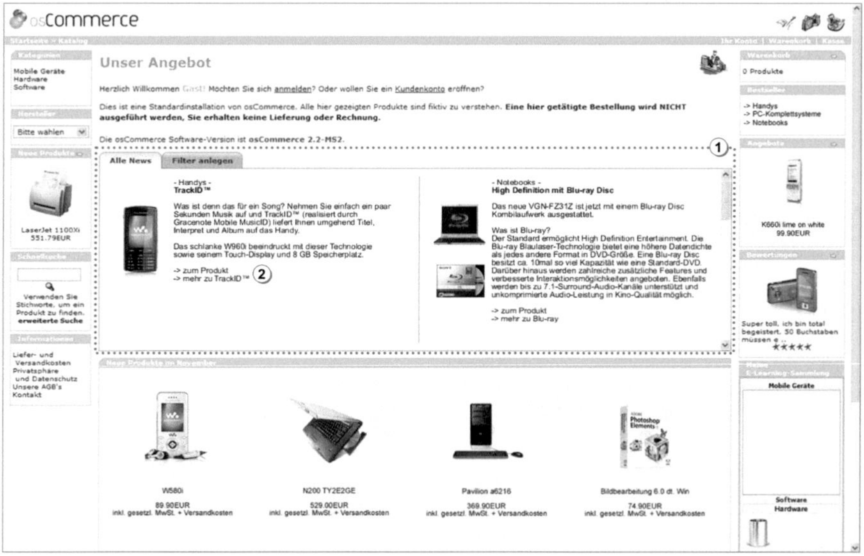

Abbildung 4-17: Lernen auf der Startseite des Webshops

Der Service Client stellt dazu kleine, aktuelle Informations- und Wissenseinheiten des CFEL-Anbieters in Form von News, absteigend nach Aktualität sortiert, in einem eigenen Bereich auf diesen Seiten dar (1). Über entsprechende Hyperlinks kann der Kunde zu jedem Eintrag weiterführende Inhalte in einem Popup-Objekt aufrufen und, falls vorhanden, die Webshop-Seite der damit verbundenen Leistung direkt ansteuern (2).

Die Präsentation der Lernobjekte kann an die individuellen Bedürfnisse eines Kunden angepasst werden (vgl. Abbildung 4-18). Mithilfe der TabView (1) legt der Kunde dazu einzelne Filter zu Leistungshauptkategorien und -unterkategorien an (2) und kann die ihn interessierenden Einträge über entsprechend neu erzeugte Reiter direkt ansteuern (3). Die vorgenommenen Einstellungen werden auf dem Rechner des Kunden gespeichert, so dass er beim nächsten Besuch des Webshops die angepasste Darstellung wieder vorfindet.

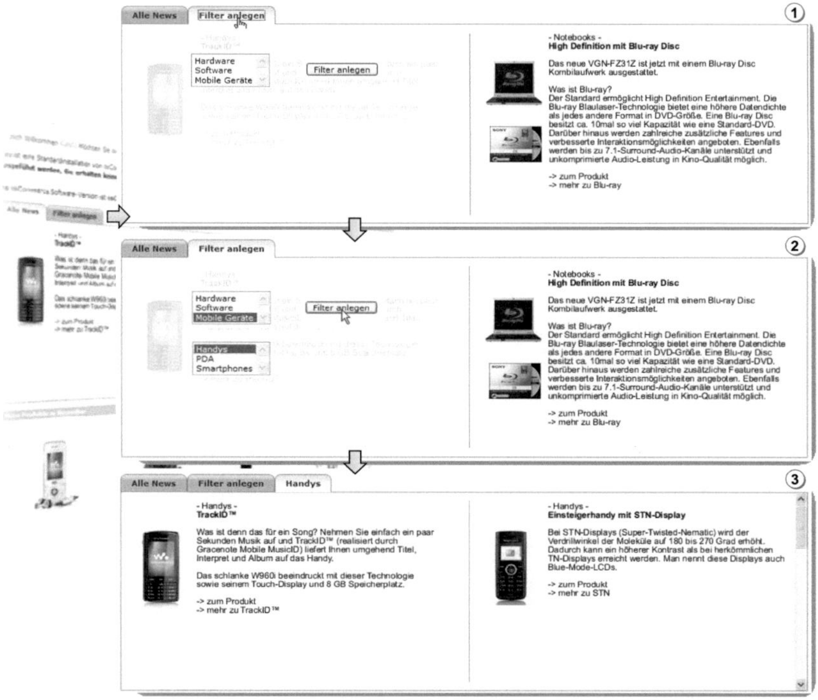

Abbildung 4-18: Newsfilter

4.5.2 Lernen in der Phase „Informationssuche“

In der Phase der Informationssuche kann zunächst unterschieden werden, ob ein Kunde sein Bedürfnis bereits weitgehend konkretisiert hat, ein vorgefertigtes Problemlösungsmuster und eine Intention zum Kauf einer bestimmten Leistung besitzt (Customer with intention to buy) oder noch keine konkrete Kaufabsicht und Vorstellung über eine bedürfnis- und problemgerechte Leistung hat (Browsing Customer) [Howa94, S. 41; Dahl81, S. 313].

Besteht noch keine konkrete Kaufabsicht für eine bestimmte Leistung, verschafft sich der Kunde i. d. R. einen generellen Überblick über das Leistungsspektrum durch den Abruf verschiedener Kategorie- und Leistungsübersichtsseiten. Dabei sucht der Kunde nicht bewusst nach spezifischen Informationen, sondern die nähere Betrachtung von Leistungen und Leistungsalternativen und die weitere Formung der Kaufabsicht werden durch äußere Reize beeinflusst [Pepe05, S. 21; Wein81, S. 165]. Daher wird durch CFEL Basiswissen vermittelt, das einfach und prägnant gehalten ist, um der Reizsetzung zu entsprechen. Diese kleinen Wisseneinheiten werden durch den Service Client beim Ansteuern einer Leistungskategorie in einem Popup-Objekt präsentiert, wenn der Kunde mit der Maus den entsprechenden Verweis zu einer Kategorie ansteuert (1) (vgl. Abbildung 4-19).

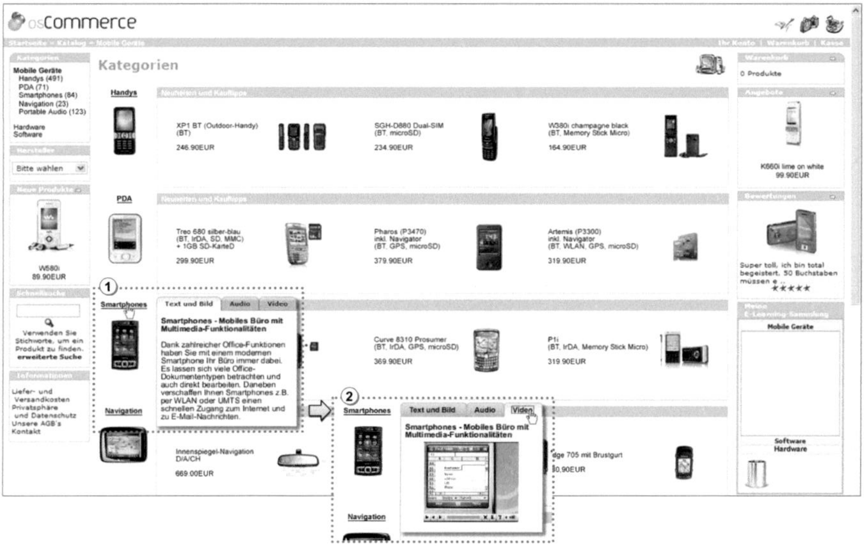

Abbildung 4-19: Lernen auf Kategorie- und Leistungsübersichtsseiten

Der Kunde erwirbt auf Kategorie- und Leistungsübersichtsseiten wie in Abbildung 4-19 dargestellt insbesondere Wissen darüber, für welche Bedürfnisse und Problemstellungen eine Leistungskategorie geeignet ist. Die präsentierten Lerninhalte unterstützen ihn so dabei, seine Bedürfnisse und Probleme genauer zu spezifizieren. Die Lerninhalte werden jeweils in dem vom Kunden bevorzugten Präsentationsformat dargestellt, wenn durch den Service Client bereits Benutzerinformationen dazu erfasst werden konnten. Andernfalls wird der Inhalt standardmäßig in Form von Text- und Bildelementen vermittelt (1). Durch die nach Medientypen unterteilte TabView des Popup-Objekts hat der Kunde in beiden Fällen die Möglichkeit, das vom Web Service automatisch gewählte Präsentationsformat zu ändern (2). Damit der Kunde nicht von der eigentlichen Auswahl von Leistungen abgelenkt wird, erscheint der Lerninhalt nicht mehr, wenn dem Kunden das Popup-Objekt bereits zwei Mal ohne entsprechende Reaktion präsentiert wurde oder er sich mit dem Inhalt bereits auseinandergesetzt hat. Von Letzterem kann ausgegangen werden, wenn im Popup ein Medienwechsel oder eine Steuerung des eingebetteten Medienplayers stattgefunden und / oder die Präsentationsdauer, insbesondere von text- und bildbasierten Inhalten, mindestens der typischen Lerndauer für dieses Lernobjekt entsprochen hat.

Bestehen beim Kunden bereits eine Intention zum Kauf einer Leistung und genauere Vorstellungen, welches konkrete Problem gelöst bzw. welches Bedürfnis befriedigt werden soll, sucht er gezielt nach Informationen zu geeigneten Leistungen. Dies erfolgt i. d. R. über Suchformularseiten des Webshops.

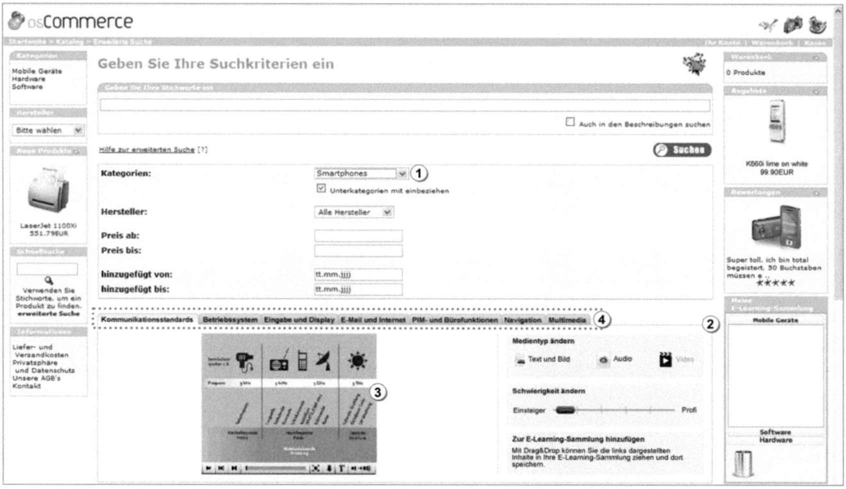

Abbildung 4-20: Lernen auf Suchformularseiten

Mithilfe des Web Service wird dem Kunden Wissen darüber vermittelt, welchen Schlüsselmerkmalen bei der Suche und Auswahl von Leistungen besondere Beachtung geschenkt werden sollte und welche Merkmalsausprägungen für sein Problem bzw. Bedürfnis geeignet sind (vgl. Abbildung 4-20). Die Lerninhalte werden kontextabhängig bei der Auswahl einer Leistungskategorie (1) der Suchformularseite hinzugefügt und in einem eigenen Bereich auf der Seite eingebettet (2). Sind bereits Informationen zum bevorzugten Präsentationsformat in dieser Kaufprozessphase vorhanden, wird dabei das entsprechende Format, wie z. B. Video (3), gewählt. Der Präsentationsbereich wird als TabView dargestellt und ist dadurch in einzelne Schlüsselmerkmale der Leistungskategorie untergliedert (4). Der Kunde hat so die Möglichkeit, die Merkmale direkt anzusteuern, zu denen Informations- und Wissensbedürfnisse bestehen.

Wenn der Kunde das aktuelle Merkmal durch die Auswahl eines Reiters ändert (1), werden durch den Service Client neue Lerninhalte beim Web Service angefragt und nachgeladen (vgl. Abbildung 4-21).

Abbildung 4-21: Interaktions- und Präsentationsbereich auf Suchformularseiten

Darüber hinaus kann der Kunde auch den auf Basis seines bisherigen Verhaltens automatisch ermittelten Medientyp (2) und Schwierigkeitsgrad ändern (3). Dies führt zu einer Anfrage neuer Lernobjekte mit den gewählten Eigenschaften beim Web Service und einem entsprechenden Nachladen durch den Service Client. Die Option zur Änderung des Schwierigkeitsgrades wird aufgrund der mit zunehmendem Fortschritt im Kaufprozess umfangreicher und komplexer werdenden Lerninhalte zur Verfügung gestellt.

Bei der Präsentation von Text- und Bildelementen können behandelte Merkmalsausprägungen für bestimmte Bedürfnisse und Problemlösungen vom Kunden auch direkt in das Suchkriterienfeld des Webshops übernommen werden (vgl. Abbildung 4-22, S. 120). Suchrelevante Ausprägungen sind dazu als Verweis markiert (1) und mit einem Hinweis (2) versehen, so dass der Kunde diese durch einen einfachen Mausklick in das Formularfeld übertragen kann (3). Vor dem Starten der Suche können im Anschluss, z. B. nach dem Betrachten weiterer Audio- und Videoelemente, noch weitere Merkmalsausprägungen im Suchkriterienfeld ergänzt werden.

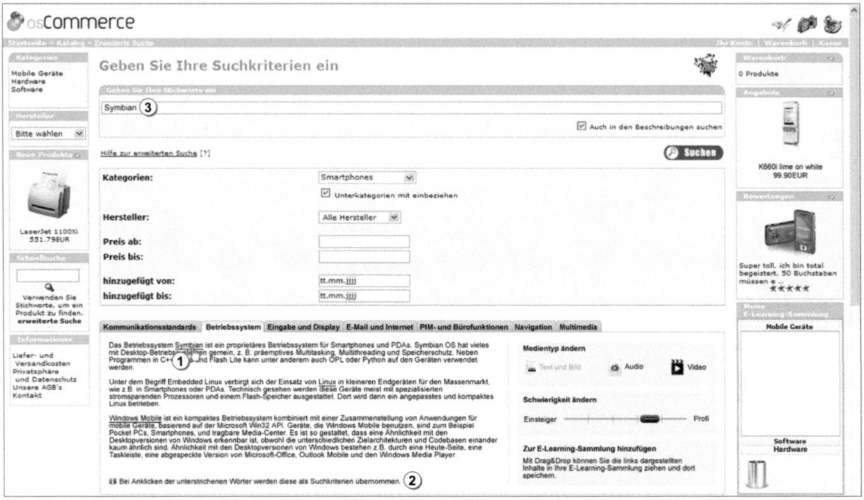

Abbildung 4-22: Übernahme von Merkmalsausprägungen in das Suchkriterienfeld

4.5.3 Lernen in der Phase „Evaluation“

In der Phase der Evaluation setzt sich der Kunde vor allem mit konkreten Leistungsmerkmalen und -funktionen auseinander und versucht diese zu bewerten. Dabei wird er zum einen durch die Vermittlung von Basiswissen zu einzelnen Leistungsmerkmalen unterstützt. Dies findet direkt im bereits vorhandenen Bereich der Leistungsbeschreibung auf der Webshopseite statt (vgl. Abbildung 4-23).

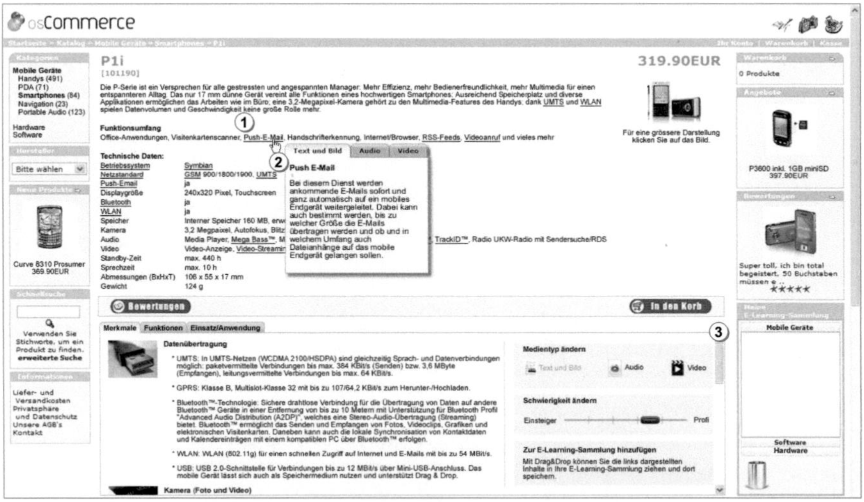

Abbildung 4-23: Lernen auf Leistungseinzelansichtsseiten

Auf den Leistungseinzelansichtseiten werden erklärungsbedürftige Merkmale, zu denen beim Web Service Lerninhalte vorliegen, mit einer Markierung versehen (1). Nach dem Überfahren diese Begriffe mit der Maus werden die entsprechenden Inhalte in einem Pop-up-Objekt präsentiert (2). Als Medientyp wird wie im Beispiel dargestellt standardmäßig „Text und Bild“ gewählt, wenn für diese Kaufprozessphase noch keine Informationen zum bevorzugten Präsentationsformat vorliegen. Durch die TabView-Gestaltung des Popup-Objekts hat der Kunde aber wiederum die Möglichkeit, den Medientyp zu ändern, so dass seine Präferenzen bei der weiteren Bereitstellung von Lerninhalten berücksichtigt werden können. Zum anderen wird in die Leistungseinzelnansichtsseiten ein größerer Interaktions- und Präsentationsraum für die Vermittlung von umfassendem Leistungswissen eingebettet (3).

Entsprechend möglicher, beim Kunden bestehender Informations- und Wissensbedürfnisse (vgl. Abschnitt 3.4.1.3) gliedert die verwendete TabView diesen neu hinzugefügten Bereich in Lerninhalte zu Merkmalen und Funktionen sowie zum Einsatz und zur Anwendung der Leistung (1) (vgl. Abbildung 4-24).

Abbildung 4-24: Interaktions- und Präsentationsbereich auf Leistungseinzelansichtsseiten

Der Kunde hat so die Möglichkeit, relevante Lerninhalte gezielt anzusteuern (2). Ebenfalls können vom Kunden der Schwierigkeitsgrad, der im Beispiel auf Basis der Änderung in der Phase der Informationssuche bestimmt wurde (vgl. Abbildung 4-21, S. 119), und der verwendete Medientyp geändert werden (3).

4.5.4 Organisation des Lernens

Zur Organisation des Lernens wird dem Kunden auf allen Webshop-Seiten ein Bereich zur Verfügung gestellt, in dem er Lerninhalte sammeln sowie direkt ansteuern und abrufen kann. Dadurch können Inhalte zu einem späteren Zeitpunkt wiederholt und das Wissen gefestigt, je nach individuellen Informations- und Wissensbedürfnissen eigene Portfolios mit besonders relevanten Lerninhalten zu einer Leistungskategorie erstellt oder Inhalte für eine spätere Nutzung im Kaufprozess, z. B. für einen Vergleich verschiedener Leistungen, vorgemerkt werden.

Es können sowohl Lerninhalte, die in einem Pop-Objekt präsentiert werden (1), als auch Inhalte, die in einem eigenen Bereich auf der Webshop-Seite dargestellt werden (2), durch Drag&Drop auf den Bereich der Lerninhaltssammlung gezogen und zu dieser hinzugefügt werden (vgl. Abbildung 4-25).

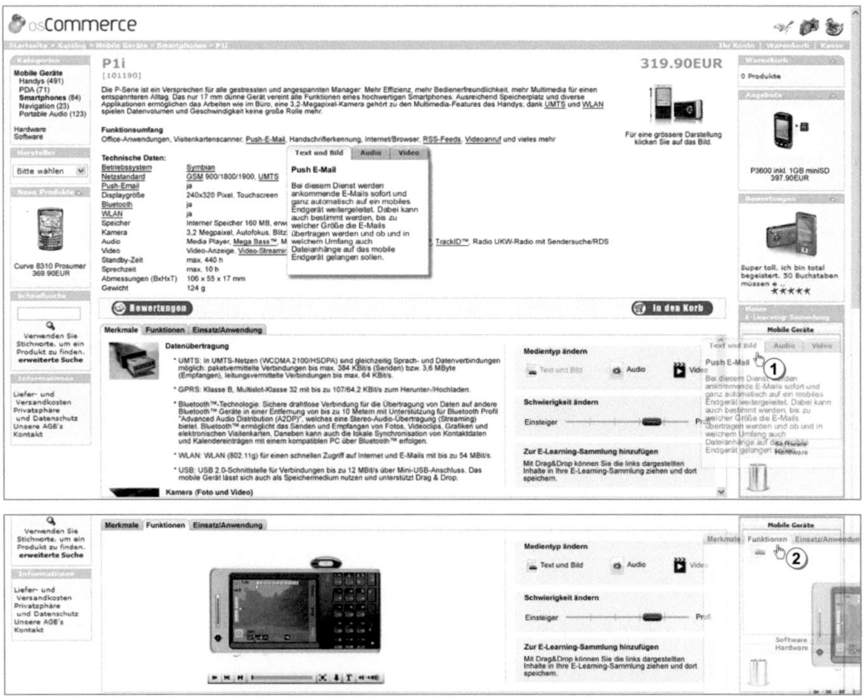

Abbildung 4-25: Sammlung von Lerninhalten

Während des Ziehens wird eine Geisterdarstellung des jeweiligen Elements verwendet. Beim Ablegen im Bereich wird die Sammlung um den aktuell dargestellten Lerninhalt im entsprechenden Medientyp und Schwierigkeitsgrad ergänzt.

Nach erfolgreichem Hinzufügen eines Lerninhalts wird ein Icon in der Inhaltssammlung dargestellt, das zum einen den vorliegenden Medientyp symbolisiert (1) und zum anderen einer Leistungskategorie zugeordnet ist (2) (vgl. Abbildung 4-26). Für Letzteres gliedert die AccordionView die Lerninhaltssammlung in die verschiedenen, im Webshop zu findenden Leistungskategorien, zu denen der Web-Service-Betreiber Lerninhalte anbietet (3). Überfährt der Kunde die Icons später mit der Maus, wird der aktuell angesteuerte Inhalt grafisch hervorgehoben und der Titel des Lerninhalts angezeigt (4).

Abbildung 4-26: Aufruf der Lerninhaltssammlung

Durch Anklicken eines Lerninhalte-Icons wird die Anzeigeoberfläche für die gesammelten Lernobjekte über einer abgedunkelten Webshop-Seite geöffnet (vgl. Abbildung 4-27, S. 124).

Der Sammlungsbereich umfasst zunächst eine Baumstruktur, die die Ober- und Subkategorien widerspiegelt, in die die Leistungen im Webshop eingeordnet werden (1). Daneben werden die gesammelten Lerninhalte zur aktuell aktivierten Kategorie angezeigt (2). Die durch Anklicken des Icons auf der Webshop-Seite (3) oder auf der Anzeigeoberfläche der aufgeschlagenen Lerninhaltssammlung ausgewählten Lerninhalte (4) werden im entsprechend symbolisierten Medientyp präsentiert (5). Der Kunde hat die Möglichkeit, das Lernobjekt in einem anderen Medientyp und ggf. auch Schwierigkeitsgrad anzufordern (6). Wie im Bereich auf der Webshop-Seite können auch in dieser Darstellung der Lerninhaltssammlung Lernobjekte aus der Sammlung entfernt werden, indem man sie auf das entsprechende Symbol zieht (7).

Alle vorgenommenen Änderungen in der Lerninhaltssammlung werden beim Kunden mithilfe des Webbrowsers in der `DocTree`-XML-Struktur dauerhaft gespeichert, so dass die Sammlung beim nächsten Besuch des Webshops wieder im zuletzt betrachteten Zustand zur Verfügung steht.

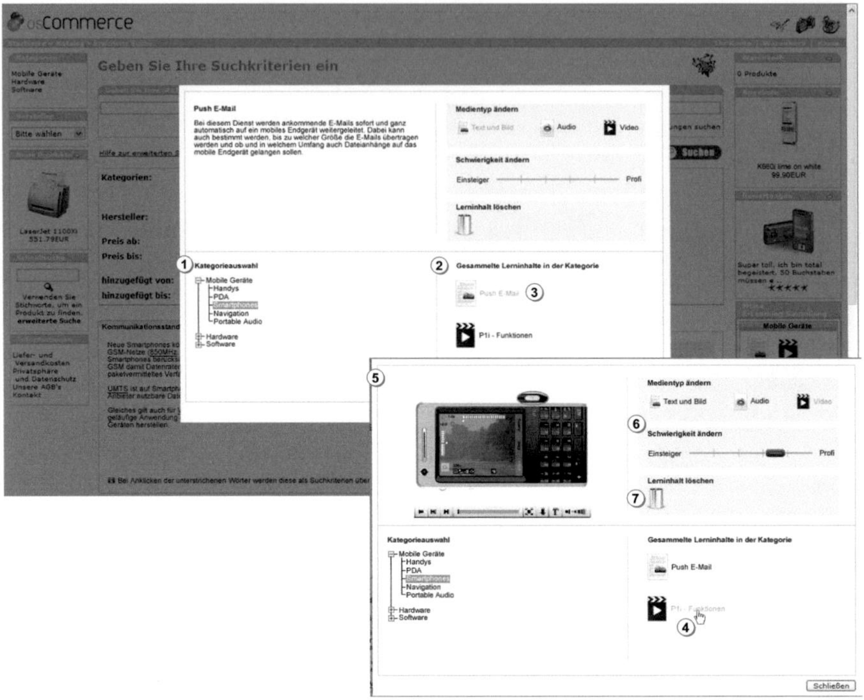

Abbildung 4-27: Anzeigebereich der aufgeschlagenen Lerninhaltssammlung

Neben einer Unterstützung des Kunden bei der zeitlichen Steuerung des Lernprozesses soll die Lerninhaltssammlung auch das Lernerlebnis und die Bindung an den Webshop verbessern. Die gesammelten Inhalte stehen dem Kunden als Nachschlagewerk auch noch nach dem Erwerb einer Leistung zur Verfügung und können im Rahmen eines geplanten Neukaufs oder ggf. auch der Verwendung der Leistung jederzeit wieder abgerufen werden. Für den Anbieter des CFEL-Web Service ergibt sich an dieser Stelle die Möglichkeit, auf weiterführende und vertiefende Minikurse, die über eine kundenorientierte Lernplattform bereitgestellt werden, zu verweisen.

Kapitel 5

Onsite-Anwendungssystem

5.1 Charakterisierung

Die Bereitstellung von kundenorientierten Lernangeboten vor Ort (onsite) in physischen Verkaufsumgebungen erweitert die Lernmöglichkeiten für Kunden und eröffnet zusätzliche Einsatzpotenziale für CFEL. Kundenorientiertes E-Learning ist nicht auf online-Angebote im Bereich des E-Commerce beschränkt, sondern kann auch über virtuelle Webshopumgebungen hinaus in der realen, authentischen Umgebung des traditionellen Handels Lernprozesse aktivieren und unterstützen. Mithilfe kontextsensitiver und mobiler Technologien können aktuelle Umweltzustände und individuelle Kundenaktivitäten in der physischen Verkaufsumgebung erfasst, lernrelevante Situationen erkannt und die reale Umgebung onsite um virtuelle Präsentations- und Interaktionsräume erweitert werden, in denen Lerninhalte bereitstehen.

Eine onsite-Bereitstellung von Lerninhalten ist insbesondere für Produkte relevant, die eine mittlere Erklärungsbedürftigkeit besitzen und bei denen die Kaufentscheidung vorwiegend direkt in der physischen Verkaufsumgebung getroffen wird (z. B. Produkte aus den Bereichen Heimelektronik, Bekleidung, Sport- und Freizeitartikel) [Robr06, S. 13]. Stark erklärungsbedürftige Produkte sind dafür weniger geeignet, da die Kaufentscheidung hier häufig mit einem ausgedehnten Erwerb von Informationen und Wissen v. a. auf Basis von online-Ressourcen außerhalb der Ladenumgebung verbunden ist [EIAA06; Robr06, S. 13].

Tabelle 5-1 gibt einen Überblick über die Eigenschaften (grau hervorgehobene Felder) des entwickelten onsite-Anwendungssystems.

Merkmal	Merkmalsausprägungen				
Lernsituationen					
Handlungsabsicht	kaufprozessbegleitendes Lernen	kaufprozessneutrales Lernen			
zeitlich	Problemerkenntnis	Informationssuche	Evaluation	Nachkaufphase	
räumlich	online	onsite			
Lerninhalte und Lernziele					
Lerngegenstand	Basiswissen	Leistungswissen	Anwendungswissen	Hintergrundwissen	
Inhaltsumfang	Microcontents	Lerneinheiten	Kurse		
Wissensform	deklaratives Wissen	prozedurales Wissen	Problemlösungswissen		
Lernzielpotenzial	Wissen, Verstehen	Anwenden	Problemlösen		
Struktur					
methodische Gestaltung	Just-in-Time-E-Learning	E-Training			
Individualisierung	Inhalte	Schwierig-keitsgrad	Medien	Lerndauer	Lernwege
Situierung	Erfassung von Umweltzuständen	Abbildung multipler Anwendungszus.	Einbettung der Lernumgebung	multiple Zugriffs- und Lernwege	
Organisation und Bereitstellung					
Lerndauer	vorgegebener Bearbeitungszeitraum	offener Bearbeitungszeitraum			
Medienzugang	Website	Webshop	Lernplattform	mobiles Endgerät	Terminal / Monitor

Tabelle 5-1: Eigenschaften des entwickelten onsite-Anwendungssystems

Zur Befriedigung von Informations- und Wissensbedürfnissen werden im Rahmen des onsite-Anwendungssystems Microcontents eingesetzt, die deklaratives Wissen beinhalten und auf die Erreichung einfacher Lernziele „Wissen und Verstehen" ausgerichtet sind. Bei der automatisierten Anpassung des Lernangebots haben Lerndauer, Lernwege und Schwierigkeitsgrad eine geringe Bedeutung. Vielmehr stehen die Auswahl und Bereitstellung geeigneter Lerninhalte und Medientypen im Vordergrund.

Durch eine Verknüpfung einzelner Orte in der realen Ladenumgebung mit virtuellen Interaktions- und Präsentationsräumen wird die Lernumgebung unmittelbar in das Umfeld der Wissensanwendung eingebettet. Darüber hinaus geben die in der Verkaufsumgebung erfassten Umweltzustände und Kundenaktivitäten Aufschluss über die aktuelle Situation eines Kunden und die bestehenden Informations- und Wissensbedürfnisse, so dass die Lerninhalte situationsspezifisch ausgewählt und bereitgestellt werden können. Der Zugriff auf die Lerninhalte erfolgt über mobile Endgeräte oder in der Ladenumgebung installierte Monitore sowie mit Eingabemöglichkeiten versehene Terminals. Dem Kunden werden so auch in realen, physischen Verkaufsumgebungen die richtigen Lerninhalte zur richtigen Zeit und am richtigen Ort zur Verfügung gestellt [Robr06, S. 2].

Kunden können dabei nur in Kaufprozessphasen unterstützt werden, die tatsächlich in der Ladenumgebung stattfinden. Für diese Phasen werden Möglichkeiten für eine umfangreiche Erfassung aktueller Umweltzustände und Kundenaktivitäten sowie zur onsite Distribution darauf abgestimmter Lerninhalte geschaffen. Im Rahmen von Kundenaktivitäten, die außerhalb der Ladenumgebung und in der Nachkaufphase auftreten, können Präsentations- und Interaktionsanwendungen teilweise weiter genutzt werden, die während des Aufenthalts in der Ladenumgebung an das mobile Endgerät übertragen wurden.

5.2 Konzept

5.2.1 Ortsbezogenheit der Informations- und Wissensbedürfnisse

Der aktuelle Aufenthaltsort des Kunden in der physischen Verkaufsumgebung spielt eine wesentliche Rolle bei der Beschreibung und Erkennung von Informations- und Wissensbedürfnissen [Schw06, S. 28f.]. Eine Verkaufsumgebung kann generell in verschiedene Funktions- und Warenzonen unterteilt werden [BiVo00, S. 55]. Diese räumlich abgrenzbaren Orte der Verkaufsumgebung werden von Kunden in bestimmten Phasen des Kaufprozesses betreten [Robr06, S. 13]. Sie sind dadurch mit spezifischen Kundenaktivitäten und daraus resultierenden Informations- und Wissensbedürfnissen verbunden, die an diesen Orten typischerweise auftreten [Schw06, S. 29].

Aus Sicht des Kunden können diese Orte in der Verkaufsumgebung auch als Informationsquellen, sog. Points-of-Information (POI), betrachtet werden, die der Kunde im Rahmen des Kaufprozesses aufsucht, um Kaufentscheidungen vorzubereiten und zu treffen [Meff79, S. 3; Robr06, S. 7]. Ein POI bedingt und kennzeichnet damit zum einen maßgeblich Informations- und Wissensbedürfnisse im Kaufprozess und wird zum anderen mit virtuellen Interaktions- und Präsentationsräumen verknüpft, in denen Lerninhalte zur Befriedigung dieser Bedürfnisse bereitstehen. Eine Verkaufsumgebung kann in folgende POI unterteilt werden [Schw06, S. 57ff.]:

- Der *Eingang* wird wie weitere sog. Kundenzonen (z. B. Gänge, Aufzüge, Rolltreppen) vom Kunden primär genutzt, um an die Orte zu gelangen, an denen Produkte begutachtet bzw. gekauft werden können. Dieser POI kann der Phase der Problemerkenntnis zugeordnet werden (vgl. Abbildung 5-1, S. 128).
- *Ausstellungsorte* entsprechen den Warenzonen für bestimmte Produktgruppen, die an fixen Verkaufsflächen (z. B. Regale, Ständer) oder beweglichen Sonderplatzierungsflächen (z. B. Rollständer, Paletten) präsentiert werden. An diesen POI befindet sich der Kunde teilweise noch in der Phase der Problemerkenntnis, v. a. aber in der Phase der Informationssuche. Unter Umständen findet neben der Vorauswahl auch bereits die Evaluation durch einen ersten Vergleich von Alternativen statt.

- *Entscheidungsorte* (z. B. Umkleidekabinen und Freiflächen vor einem Spiegel im Textileinzelhandel) liegen i. d. R. etwas abseits des Kundenstroms und sind ggf. sogar von der Ausstellungsfläche abgetrennte Orte, an denen eine Beratung zu den Produkten erfolgt und bereits ausgewählte Alternativen abgewogen werden, um eine Kaufentscheidung zu treffen. Diese POI werden in der Phase der Evaluation aufgesucht.
- Der *Ausgang* entspricht einer sonstigen Ladenzone, die mit einem abgebrochenen Kaufprozess oder abgeschlossenen Kauf verbunden ist. Für CFEL sind an diesen POI insbesondere solche Informations- und Wissensbedürfnisse bedeutend, die nach einem Kaufakt auftreten. Dieser POI wird deshalb der Nachkaufphase zugeordnet. Teilweise können Eingang und Ausgang in einer Ladenumgebung räumlich nicht klar voneinander getrennt sein, so dass die *Kasse* als POI, der einen abgeschlossenen Kauf kennzeichnet, gewählt werden muss.

Abbildung 5-1 gibt einen Überblick über die Zuordnung der POI zu einzelnen Kaufprozessphasen sowie Informations- und Wissensbedürfnisse im Textileinzelhandel, die mit dem Aufenthalt eines Kunden am POI verbunden sind [Schw06, S. 80ff.].

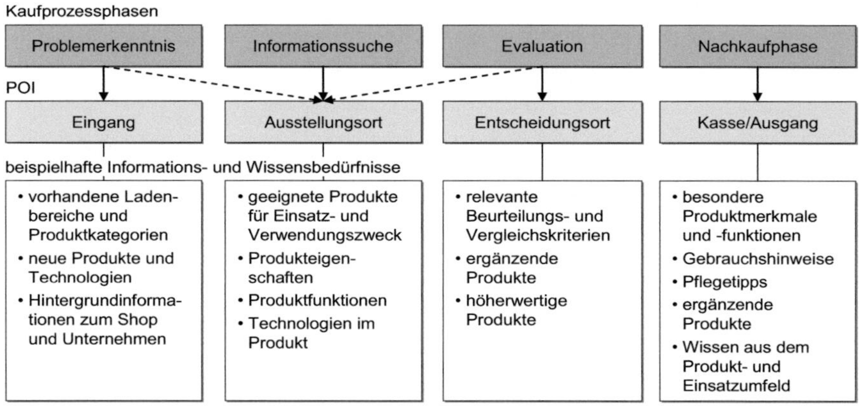

Abbildung 5-1: Ortsbezogene Informations- und Wissensbedürfnisse im Textileinzelhandel

5.2.2 Spezifikation und Erkennung von lernrelevanten Situationen

Neben dem aktuellen Aufenthaltsort werden weitere Kontextinformationen verwendet, um auf situationsspezifische Informations- und Wissensbedürfnisse des Kunden zu schließen und die Bereitstellung von Lerninhalten zu steuern. Anhand verschiedener Informationen zum externen und internen Kontext werden Situationen spezifiziert und erkannt, die während des Kaufprozesses auftreten und zu Informations- und Wissensbedürfnissen führen.

Grundlage dafür ist die Erkenntnis, dass aus extern beobachtbaren Aktivitäten des Kunden und aus Zuständen seiner Umwelt (externer Kontext) auf innere kognitive, affektive und konative Zustände und Aktivitäten des Kunden (interner Kontext) und damit auf seine Informations- und Wissensbedürfnisse geschlossen werden kann [Scho98, S. 16ff.; Robr06, S. 5f.] (vgl. Abbildung 5-2). Dadurch ist es dem CFEL-Anwendungssystem möglich, über beobachtbare Kundenaktivitäten und Umweltzustände vorab spezifizierte „Referenzsituationen" und daraus resultierende Informations- und Wissensbedürfnisse zu erkennen und durch die Bereitstellung geeigneter Lerninhalte darauf zu reagieren [Robr06, S. 6].

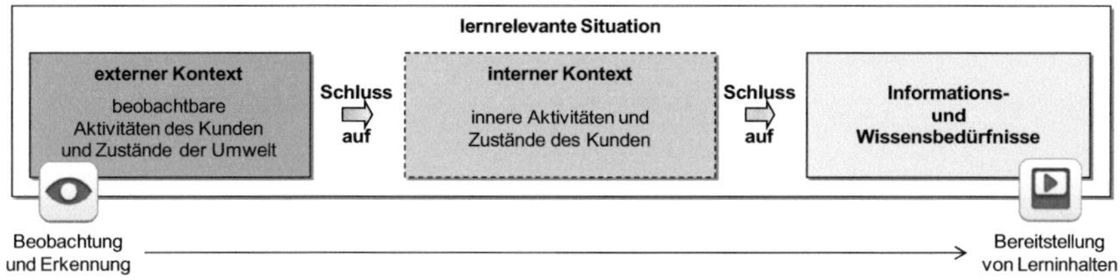

Abbildung 5-2: Grundlage für die Verwendung von Situationen

Informationen zum externen Kontext sind einerseits direkt beobachtbare Parameter (z. B. aktuelle Zeit, identifizierbare Produkte und Kunden an einem POI). Andererseits werden Informationen herangezogen, die sich aus einer weitergehenden Interpretation direkt beobachtbarer Parameter (z. B. Aufenthaltsdauer am POI, Produktbewegungen durch den Kunden) und deren Anreicherung mit sekundären, gespeicherten Informationen (z. B. Produkteigenschaften) ergeben.

Grundsätzlich verhalten sich verschiedene Kunden ähnlich und haben ähnliche Bedürfnisse, wenn derselbe externe Kontext vorliegt und sie sich somit in gleichartigen Kaufsituationen befinden [Kuss87, S. 137]. Daher ist eine Verwendung von Informationen zum externen Kontext ein robuster Ansatz, um von beobachtbaren Kundenaktivitäten und Umweltzuständen auf gewöhnlich auftretende Informations- und Wissensbedürfnisse zu schließen. Der Einbezug von Kundenparametern (z. B. Interesse für ein Produkt oder eine Produktkategorie) macht es zusätzlich möglich, innere Aktivitäten und Zustände des Kunden und damit sein Informations- und Wissensbedürfnis zu konkretisieren [Robr06, S. 5].

Das Kontextmodell in Abbildung 5-3 gibt einen Überblick über die im CFEL-Anwendungssystem verwendeten Kontextparameter, ihre Beziehungen untereinander sowie zur Situation. Zwischen den Modellelementen bestehen einfache Beziehungen (*Assoziation*), Beziehungen zwischen einer speziellen (Linie) und einer generellen (Pfeil) Ausprägung (*Spezialisierung / Generalisierung*) sowie Beziehungen zwischen einem Teil (Linie) und einem aus Teilen zusammengesetzten Ganzen (Raute, *Aggregation*).

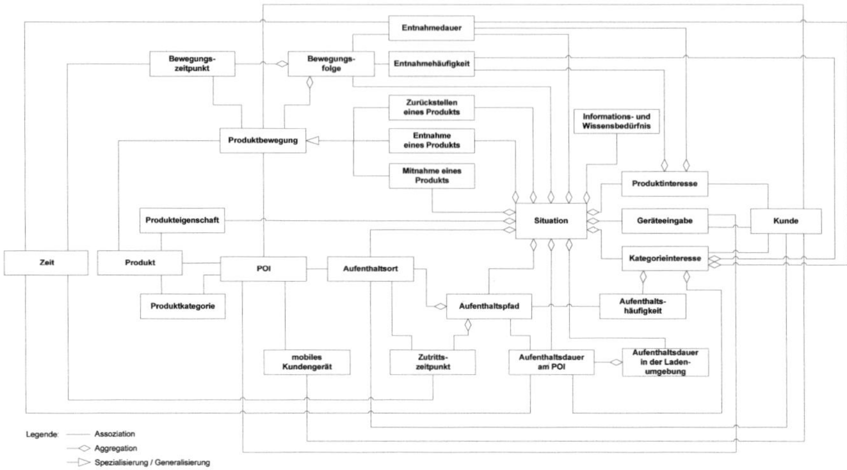

Abbildung 5-3: Kontextmodell

Die Situation im Mittelpunkt des Modells fasst als Eintrittsbedingungen die in Tabelle 5-2 aufgeführten Kontextparameter und als Folge ein Informations- und Wissensbedürfnis zusammen.

Kontextparameter	Werte	Bedeutung für die Situation
Aufenthaltsort	Eingang Ausstellungsort 1…n * Entscheidungsort 1…n Ausgang	aktuell mögliche Aktivitäten im Kaufprozess, (*ausgestellte Produktkategorien)
Aufenthaltspfad	geordnete Folge aus Eingang Ausstellungsort 1…n Entscheidungsort 1…n mit 2-10 Werten	Stand und potenzielle Nachfolgeaktivität im Kaufprozess
Aufenthaltsdauer am POI	1…10 Minuten in Schritten von 10 Sekunden 11…30 Minuten in Schritten von 1 Minute	Ausmaß der aktuellen Aktivität im Kaufprozess, (*Ausmaß der aktuellen Auseinandersetzung mit einer Produktkategorie)
Aufenthaltsdauer in der Laden-umgebung	10 Minuten…1 Stunde in Schritten von 1 Minute 1…2 Stunden in Schritten von 10 Minuten	Ausmaß der aktuellen Kaufentscheidung
Produktinteresse	0…1	Involvement für ein Produkt
Kategorieinteresse	0…1	Involvement für eine Produktkategorie

Kontextparameter	Werte	Bedeutung für die Situation
Geräteeingabe	Favorites	aktuelle Auseinandersetzung mit einem Produkt, Stand und potenzielle Nachfolgeaktivität im Kaufprozess
	iDemands	
	Evaluation	
Entnahme eines Produkts	wahr	aktuelle Auseinandersetzung mit einem Produkt
	falsch	
Entnahmedauer	1…10 Minuten in Schritten von 10 Sekunden	Ausmaß der aktuellen Auseinandersetzung mit einem Produkt
	11…30 Minuten in Schritten von 1 Minute	
Mitnahme eines Produkts	wahr	Kaufintension
	falsch	
Zurückstellen eines Produkts	wahr	fehlendes Verständnis der Produktmerkmale
	falsch	
Bewegungsfolge	geordnete Folge aus Entnahme Mitnahme Zurückstellen mit 2-10 Werten	Stand und potenzielle Nachfolgeaktivität im Kaufprozess, Entscheidungsalternativen, Problemlösungsbündel, Anzahl entnommener Produkte, Anzahl mitgeführter Produkte
Produkteigenschaft	Paar aus Eigenschaft Ausprägung	erklärungsbedürftiges Produktmerkmal

Tabelle 5-2: Kontextparameter zur Spezifikation von Situationen

Die Spezifikation von lernrelevanten Situationen erfolgt zur Designzeit während der Konfiguration des Systems (vgl. Abbildung 5-4, S. 132). Dazu werden in einem ersten Schritt auf Basis von Theorien zum Kaufverhalten und empirischen Untersuchungen lernrelevante Situationen im Kaufprozess einschließlich der zugehörigen Kontextparameter(-werte) und Informations- und Wissensbedürfnisse bestimmt. In einem zweiten Schritt werden Situationen im System definiert sowie Kontextparameter und entsprechende Parameterwerte zugeordnet. In einem letzten Schritt wird die Situation mit dem auftretenden Informations- und Wissensbedürfnis verknüpft.

Die Erkennung einer spezifizierten Situation findet zur Laufzeit des Anwendungssystems statt. Dabei werden zunächst mithilfe kontextsensitiver Technologien beobachtbare Parameter in regelmäßigen Abständen erfasst (vgl. Abschnitte 5.2.3, 5.4.1). In einem zweiten Schritt erfolgt eine Interpretation und Anreicherung der erfassten Parameter (vgl. Abschnitte 5.4.2.1, 5.4.2.2). Das Eintreten bestimmter Zustandsänderungen in der Umwelt (z. B. Produkt befindet sich nicht mehr am Austellungsplatz) und / oder Kundenaktivitäten (z. B. Wechsel des Aufenthaltsorts) löst in einem weiteren Schritt eine Suche nach zugehörigen Situationsdefinitionen aus (vgl. Abschnitt 5.4.2.3). Liegen alle einer Situationsdefinition zugeordneten Kontextparameter vor, kann in einem letzten Schritt das festgehaltene Informations- und Wissensbedürfnis abgeleitet werden und eine Reaktion des Systems erfolgen (vgl. Abschnitte 5.4.2.3, 5.4.3).

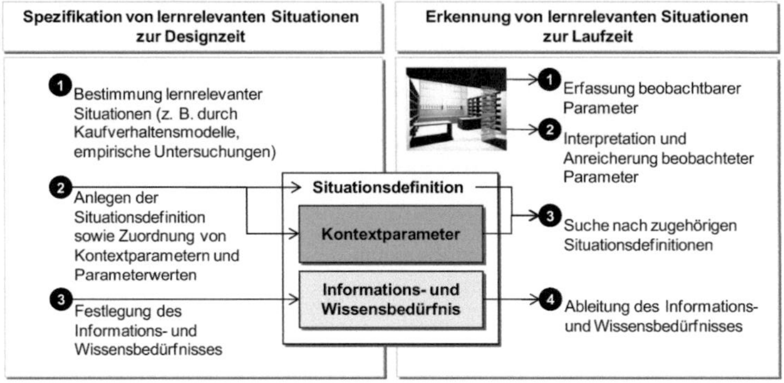

Abbildung 5-4: Vorgehen bei der Spezifikation und Erkennung von Situationen

5.2.3 Technologien zur Kontexterfassung, Interaktion und Präsentation

5.2.3.1 Integration von Technologien in die Verkaufsumgebung

In die physische Verkaufsumgebung müssen IuK-Medien und -Technologien integriert werden, um Kontextinformation erfassen und das reale Umfeld mit virtuellen Präsentations- und Interaktionsräumen versehen zu können. Dazu werden zum einen verschiedene Clients an den einzelnen POI positioniert und zum anderen ein zentraler Server verwendet, der mit allen Clients über ein Netzwerk verbunden ist (vgl. Abbildung 5-5).

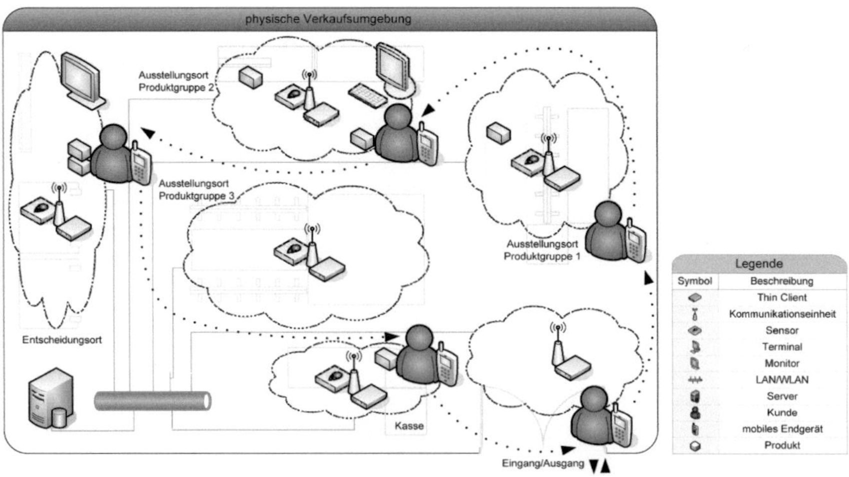

Abbildung 5-5: IuK-Medien und -Technologien in physischen Verkaufsumgebungen

Die dezentralen Clients decken jeweils einen spezifischen POI ab und haben dabei die Aufgabe, an den POI Informationen zum externen Kontext zu erfassen, direkt am aktuellen Aufenthaltsort des Kunden Präsentations- und Interaktionsräume bereitzustellen und die virtuellen Räume mit situationsspezifischen Lerninhalten zu füllen. Sie verfügen stets über einen sog. Thin Client als Rechnereinheit, dessen funktionale Ausstattung auf Dateneingabe und -ausgabe ausgelegt ist und keine umfangreiche Speicherung und Weiterverarbeitung vorsieht [StRi03, S. 106]. Daneben ermöglicht eine Kommunikationseinheit die Adhoc-Vernetzung mit mobilen Endgeräten und damit die Erfassung und Erkennung von Kunden am POI.

Ergänzend kommen insbesondere an den POI „Ausstellungsort" und „Entscheidungsort" Sensoren zum Einsatz, über die eine Erfassung von Produkten erfolgt, mit denen sich der Kunde aktuell auseinandersetzt. Dies beinhaltet v. a. das Erkennen von Produktbewegungen am POI (z. B. die Entnahme aus Regalen) und von Produkten, die vom Kunden von einem POI zum anderen mitgeführt werden (z. B. vom Ausstellungsort zum Entscheidungsort „Umkleidekabine"). Weiterhin können Clients mit Monitoren und Terminalapplikationen inklusive Eingabeperipherie ausgestattet sein. Diese bieten eine Alternative zur Präsentation und Interaktion über das mobile Endgerät des Kunden und ermöglichen eine flexible Auswahl von Medien und Darbietungsformen entsprechend der Situation und Präferenzen des Kunden.

Der Server stellt die zentrale Funktionalität und die Applikationslogik des Anwendungssystems zur Verfügung. Er übernimmt v. a. Aufgaben wie das Zusammenführen der über die Clients erfassten Kontextinformationen, die Gewinnung temporärer Bewegungsprofile und längerfristiger Kundenprofile, die Verarbeitung der Kontextinformationen und Interpretation von Situationen sowie die situationsspezifische Auswahl relevanter Lerninhalte. Aktuell auszugebende Lerninhalte werden situationsabhängig an die Clients übertragen und von diesen präsentiert bzw. an die mobilen Endgeräte der Kunden distribuiert. Darüber hinaus ist der Server auch für die Verwaltung der in der Verkaufsumgebung installierten Clients zuständig.

Die aufgezeigte Client-Server-Architektur bietet generell den Vorteil, dass die Applikationslogik des Anwendungssystems sowie die Lerninhalte einfach gewartet und aktualisiert werden können [Yan+02, S. 1]. Insbesondere ermöglicht sie aber (auch im Nachhinein) eine Variation der Anzahl der verwendeten Clients sowie eine flexible Positionierung der Clients und damit auch der POI in der Ladenumgebung. Da sich das Layout einer Ladenumgebung, z. B. saisonal bedingt, häufig ändern kann, ist dies von besonderer Bedeutung. Die Verwendung einzelner Clients erlaubt darüber hinaus eine sog. semantische Bestimmung von Kunden- und Produktpositionen in der Ladenumgebung, die sich an der Bedeutung der Position (z. B. Kunde befindet sich in der Nähe eines bestimmten POI) orientiert (vgl. Abschnitte 5.2.3.2, 5.2.3.3). Bei der Veränderung eines POI in der Verkaufsumgebung kann der zugeordnete Client neu positioniert werden, ohne Anpassungen am System vornehmen zu müssen. Werden neue POI festgelegt oder vorhandene entfernt, können die entsprechenden Clients einfach installiert oder deinstalliert werden. Die Konfiguration aller Clients wird mit dem Start des Systems automatisch durch den Server zur Laufzeit vorgenommen (vgl. Abschnitt 5.3.2.1).

5.2.3.2 Bluetooth

Die Erfassung und Identifizierung von Kunden in der Nähe eines POI sowie verschiedene Kundeninteraktionen und Lerninhaltspräsentationen erfolgen über mobile Endgeräte der Kunden, die üblicherweise mitgeführt und vorwiegend persönlich genutzt werden. Dazu zählen v. a. Mobiltelefone, Smartphones und PDAs.

Als zugrunde liegende Technologie ist insbesondere Bluetooth geeignet. Zum einen ist diese Technologie weit verbreitet und verfügbar [HaSS07, S. 3; BSIG08a]. Zum anderen erfüllt Bluetooth die besonderen Anforderungen, die sich im Rahmen der aufgezeigten Integration von IuK-Medien und -Technologien in die Verkaufsumgebung ergeben (vgl. Abschnitt 5.2.3.1).

Bluetooth ermöglicht eine einfache und direkte Bestimmung der Kundenposition auf Basis des sog. Proximity Location Sensing. Hier wird nicht die absolute Position des Kunden in der Verkaufsumgebung, z. B. über Längen- und Breitengrade, betrachtet, sondern die relative Position bzgl. eines bestimmten POI [Sche05, S. 12, 55]. Dadurch entfällt eine aufwändige Ermittlung absoluter Positionsdaten. Dies wäre insbesondere bei einer Veränderung des Layouts der Ladenumgebung problematisch, da auch die hinterlegten Positionsdaten der POI aktualisiert werden müssten (vgl. Abschnitt 5.2.3.1).

Die Ausrichtung von Bluetooth auf Personal Area Networks (PAN) und eine damit einhergehende geringe Reichweite, insbesondere der weit verbreiteten Geräte der Klassen 2 und 3 (ca. 10-25 Meter), bieten die Möglichkeit, das Cell-of-Origin(COO)-Verfahren zur Lokalisierung der Kunden zu nutzen. Beim COO-Verfahren wird der gesamte Erfassungsbereich in einzelne Zellen mit spezifischen Cell-IDs unterteilt, in denen sich jeweils ein Sender befindet, dessen Reichweite Form und Umfang einer Zelle festlegt [Roth02, S. 250; Sche05, S. 12]. Diese Zellen decken in der Verkaufsumgebung jeweils einen POI ab, wobei als Sender eine an den POI-Clients fest installierte Bluetooth-Kommunikationseinheit genutzt wird (vgl. Abschnitt 5.2.3.1). Als COO wird die Zelle bezeichnet, zu deren Sender sich ein mobiles Endgerät aktuell in Empfangsreichweite befindet [Roth02, S. 250]. Anhand der ID dieser Zelle kann bestimmt werden, in der Nähe welches POI sich ein Kunde aktuell aufhält.

Die Genauigkeit des Verfahrens hängt von der Zellgröße bzw. der Reichweite der verwendeten Sender ab. Die Auflösung von ca. 10-25 Metern bei Bluetooth kann über eine zusätzliche Messung der Stärke des vom mobilen Endgerät empfangenen Signals weiter erhöht werden. Die gemessene Signalstärke wird dabei zur Berechnung der Distanz des Endgeräts zum Sender herangezogen [Sche05, S. 17]. Bluetooth bietet durch den Received

Signal Strength Indicator (RSSI) die Möglichkeit, die Signalsstärke direkt abzufragen. Unter Einbezug des RSSI-Wertes kann festgestellt werden, ob sich der Kunde in einem Umkreis von ca. zwei Metern zum Sender aufhält [Schn07, S. 29; Kin+06, S. 16]. Dadurch ist sichergestellt, dass sich der Kunde in unmittelbarer Nähe des POI befindet. Ebenfalls wird bei einer eventuellen Überschneidung der Zellen in der Verkaufsumgebung eine eindeutige Zuordnung des Kunden zu einem POI möglich.

Zur Kundenidentifizierung, -interaktion und Präsentation von Lerninhalten können sog. Bluetooth-Profile genutzt werden. In Bluetooth-Profilen sind über standardisierte Schnittstellen ansprechbare Funktionen und Dienste enthalten (z. B. Inquiry - Suche nach Bluetooth-fähigen Geräten in Reichweite des Senders), die in Bluetooth für einen bestimmten Einsatz der Technologie (z. B. Übertragung von Dateien) vorgesehen sind [Kasp06, S. 56f.]. Mit den im Bluetooth-Standard spezifizierten Profilen soll die Interoperabilität zwischen verschiedenen Endgeräten und eine einheitliche Verwendung der Technologie in häufig auftretenden Einsatzbereichen sichergestellt werden [BSIG08b].

Die für die Kundenidentifizierung, -interaktion und Präsentation von Lerninhalten relevanten Bluetooth-Profile sind in Tabelle 5-3 aufgeführt [BSIG08b].

Profil	Einsatz	Identifizierung	Interaktion, Präsentation
Generic Access Profile (GAP)	Zugriffsteuerung	Abfrage der Bluetooth Device Address (BDA)	Authentifizierung für den Aufbau von Netzwerkverbindungen
File Transfer Profile (FTP)	Übertragung von Dateien		proaktive Übertragung multimedialer Lerninhalte
Personal Area Networking Profile (PAN)	Netzwerkverbindungen		Datenaustausch mit mobilen Applikationen zur Präsentation von Lerninhalten

Tabelle 5-3: Bluetooth-Profile zur Kundenidentifizierung, -interaktion und Präsentation von Lerninhalten

Im Hinblick auf Kundeninteraktionen stehen durch den Einsatz von Bluetooth insbesondere Möglichkeiten zur proaktiven Übertragung multimedialer Inhalte, z. B. von Grafiken, Bilder, Audio- und Videodateien, zur Verfügung. Für eine darüber hinausgehende interaktive Präsentation von Lerninhalten und die Bereitstellung einer entsprechenden Benutzeroberfläche für CFEL wird eine FlashLite-Applikation verwendet (vgl. Abschnitt 5.2.3.4). Diese Applikation wird mithilfe des Bluetooth-Profils FTP an die mobilen Endgeräte der Kunden übertragen und nutzt danach das PAN-Profil, um Lerninhalte abzurufen, dynamisch in Applikationen auf dem mobilen Endgerät einzubinden und Daten zur Kundeninteraktion mit dem onsite-Anwendungssystem auszutauschen (vgl. Abschnitt 5.3.1).

5.2.3.3 RFID

Radio Frequency Identification (RFID) ist eine sog. Auto-ID-Technologie, die eine automatisierte Identifikation von Objekten ermöglicht [GiHa07, S. 1, 8f.]. Ein wesentliches Einsatzgebiet von RFID ist die Identifikation von Produkten in Echtzeit und das Verfolgen von Produktbewegungen auf Basis von Identifikationsereignissen (z. B. Zeit und Ort des Eintreffens bzw. Entnehmens von Artikeln) [GiHa07, S. 8, 15f.]. Gegenüber anderen Auto-ID-Technologien bietet RFID den Vorteil, dass einzelne Produkte berührungslos und ohne direkten Sichtkontakt über mehrere Meter hinweg identifiziert werden können [EnLa06, S. 61].

Realisiert wird die Produktidentifikation und -verfolgung über ein Lesegerät (Reader), das als Sensoreinheit mit den an den POI positionierten Clients verbunden ist, und einen Transponder, der an dem zu identifizierenden Produkt angebracht ist [Fink06, S. 7f.]. Der Transponder wird auch als Tag bezeichnet, da er neben Komponenten zur Erfassung, Verarbeitung und Beantwortung von Funk-Signalen ebenfalls eine Speichereinheit mit Informationen zur Produktidentifikation besitzt [GiHa07, S. 148; Sche05, S. 23]. Zum Auslesen der Informationen eines RFID-Tags müssen Transponder und Lesegerät gekoppelt werden. Dies erfolgt automatisch, i. d. R. auf Basis elektromagnetischer Felder, wenn sich ein Tag in Reichweite eines Lesegeräts befindet [GiHa07, S. 145f.; Sche05, S. 23]. Über Lesegeräte, die fest am Client, an Regalen oder anderen relevanten Ladeneinbauten eines POI installiert sind, lassen sich so innerhalb der Reichweite des Lesegeräts ausgestellte, vom Kunden aus dem Lesebereich entnommene und in den Lesebereich neu eingebrachte Produkte einschließlich Zeit und Ort dieser Ereignisse identifizieren (vgl. Abschnitt 5.2.3.1).

Es existieren unterschiedliche RFID-Varianten, die verschiedene Frequenzen zur Funkübertragung nutzen und spezifische Merkmale aufweisen, die den Anforderungen des jeweiligen Einsatzszenarios entsprechen müssen [GiHa07, S. 145]. Für die Verwendung von RFID im Rahmen des onsite-Anwendungssystems ist hauptsächlich die High-Frequency(HF)-Variante geeignet. Die HF-Variante besitzt zum einen eine sog. Bulk-Lesefähigkeit und unterstützt durch Antikollisionsverfahren das gleichzeitige Auslesen mehrerer Transponder [EnLa06, S. 61]. Diese Fähigkeit ist für eine kontinuierliche Erfassung aller in einem Regal oder am POI ausgestellten Produkte, darauf zurückzuführende Produktentnahmen und die Berücksichtigung mehrerer, vom Kunden mitgeführter Produkte von besonderer Bedeutung (vgl. Abschnitt 5.4.1.2). Zum anderen kommen bei dieser Variante passive Tags zum Einsatz, die ihre Energie für die Übertragung von Informationen aus dem elektromagnetischen Feld beziehen, das vom Lesegerät aufgebaut wird [Fink06, S. 23f.]. Sie sind kleiner und kostengünstiger als aktive Tags mit eigener Stromversorgung und können als sog. Smart Tags an der Rückseite von Produktetiketten aufgebracht oder auf Produktverpackungen aufgeklebt werden [GiHa07, S. 146, 150]. HF-Tags werden hauptsächlich für den Einsatz von RFID auf der Ebene einzelner Artikel im Handel verwendet [GiHa07, S. 146]. Sie besitzen zwar eine geringere Reichweite als passive UHF-Tags, weisen aber eine höhere Durchdringung von Wasser auf und sind damit weniger störanfällig, wenn sich eine größere Anzahl von Kunden in der Ladenumgebung befindet [Schn07, S. 31]. Die Reichweite der HF-Variante von ca. einem Meter bietet eine geeignete Auflösung für die Erfassung von Produktentnahmen sowie die Positionsbestimmung von Produkten und Zuordnung von Produkten zu Kunden (vgl. Abschnitt 5.2.3.2).

5.2.3.4 FlashLite

Da Präsentationen und Interaktionen über die Kunden-eigenen Endgeräte stattfinden, kann keine spezifische Zielplattform für die mobile Applikation bestimmt werden. Daher ist eine plattformunabhängige Realisierung von großer Bedeutung. Plattformunabhängige Technologien verfügen über eine Programmiersprache und verschiedene Programmierschnittstellen, um Dienste und Funktionalitäten unterschiedlicher Betriebssysteme und Endgeräte einheitlich anzusprechen. Eine zugehörige Laufzeitumgebung, die auf dem mobilen Endgerät vorhanden ist, stellt eine zusätzliche Softwareschicht zwischen der mobilen Applikation und dem Betriebssystem zur Verfügung. Zur Laufzeit der mobilen Applikation überführt die Laufzeitumgebung alle betriebsunabhängigen Applikationsaufrufe in native Systemaufrufe.

Als plattformunabhängige Technologie für mobile Applikationen eignet sich insbesondere FlashLite. Die zugehörige Laufzeitumgebung (FlashLite-Player) ist bereits auf über 500 Millionen mobilen Endgeräten vorinstalliert [Adob08a]. Darüber hinaus kann zusammen mit der Auslieferung einer FlashLite-Applikation teilweise auch eine sog. Over-the-Air(OTA)-Distribution der Laufzeitumgebung erfolgen, bei der der Download des benötigten FlashLite-Players automatisch beim Aufruf der Applikation angestoßen wird [Adob08b]. Die Realisierung der mobilen Applikation ist in FlashLite ab der Version 2.0 möglich, mit der notwendige Funktionalitäten zur Verarbeitung von XML-Dokumenten, zum Einbinden von Videoströmen sowie zum Speichern von Nutzungs- und Zustandsdaten auf dem mobilen Endgerät zur Verfügung stehen.

Für die Präsentation von Lerninhalten bietet FlashLite u. a. Animationsfunktionalitäten und ermöglicht das einfache Einbinden von Audio- und Videoströmen. Darüber hinaus können auch interaktive Applikationen und Animationen an webbasierte Kundenschnittstellen, die häufig bereits auf Basis von Flash realisiert sind, angepasst bzw. parallel sowohl für Desktop-Systeme als auch für mobile Endgeräte erstellt und kompiliert werden.

5.3 Systemarchitektur

5.3.1 Überblick

Ein Überblick über die Architektur der prototypischen Implementierung ist in Abbildung 5-6 dargestellt. Das Gesamtsystem unterteilt sich in einen Server sowie verschiedene stationäre und mobile Clients.

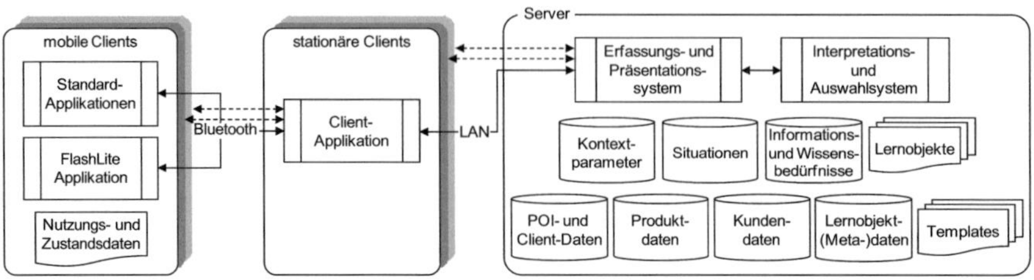

Abbildung 5-6: Systemarchitektur des onsite-Anwendungssystems

Die stationären Clients sind an den verschiedenen POI in der Ladenumgebung installiert. Zu ihren wesentlichen Aufgaben zählen die Erfassung von direkt beobachtbaren Informationen zum externen Kontext, die Übermittlung dieser Informationen an den verarbeitenden Server sowie die Präsentation und Distribution der vom Server erhaltenen Lerninhalte (vgl. Abschnitt 5.3.2.1). Die stationären Clients sind dazu mit einem Bluetooth-Adapter und ggf. mit RFID-Lese- sowie Audio- / Videopräsentationsgeräten ausgestattet. Zum einen kommunizieren sie zur Erfassung von Kontextinformationen sowie zur Präsentation von Inhalten und Kundeninteraktion mit mobilen Clients auf Basis von Bluetooth. Zum anderen findet die Übermittlung erfasster Kontextinformationen an den Server und die Entgegennahme von auszugebenden Inhalten ereignisbasiert über LAN statt (vgl. Abschnitt 5.3.4).

Die mobilen Clients befinden sich auf den von Kunden mitgeführten Endgeräten. Sie dienen v. a. der Präsentation von Lerninhalten und der Interaktion mit dem Kunden. Dazu werden zum einen Applikationen genutzt, die standardmäßig auf mobilen Endgeräten vorhanden sind (z. B. Media-Player, Webbrowser). Zum anderen wird eine spezielle Präsentations- und Interaktionsapplikation auf Basis von FlashLite verwendet, die eine an die lernrelevante Situation angepasste Kundenschnittstelle bereitstellt (vgl. Abschnitte 5.2.3.4, 5.3.2.2). Die FlashLite-Applikation ermöglicht eine textbasierte Speicherung von Nutzungs- und Zustandsdaten auf dem mobilen Endgerät und kann dadurch auch außerhalb der Ladenumgebung genutzt werden. Bei einem erneuten Besuch der Ladenumgebung werden ggf. geänderte Daten über Bluetooth an die stationären Clients übertragen. Daneben empfängt die mobile Applikation über Bluetooth Präsentationsinhalte von stationären Clients (vgl. Abschnitt 5.2.3.2).

Die Serverapplikation ist in zwei Subsysteme gegliedert. Das Erfassungs- und Präsentationssystem kapselt Komponenten, die die Verwaltung und Steuerung der stationären Clients, die Aggregation und Aufbereitung von Rohdaten zum externen Kontext sowie die Steuerung der auf den stationären und mobilen Clients auszugebenden Inhalte zur Aufgabe haben (vgl. Abschnitt 5.3.3.1). Dieses Subsystem kommuniziert ereignisbasiert mit dem Interpretations- und Auswahlsystem (vgl. Abschnitt 5.3.4). Dabei werden hauptsächlich Nachrichten zu erfassten Kontextinformationen und auszugebenden Lerninhalten ausgetauscht. Das Interpretations- und Auswahlsystem umfasst Komponenten zur logischen Weiterverarbeitung der Kontextinformationen, Spezifikation und Erkennung von Situationen sowie zur situationsspezifischen Auswahl relevanter Lerninhalte (vgl. Abschnitt 5.3.3.2). Der Server verfügt weiterhin über ein Datenbanksystem, in dem Kontextparameter, Situationsdefinitionen, Informations- und Wissensbedürfnisse, Lernobjekt(Meta-)daten, Kundendaten, Produktdaten sowie POI-Daten und Daten zur Clientverwaltung gespeichert werden (vgl. Abschnitt 5.3.5). Darüber hinaus werden in einem Dateisystem die Lernobjekte sowie Templates für deren Formatierung und Präsentation vorgehalten.

5.3.2 Clients

5.3.2.1 Stationäre Clients

In Abbildung 5-7 sind die Softwarekomponenten der stationären Clients dargestellt. Die Verwaltungskomponente der stationären Clients (`ClientController`) stellt Konfigurationsparameter für alle Komponenten bereit, die am Client installierte Sensoren oder Präsentationsgeräte ansteuern. Die notwendigen Konfigurationsinformationen werden dabei zentral auf dem Server vorgehalten und dem `ClientController` bei der Initialisierung des Systems übergeben. Dadurch ist zum einen eine einheitliche Initialisierung sowie zentrale Wartung und Aktualisierung aller vorhandenen Clients möglich. Zum anderen werden je nach vorgesehenen POI und technischer Ausstattung eines Clients nur die jeweils notwendigen Komponenten geladen (vgl. Abschnitt 5.2.3.1). Die Hardware-Ausstattung der Clients kann jederzeit verändert und die entsprechenden Informationen dazu in der `ClientManager`-Komponente des Servers aktualisiert werden (vgl. Abschnitt 5.3.3.1).

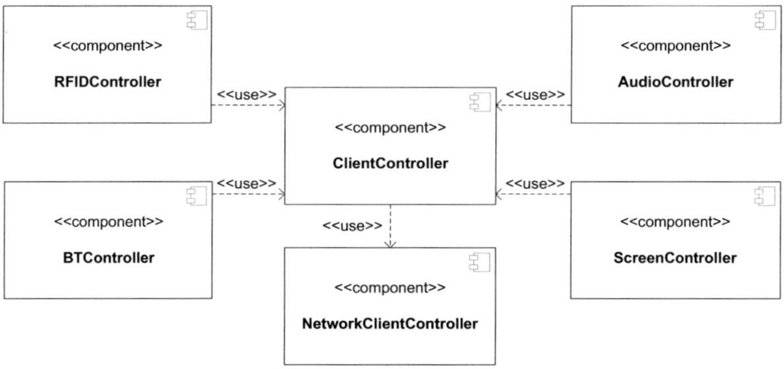

Abbildung 5-7: Komponenten der stationären Clients

Die Netzwerkkomponente der Clients (`NetworkClientController`) dient der Kommunikation mit dem Server. Sie wird über den `ClientController` von anderen Komponenten eines Clients beauftragt, Ereignisse an den Server weiterzuleiten und verteilt empfangene Ereignisse an sog. Listener der lokalen Komponenten, die dadurch auf Nachrichten des Servers reagieren können (vgl. Abschnitt 5.3.4). Server-seitig bedarf es einer Komponente mit vergleichbarer Funktionalität, um den Datenaustausch sicherzustellen (vgl. Abschnitt 5.3.3.1).

Die Erfassung der Kundenposition auf Basis von Bluetooth wird von der Komponente `BTController` übernommen. Sie stellt dazu Ad-hoc-Verbindungen zu den mobilen Endgeräten der Kunden her, führt entsprechende Messungen durch und leitet die Messdaten als Nachrichten an den Server weiter (vgl. Abschnitte 5.3.3.1, 5.4.1.1). Darüber hinaus ist diese Komponente für die Distribution von Lerninhalten an die mobile Clients und den Empfang von Zustands- und Nutzungsdaten der FlashLite-Applikation zuständig (vgl. Abschnitt 5.4.3).

Die RFID-Komponente (`RFIDController`) hat die Aufgabe, die an einen Client angeschlossene RFID-Peripherie zu steuern und Produktbewegungen zu überwachen. Die Komponente stellt fest, ob ein Produkt in den Erfassungsbereich eingebracht bzw. aus diesem entnommen wird und erzeugt auf Basis dieser Ereignisse entsprechende Nachrichten an den Server.

Darüber hinaus beinhaltet der stationäre Client die Komponenten `ScreenController` und `AudioController`, die für die Steuerung der Präsentation von audiovisuellen Inhalten verantwortlich sind.

5.3.2.2 Mobile Clients

Auf den mobilen Endgeräten der Kunden wird hauptsächlich eine FlashLite-Applikation für die situationsspezifische Bereitstellung von Lerninhalten verwendet (vgl. Abschnitt 5.2.3.4). Die Komponenten der FlashLite-Applikation sind in Abbildung 5-8 dargestellt.

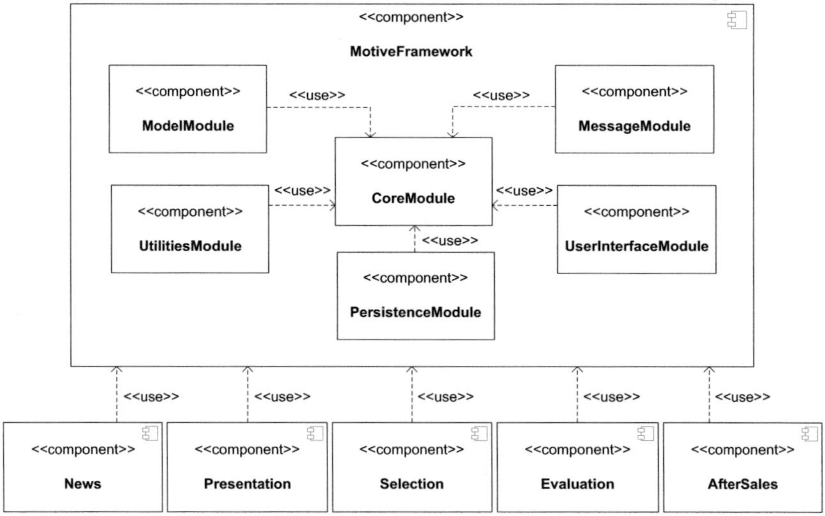

Abbildung 5-8: Komponenten der FlashLite-Applikation für mobile Clients

Grundsätzlich ist die FlashLite-Applikation in ein Framework und verschiedene Servicekomponenten unterteilt. Das Framework stellt zentrale Funktionen zur Verfügung, die zur

Integration in das Anwendungssystem notwendig sind und von allen Servicekomponenten genutzt werden können. Die Servicekomponenten selbst stellen die Benutzeroberfläche bereit, bieten auf eine Situation abgestimmte Präsentations- und Interaktionsformen und betten situationsspezifische Inhaltsobjekte zur Befriedigung der Informations- und Wissensbedürfnisse der Kunden ein. Durch diese Unterteilung können flexibel weitere Servicekomponenten integriert und daher einfach und kostengünstig realisiert werden.

Die Komponente `CoreModule` des Frameworks stellt Schnittstellen zum Ansprechen der einzelnen Servicekomponenten zur Verfügung. Sie verwaltet ID-Nummern, Namen und verwendete Benutzeroberflächen der Servicekomponenten. Weiterhin umfasst das `CoreModule` eine Hierarchie von Ausnahmeklassen, die mögliche Fehlermeldungen kapseln.

In der Komponente `ModelModule` werden Modelle für die Servicekomponenten vorgehalten, die Beziehungen zwischen Produkten sowie relevante Eigenschaften von Produkten einer Kategorie abbilden. Diese Komponente ermöglicht dadurch einen einheitlichen Zugriff auf Produkteigenschaften für die Verarbeitung und Darstellung dieser Informationen durch die Servicekomponenten.

Die Komponente `MessageModule` stellt für die Servicekomponenten eine Schnittstelle für den synchronen Datenaustausch im Rahmen der bidirektionalen Kommunikation zwischen mobilen und stationären Clients bereit. Diese Komponente stellt sicher, dass das Anwendungssystem zum einen Nachrichten verschiedener mobiler Clients unterscheiden kann und zum anderen innerhalb der mobilen Applikation durch ein zentrales Nachrichtenmanagement beliebig viele Komponenten Nachrichten empfangen und versenden können.

Die Komponente `PersistenceModule` stellt den Servicekomponenten einheitliche Mechanismen zum Speichern und Wiederauffinden von textbasierten Nutzungs- und Zustandsdaten zur Verfügung. Die Komponente arbeitet dabei unabhängig von zugrunde liegenden Speichermedien (z. B. Flash-Speicher, Speicherkarte) bzw. verwendbaren Speichermöglichkeiten (z. B. lokale Textdatei, Registry), die vom Betriebssystem und der Hardware des mobilen Endgeräts abhängig sind.

Die Komponente `UserInterfaceModule` definiert eine Reihe von Klassen und Schnittstellen, die für die Gestaltung von visuellen Benutzerschnittstellen der Servicekomponenten verwendet werden können. Zum einen umfasst sie eine Hierarchie mit Komponentenklassen, die die Struktur und das Verhalten für eine Reihe von vordefinierten Benutzeroberflächen (z. B. Listen, Seitennavigation) festlegt. Zum anderen ist in dieser Komponente die Behandlung von Ereignissen definiert, die innerhalb dieser Benutzeroberflächen ausgelöst werden können (z. B. Tastenereignisse, Aus- / Abwahlereignisse, Seitenwechsel).

In der Komponente `UtilitiesModule` des Frameworks sind Funktionalitäten zur Überwachung des freien und verfügbaren Arbeitsspeichers sowie zur Formatierung von Währungszeichenketten und eine Zeiterfassung zusammengefasst.

Aufbauend auf dem Framework stehen fünf beispielhafte Servicekomponenten bereit, deren Funktionalitäten und Benutzeroberfläche auf verschiedenen Situationen innerhalb des Kaufprozesses ausgerichtet sind (vgl. Abschnitt 5.5).

5.3.3 Server

5.3.3.1 Erfassungs- und Präsentationssystem

Die Komponenten des Erfassungs- und Präsentationssystems und ihre Beziehungen untereinander sind Abbildung 5-9 dargestellt.

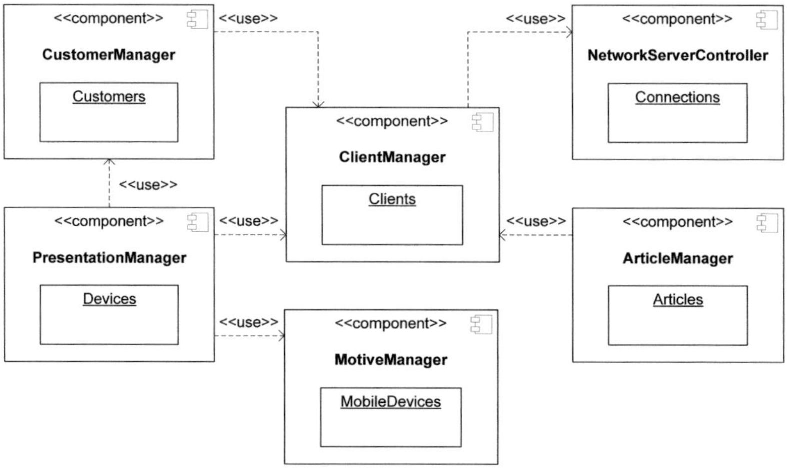

Abbildung 5-9: Komponenten des Erfassungs- und Präsentationssystems

Als Gegenstück zur Netzwerkkomponente der stationären Clients existiert Server-seitig die Komponente `NetworkServerController`, die die Kommunikation mit den Clients abwickelt (vgl. Abschnitt 5.3.2.1). Die jeweiligen Implementierungen auf dem Client und dem Server unterscheiden sich insofern, als dass die Netzwerkkomponente des Servers auch eine Kommunikation mit mehreren Gegenstellen unterstützt.

Die Komponente `ClientManager` hat die Aufgabe, alle stationären Clients entsprechend der vorgenommenen Einstellungen für die aktuelle Ladenumgebung zu konfigurieren. Beim Systemstart lädt diese Komponente die notwendigen Konfigurationsinformationen und verteilt diese über den `NetworkServerController` an die `ClientController` aller stationären Clients (vgl. Abschnitt 5.3.2.1). Zur Laufzeit bildet der `ClientManager` jeden stationären Client in einem Objekt ab und stellt anderen Komponenten Methoden für den Zugriff auf diese Objekte zur Verfügung. Die stationären Clients werden über ihre IP-Adresse im System eindeutig identifiziert.

Für die Verarbeitung und Aggregation von Informationen zur Position von Kunden in der Ladenumgebung ist die Komponente `CustomerManager` zuständig. Sie nimmt dazu alle vom `BTController` eines stationären Clients übermittelte Messdaten entgegen (vgl. Abschnitt 5.3.2.1). Die Komponente legt auf dieser Basis für alle Kunden, die sich aktuell in der Ladenumgebung befinden und durch ein mobiles Endgerät repräsentiert werden, ein Objekt an und verwaltet darin Informationen zum derzeitigen und vorherigen POI-Standort (vgl. Abschnitt 5.4.1.1). Informationen zu neu erkannten Kunden und Positionswechseln werden ereignisbasiert an das Interpretations- und Auswahlsystem übermittelt.

Entsprechend der Verwaltung von Informationen zur Kundenposition steht für Produkte in der Ladenumgebung die Komponente `ArticleManager` zur Verfügung. Die Komponente aggregiert Informationen zu Produktbewegungen, die sie vom `RFIDController` der stationären Clients erhält (vgl. Abschnitt 5.3.2.1). Nach einer Konsistenzprüfung und Aufbereitung der Informationen werden diese an das Interpretations- und Auswahlsystem weitergeleitet.

Die Komponente `PresentationManager` ist dafür verantwortlich, dass die vom Interpretations- und Auswahlsystem situationsspezifisch ermittelten Inhalte am jeweiligen POI bzw. über den entsprechenden Client und die vorgesehenen Präsentationsmedien dargestellt werden (vgl. Abschnitt 5.4.3). Zur Präsentation von Inhalten auf mobilen Clients über die FlashLite-Applikation wird zusätzlich die Komponente `MotiveManager` verwendet (vgl. Abschnitt 5.4.3). Sie versendet zum einen Nachrichten mit Präsentationsinhalten und -parametern an die Servicekomponenten der Applikation und nimmt zum anderen Nachrichten mit Daten zur Nutzerinteraktion entgegen.

5.3.3.2 Interpretations- und Auswahlsystem

Abbildung 5-10 gibt einen Überblick über die Komponenten des auf dem Server angesiedelten Interpretations- und Auswahlsystems.

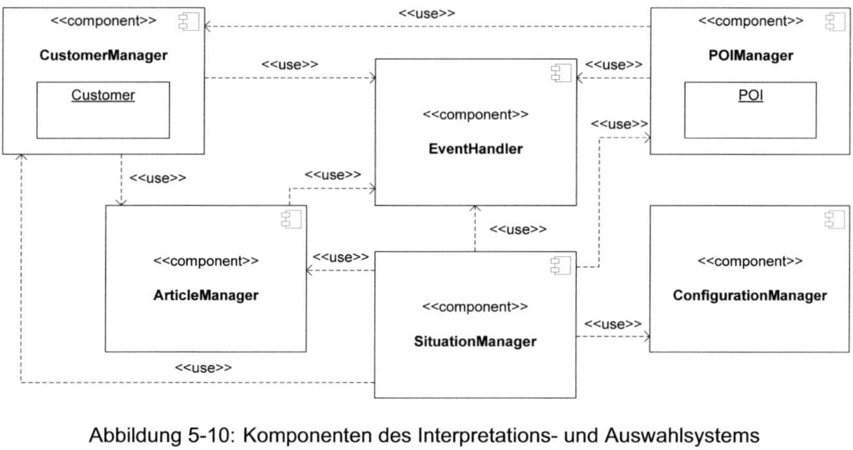

Abbildung 5-10: Komponenten des Interpretations- und Auswahlsystems

Die Komponente `EventHandler` unterstützt die ereignisbasierte Kommunikation mit dem Erfassungs- und Präsentationssystem (vgl. Abschnitt 5.3.4). Sie identifiziert alle relevanten Empfänger für eine eingehende Nachricht, leitet diese an die ermittelten internen Komponenten weiter und nimmt ggf. eine Priorisierung bei der Nachrichtenweiterleitung vor. Ebenso steuert die Komponente den Versand von Nachrichten an das Erfassungs- und Präsentationssystem.

Zentrale Aufgaben des Systems werden von der Komponente `SituationManager` übernommen. Diese verwaltet alle festgelegten Situationen und stellt Mechanismen zur Erkennung lernrelevanter Situationen bereit. Darüber hinaus werden vom `SituationManager` auch die Informations- und Wissensbedürfnisse von Kunden in einer spezifischen Situation bestimmt und passende Inhaltsobjekte zur Deckung dieser Bedürfnisse selektiert (vgl. Abschnitt 5.4.2.3).

Vor dem Start des Systems ermöglicht die Komponente `ConfigurationManager` die Definition aller Konfigurations- und Initialisierungsparameter des Systems sowie die Festlegung von Situationen und Konfiguration der Mechanismen zur Situationserkennung und situationsspezifischen Reaktion.

Die Komponente `CustomerManager` verwaltet Objekte zu allen Kunden, die sich aktuell in der Ladenumgebung aufhalten. Auf Basis dieser Objekte werden Kundenprofile angelegt, geladen und ergänzt, kundenbezogene Werte (z. B. Präsentationsdauer für ein Inhaltsobjekt) berechnet sowie temporäre Bewegungs- und Aktivitätsdaten verwaltet. Darüber hinaus stellt die Komponente dem `SituationManager`, `ArticleManager` und `POIManager` Informationen zu Kundeneigenschaften und -präferenzen bereit.

Die Komponente `ArticleManager` hat zum einen die Aufgabe, beobachtete Produktbewegungen einem spezifischen Kunden zuzuordnen (vgl. Abschnitt 5.4.1.2). Dies ist insbesondere dann notwendig, wenn sich bei einer Produktbewegung mehr als ein Kunde an einem Client bzw. POI aufhält. Bei einer erfolgreichen Zuordnung einer Produktbewegung wird diese Information an den `CustomerManager` weitergegeben. Zum anderem werden beobachtete Produktbewegungen um entsprechende Informationen aus der Artikeldatenbank ergänzt und zur Situationserkennung an die Komponente `SituationManager` übergeben.

In der Komponente `POIManager` werden alle Kundeninstanzen und Präsentationsgeräte verwaltet, die sich aktuell an einem POI befinden. Darüber hinaus bietet diese Komponente Methoden an, die die Präsentation von Inhalten an einem POI anstoßen. Dazu verwaltet der `POIManager` auch Informationen zum aktuellen Status der Präsentationsgeräte. Auf Basis einer Gerätepräsentation synchronisiert und steuert die Komponente zentral die Präsentationsaktionen des Systems an einem POI bzw. Client, an dem sich mehrere Kunden befinden.

5.3.4 Kommunikation

Die Kommunikation zwischen den Systemkomponenten findet, wie in Abbildung 5-11 dargestellt, auf Basis einer Benachrichtigung über Ereignisse statt.

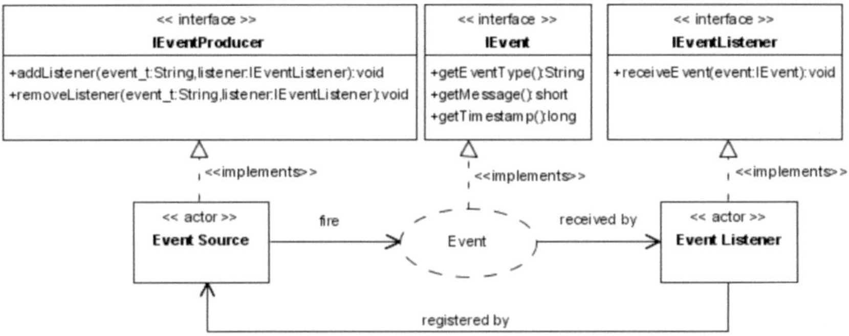

Abbildung 5-11: Ereignisbasierte Kommunikation

Dabei agiert eine Komponente als Sender (`Event Source`), die ein Ereignis-Objekt (`Event`) eines bestimmten Typs erzeugt und an ein oder mehrere Komponenten (`Event Listener`) versendet, die für den erzeugten Ereignistyp als Empfänger registriert sind (vgl. Abbildung 5-11). Das Objekt `Event` kapselt alle Informationen, die an andere Komponenten übermittelt werden sollen.

Für die Kommunikation zwischen Komponenten des Erfassungs- und Präsentationssystems einerseits und des Interpretations- und Auswahlsystems andererseits sind die in Abbildung 5-12 dargestellten Ereignistypen als Schnittstellen definiert.

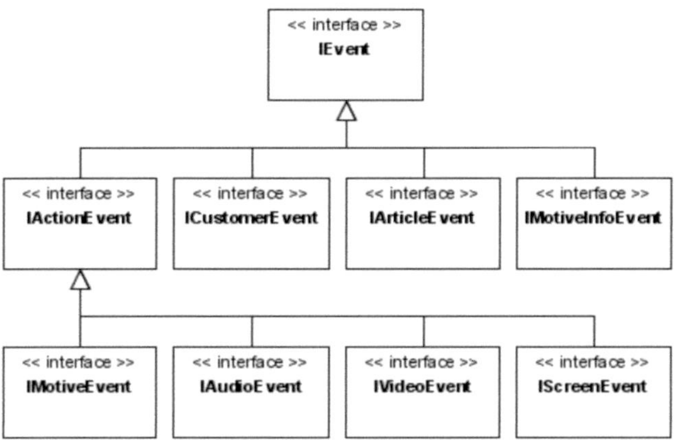

Abbildung 5-12: Ereignisse zur Kommunikation zwischen Erfassungs- / Präsentationssystem und Interpretations- / Auswahlsystem

Das übergeordnete Ereignis `IEvent` legt für alle nachfolgenden Ereignistypen allgemeine Methoden zum Abfragen des Typs, der eigentlichen Inhalte und des Erstellungszeitpunkts fest. Das Ereignis `IActionEvent` fasst alle Ereignistypen zusammen, die an die Erfassungs- und Präsentationskomponente gesendet werden, um situationsspezifische Präsentationen und Interaktionen über bestimmte Endgeräte anzustoßen. Die untergeordneten Ereignisse `IMotiveEvent` für mobile Clients sowie `IAudioEvent`, `IVideoEvent` und `IScreenEvent` für stationäre Clients erben vom Ereignis `IActionEvent` eine Methode zur Festlegung des Clients, auf dem die Präsentation erfolgen soll, und bieten selbst spezifische Methoden zur Kapselung der eigentlichen Präsentationsinhalte an. Erfasste Kontextinformationen werden an das Interpretations- und Auswahlsystem auf Basis der Identifikationsereignisse `ICustomerEvent` (z. B. Änderung der Kundenposition), `IArticleEvent` (z. B. ID eines entnommenen Produkts) und `IMotiveEvent` (z. B. Zustandsänderung der FlashLite-Applikation) übermittelt, die Methoden zur Kapselung der jeweils berücksichtigten Kontextinformationen bieten.

5.3.5 Datenbasis

Die Datenbasis des onsite-Anwendungssystems umfasst Daten zu definierten Situationen, Kontextparametern, Informations- und Wissensbedürfnissen sowie Kunden-, Produkt-, POI- und Client-Daten. Das Relationenmodell zur Datenbasis ist in Abbildung 5-13 dargestellt. Die gerichteten Pfeile stellen die Verwendung des Primärschlüssels des ausgehenden Entitätstyps als Fremdschlüssel im eingehenden Entitätstyp dar.

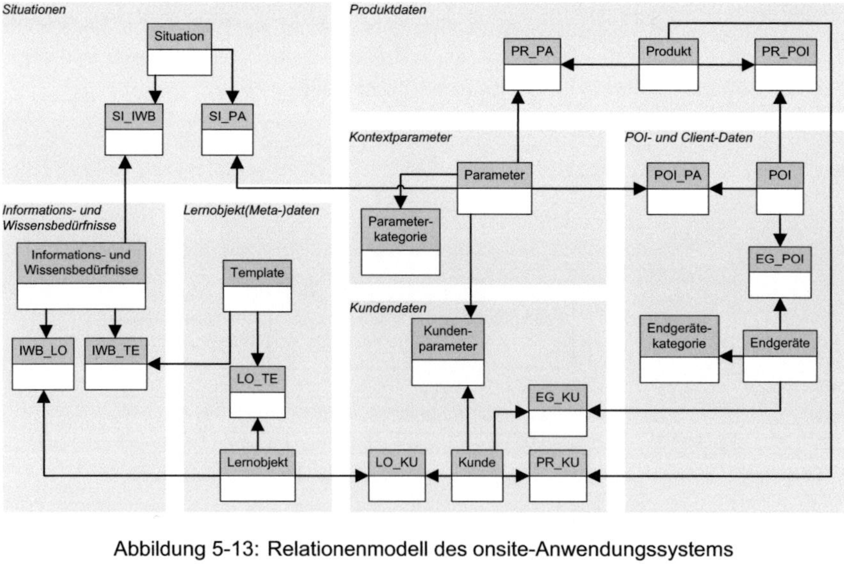

Abbildung 5-13: Relationenmodell des onsite-Anwendungssystems

Lernrelevante Situationen sind in der Datenbasis mit Kontextparametern sowie Informations- und Wissensbedürfnissen verknüpft. Einem Informations- und Wissensbedürfnis sind jeweils Lernobjekte zugeordnet. Die Lernobjekte sind wiederum entsprechend ihres Medientyps einem Template zugewiesen, das die Formatierung eines Lernobjekts für die Präsentation auf stationären oder mobilen Clients bestimmt.

Alle im System berücksichtigten Kontextparameter sind zentral in der Relation „Parameter“ festgehalten. Die zugehörige Parameterkategorie gibt an, für welche einzelnen Elemente des Kontextmodells ein Parameter verwendet bzw. von welchen anderen Relationen er referenziert wird. So kann z. B. der Parameter `Produktkategorie` als Eigenschaft eines Produkts, als Kundeninteresse und als Teil der Situationsbeschreibung einheitlich und ohne Redundanzen abgebildet und den Parameterkategorien `Produkt`, `Kunde` und `Situation` zugeordnet werden.

Die Produktdaten beinhalten identifizierende und beschreibende Informationen zu allen mit RFID-Tags versehenen Produkten (vgl. Abschnitt 5.2.3.3). Daneben ist in den Produktdaten festgehalten, welche Art von Produkten an einem einzelnen POI ausgestellt ist.

Die POI- und Client-Daten umfassen v. a. Informationen zur Identifikation eines POI bzw. des zugehörigen stationären Clients und zu dessen technischer Ausstattung im Hinblick auf Kontexterfassungs- und Präsentationsmöglichkeiten. Die an einem POI vorhandenen Endgeräte schließen sowohl dauerhaft verfügbare und fest mit dem Client verbundene Präsentationsgeräte als auch mithilfe von Bluetooth lokalisierte mobile Endgeräte der Kunden ein (vgl. Abschnitt 5.2.3.2). Die Geräte sind verschiedenen Endgerätekategorien zugeordnet, die die für die Interaktion und Präsentation relevanten Geräteeigenschaften festlegen.

In den Kundendaten ist festgehalten, welches mobile Endgerät ein bestimmter Kunde besitzt. Darüber hinaus werden für jeden Kunden festgestellte Produktentnahmen und -bewegungen sowie präsentierte Lernobjekte gespeichert. Das Kundenprofil wird durch verschiedene Kundenparameter ergänzt, die neben beobachteten Aktivitäten explizit oder implizit erfasste Benutzermerkmale enthalten.

5.4 Kontextbasiertes Customizing

5.4.1 Erfassung von Kontextinformationen

5.4.1.1 Kundenidentifikation und -positionsbestimmung mit Bluetooth

Die Identifikation eines Kunden in der Ladenumgebung erfolgt anhand der Bluetooth Device Address (BDA) des von ihm mitgeführten mobilen Endgeräts. Die BDA ist jedem Bluetooth-fähigen Gerät weltweit eindeutig zugewiesen [BSIG09a]. Die BDA des Kundengeräts kann im Rahmen des standardisierten Vorgangs zur Suche Bluetooth-fähiger Endgeräte in der Nähe abgefragt werden. Diese sog. Inquiry ist in Bluetooth vorgesehen, um Informationen über potenzielle Gegenstellen für Ad-hoc-Netzwerkverbindungen zu erhalten [BSIG09b; Sche05, S. 32]. Dabei sucht der an einem POI positionierte stationäre Client in regelmäßigen Abständen mobile Endgeräte der Kunden, die sich in Reichweite und im Inquiry-Scan-Zustand befinden [Sche05, S. 32]. Bluetooth-Geräte nehmen den Inquiry-Scan-Zustand ein, wenn Bluetooth selbst und die Sichtbarkeit für anfragende Geräte aktiviert sind [BSIG09a; BSIG09b]. Kundengeräte antworten dann auf empfangene Suchanfragen und übermitteln u. a. ihre BDA an den anfragenden Bluetooth-Sender des stationären Clients [BSIG09a; BSIG09b].

Zur Bestimmung der Kundenposition in der Ladenumgebung wird bei den erkannten mobilen Endgeräten die jeweilige Signalstärke ausgelesen (vgl. Abschnitt 5.2.3.2). Die Signalstärke (RSSI-Wert) kann ab Version 1.2 des Bluetooth-Standards direkt im Zuge des Inquiry-Vorgangs abgefragt werden („Inquiry with RSSI") [EcKl07, S. 287]. Allerdings wird diese Möglichkeit nicht von allen Bluetooth-Geräten unterstützt [EcKl07, S. 287; Schn07, S. 21]. Daher ist zum Auslesen des RSSI-Werts zusätzlich der Aufbau einer Baseband-Verbindung (Paging) notwendig, um die Kompatibilität des Anwendungssystems mit einer Vielzahl Bluetooth-fähiger Mobilgeräte sicherzustellen.

Die stationären Clients übermitteln anschließend die erfassten Signalstärkewerte an das Erfassungs- und Präsentationssystem des Servers. Das Erfassungs- und Präsentationssystem nimmt auf Basis dieser Werte die Zuordnung von Kunden zu einem POI vor. Dies ist notwendig, weil bei sich überschneidenden Zellen ein Kundengerät gleichzeitig an mehreren POI identifizierbar ist. Durch Zusammenführen und Vergleich der verschiedenen Signalstärkewerte ist jedoch eine eindeutige Zuordnung des Kunden zu einem POI möglich. Die Positionsbestimmung ist somit auf die stationären Clients und das Erfassungs- und Präsentationssystem verteilt.

Erfassung von Positionsdaten an den stationären Clients

Die Suche nach mobilen Endgeräten am POI und die Ermittlung von Signalsstärkewerten wird von der Komponente `BTController` des stationären Clients übernommen (vgl. Abschnitt 5.3.2.1). Die Erfassung von Positionsdaten durch die stationären Clients ist in Abbildung 5-14 (S. 149) dargestellt.

Zunächst werden durch einen Inquiry-Vorgang Kundengeräte gesucht, die sich aktuell in der Nähe des POI befinden. Das Ergebnis der Suchanfrage ist in der Liste `DiscoveredDevices` festgehalten. Für jeden Eintrag in dieser Liste wird anschließend geprüft, ob das Gerät bereits vorher am POI erkannt werden konnte und in der Liste `POIDevices` erfasst ist. Alle neu erkannten Geräte werden der `POIDevices`-Liste hinzugefügt.

Im Anschluss versucht der `BTController`, mit jedem in der Liste `POIDevices` enthaltenen Gerät ein Paging durchzuführen. Bei einem erfolgreichen Verbindungsaufbau wird der aktuelle RSSI-Wert abgefragt und die ausgelesene Signalstärke zusammen mit der BDA des Kundengeräts an das Erfassungs- und Präsentationssystem übermittelt. Danach wird die Verbindung zum Gerät wieder getrennt. Erst wenn der Verbindungsaufbau mit einem Gerät wiederholt fehl schlägt, wird das betreffende Gerät aus der Liste `POIDevices` entfernt und das Erfassungs- und Präsentationssystem über das Verlassen des POI benachrichtigt. Damit wird verhindert, dass Geräte, die durch den letzten Inquiry- oder Paging-Vorgang noch belegt sind und einmalig nicht aufgefunden oder verbunden werden können, dem POI nicht mehr zugerechnet werden.

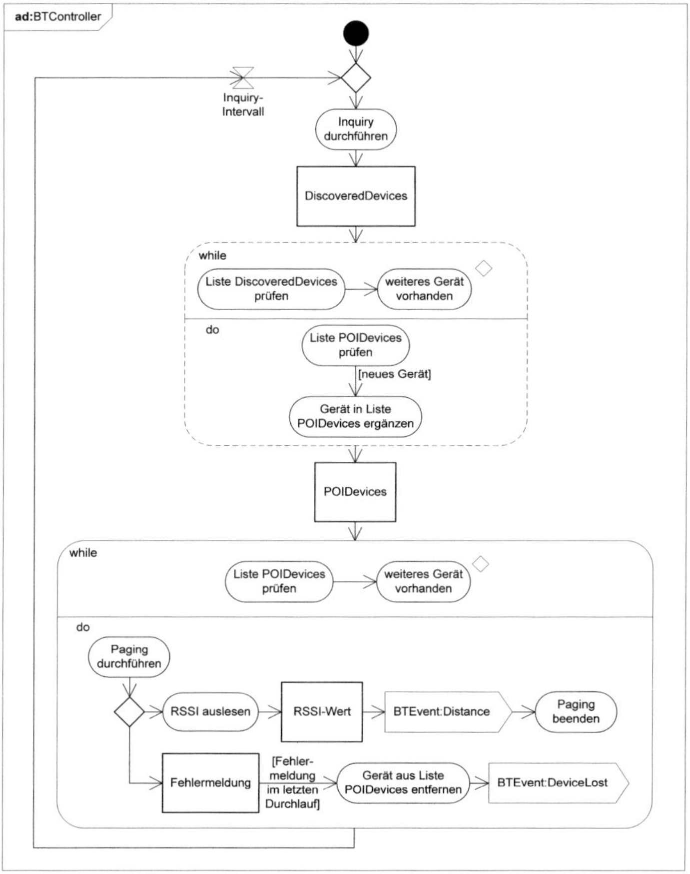

Abbildung 5-14: Ablauf der Positionsdatenerfassung

Nach einem vollständigen Durchlauf der Aktivitäten startet ein neuer Inquiry-Vorgang, wenn ein entsprechendes Zeitintervall erreicht oder überschritten ist.

Auswertung der Positionsdaten durch das Erfassungs- und Präsentationssystem

Die von den stationären Clients erzeugten Ereignis-Objekte `BTEevent` werden an die Komponente `CustomerManager` des Erfassung- und Präsentationssystems weitergeleitet.

Diese Komponente nimmt die Auswertung der erfassten Positionsdaten vor. Der Ablauf der Positionsdatenauswertung ist in Abbildung 5-15 dargestellt.

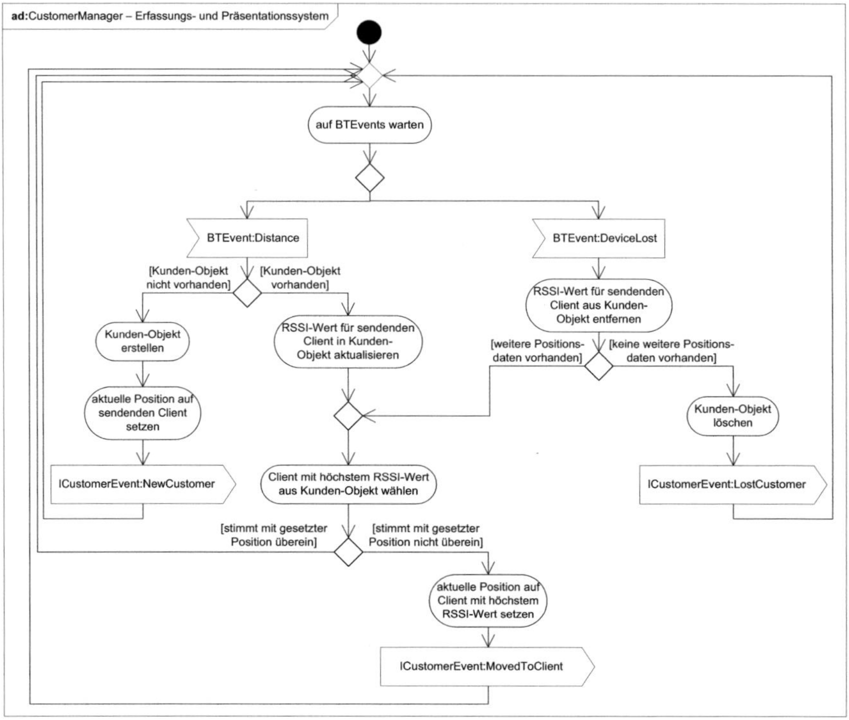

Abbildung 5-15: Ablauf der Positionsdatenauswertung

Bei einem Empfang des Ereignis-Objekts `BTEvent:Distance`, das die ID des stationären Clients, die BDA des Kundengeräts und den ausgelesenen Signalstärkewert enthält, wird unterschieden, ob zu dieser BDA bereits ein Kunden-Objekt vorhanden ist oder ein neuer Kunde erkannt wurde. Für einen neuen Kunden, der die Ladenumgebung gerade betreten oder Bluetooth am mitgeführten Endgerät aktiviert hat, wird zunächst ein entsprechendes Kunden-Objekt erstellt. Im Anschluss wird im Kunden-Objekt der empfangene RSSI-Wert zusammen mit der ID des stationären Clients, der das Ereignis-Objekt gesendet hat, festgehalten und die aktuelle Kundenposition auf den sendenden Client gesetzt. Danach wird das Interpretations- und Auswahlsystem über den neu in der Ladenumgebung erkannten Kunden und seine aktuelle Position benachrichtigt.

Liegt bereits ein Kunden-Objekt zu der im Ereignis-Objekt `BTEvent:Distance` enthaltenen BDA vor, wird der RSSI-Wert für den sendenden Client in den Positionsdaten des Kunden-Objekts aktualisiert. Anschließend wählt die Komponente aus den im Kunden-Objekt vorhandenen Positionsdaten den Client aus, der den höchsten RSSI-Wert aufweist.

Stimmt dieser Client nicht mit dem Client überein, auf den der Zeiger für die Kundenposition aktuell gesetzt ist, muss der Zeiger auf den Client mit dem höchsten RSSI-Wert geändert werden. An das Interpretations- und Auswahlsystem wird anschließend ein Ereignis-Objekt übermittelt, das die neue Kundenposition beinhaltet.

Der Empfang des Ereignisses `BTEvent:DeviceLost`, das darüber Auskunft gibt, dass das Kundengerät nicht mehr am POI erkannt werden kann, löst zunächst das Löschen des zuletzt für den sendenden Client eingetragenen RSSI-Werts in den Positionsdaten des Kunden-Objekts aus. Sind weitere Positionsdaten im Kunden-Objekt vorhanden, erfolgt ebenfalls eine Auswahl des Clients mit dem höchsten RSSI-Wert und ggf. eine Aktualisierung der Kundenposition. Wenn keine weiteren Positionsdaten vorliegen und der Kunde somit in der Ladenumgebung nicht mehr identifiziert werden kann, wird das Kunden-Objekt gelöscht und das Interpretations- und Auswahlsystem darüber benachrichtigt, dass der Kunde die Ladenumgebung verlassen hat.

5.4.1.2 Produktidentifikation und -verfolgung mit RFID

Produkte, die in der Ladenumgebung ausgestellt und mit einem RFID-Transponder versehen sind, können anhand der ID des an ihnen befestigten Transponders identifiziert werden (vgl. Abschnitt 5.2.3.3). Zur Identifikation und Erfassung von Bewegungen der im System berücksichtigten Produkte halten die an den stationären Clients installierten RFID-Lesegeräte periodisch alle aktuell an einem POI oder an einer Verkaufsfläche am POI (z. B. Regal) vorhandenen Transponder fest.

Die Steuerung der Lesegeräte erfolgt durch die Komponente `RFIDController` der stationären Clients (vgl. Abschnitt 5.3.2.1). Die Komponente übermittelt in regelmäßigen Abständen einen sog. Inventory-Befehl an das RFID-Lesegerät, wodurch das gleichzeitige Auslesen aller sich in Reichweite befindenden Transponder ausgelöst wird. Das RFID-Lesegerät gibt anschließend die ausgelesenen ID-Nummern der im Lesebereich gefundenen Transponder an den `RFIDController` zurück (vgl. Abbildung 5-16, S. 152).

Jede vom Lesegerät empfangene ID wird vom `RFIDController` mit den Einträgen in der Liste `POITransponders` verglichen, in der alle bereits am POI erkannten Transponder festgehalten sind. Ist eine neu ausgelesene Transponder-ID nicht in der Liste vorhanden, wird diese zusammen dem Auslesezeitpunkt ergänzt. Im Anschluss wird das Erfassungs- und Präsentationssystem über das Identifikationsereignis mithilfe des Ereignis-Objekts `ArticleEvent:Placed` benachrichtigt. Das Ereignis-Objekt kapselt neben der ID des am Produkt befestigten Transponders auch den Zeitpunkt des Identifikationsereignisses und die ID des stationären Clients, an dem das Produkt identifiziert wurde. Ist hingegen ein Eintrag zur ID des ausgelesenen Transponders in der Liste `POITransponders` schon vorhanden und wurde somit kein neues Produkt am POI identifiziert, findet lediglich eine Aktualisierung des Zeitstempels für den letzten Auslesezeitpunkt statt.

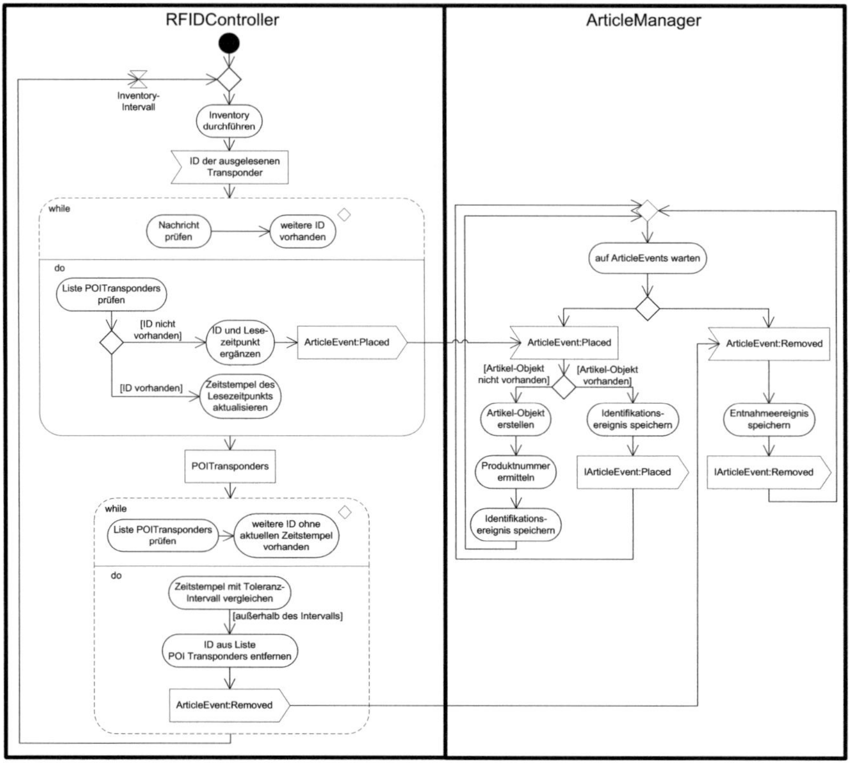

Abbildung 5-16: Ablauf der Produktidentifikation und -verfolgung

Danach stellt die Komponente fest, ob Produkte am POI entnommen wurden. Dazu wird geprüft, ob die Liste `POITransponders` Einträge mit einem älteren als dem aktuellen Zeitstempel enthält. Diese Einträge beziehen sich auf Produkte, deren Transponder bei einem früheren Lesevorgang erkannt, aber im Rahmen des aktuellen Leseversuchs am POI nicht mehr erfasst werden konnten. Bei jedem dieser Einträge wird ermittelt, ob der Zeitstempel des letzten Auslesezeitpunkts noch innerhalb eines festgelegten Toleranzintervalls liegt. Durch dieses zeitliche Toleranzintervall wird verhindert, dass ein Produkt, dessen Transponder durch einen Lesefehler temporär nicht erfasst werden kann, als entnommen angesehen wird. Eine Produktentnahme wird immer erst dann unterstellt, wenn der letzte Auslesezeitpunkt außerhalb des zeitlichen Toleranzintervalls liegt. In diesem Fall wird die Transponder-ID aus der Liste der aktuell am POI vorhandenen Transponder entfernt. Anschließend wird zum Entnahmeereignis das Objekt `ArticleEvent:Removed` erzeugt und an das Erfassungs- und Präsentationssystem übermittelt.

Die Komponente `ArticleManager` des Erfassungs- und Präsentationssystems nimmt eine Aggregation und Aufbereitung der an den stationären Clients erfassten Identifikations-

und Produktbewegungsereignisse vor (vgl. Abschnitt 5.3.3.1). Die Komponente verwaltet dazu alle mit Transpondern versehenen Produkte in einzelnen Artikel-Objekten. Bei einem Empfang des Ereignisses `ArticleEvent:Placed` wird unterschieden, ob für die im Ereignis-Objekt enthaltene Transponder-ID bereits ein Artikel-Objekt vorhanden ist oder die ID erstmalig identifiziert wurde. Letzteres tritt nach dem Start des Systems oder bei der Anordnung neuer Produkte an den Ausstellungsflächen der Ladenumgebung auf. Im Fall von erstmalig identifizierten Produkten, wird zur Transponder-ID zunächst ein Artikel-Objekt erstellt. Im Anschluss wird die Produktnummer ermittelt, die der Transponder-ID während der Systemkonfiguration zugeordnet wurde. Danach wird das Identifikationsereignis zusammen mit der ermittelten Produktnummer, der ID des stationären Clients, an dem das Produkt identifiziert wurde, und einem Zeitstempel im Artikel-Objekt festgehalten.

Wenn das Produkt bereits vorher an einem POI in der Ladenumgebung erkannt wurde und ein Artikel-Objekt vorhanden ist, wird bei einem Empfang des Ereignisses `ArticleEvent:Placed` das Identifikationsereignis im Artikel-Objekt ergänzt. Anschließend wird das neue Ereignis-Objekt `IArticleEvent:Placed` generiert und an das Interpretations- und Auswahlsystem versandt. Dieses Objekt enthält neben dem aktuellen Identifikationsereignis auch das letzte, im Artikel-Objekt gespeicherte Entnahmeereignis. Im Ereignis-Objekt werden neben der Produktnummer zu beiden Ereignissen auch die Zeitpunkte und ID der stationären Clients, an denen die Ereignisse erfasst wurden, übermittelt. Auf dieser Basis kann das Interpretations- und Auswahlsystem unmittelbar feststellen, ob es sich um eine Bewegung des Produkts von einem POI zu einem anderen oder ein Entnehmen und Zurückstellen eines Produkts an der selben Ausstellungsfläche im Zuge einer Begutachtung des Produkts handelt.

Bei einem Empfang des Ereignisses `ArticleEvent:Removed` ergänzt die Komponente das Entnahmeereignis im Artikel-Objekt. Das Interpretations- und Auswahlsystem wird ebenfalls über die erfolgte Produktentnahme benachrichtigt. Das zugehörige Ereignis-Objekt `IArticleEvent:Removed` beinhaltet dazu die Produktnummer des entnommenen Produkts, den Entnahmezeitpunkt und die ID des stationären Clients, der die Entnahme festgestellt hat.

5.4.2 Bestimmung geeigneter Lernobjekte

5.4.2.1 Interpretation und Anreicherung kundenbezogener Kontextinformationen

Für die Bestimmung geeigneter Lernobjekte werden die an den POI beobachteten Kontextinformationen zunächst interpretiert und mit weiteren Informationen angereichert. Auf dieser Basis werden dann lernrelevante Situationen erkannt und situationsspezifische Lerninhalte ausgewählt.

Die Komponente `CustomerManager` des Interpretations- und Auswahlsystems nimmt alle kundenbezogenen Kontextinformationen von Erfassungs- und Präsentationssystem entgegen (vgl. Abschnitt 5.3.3.2). Abbildung 5-17 gibt einen Überblick über die Interpretation und Anreicherung kundenbezogener Kontextinformationen durch die Komponente.

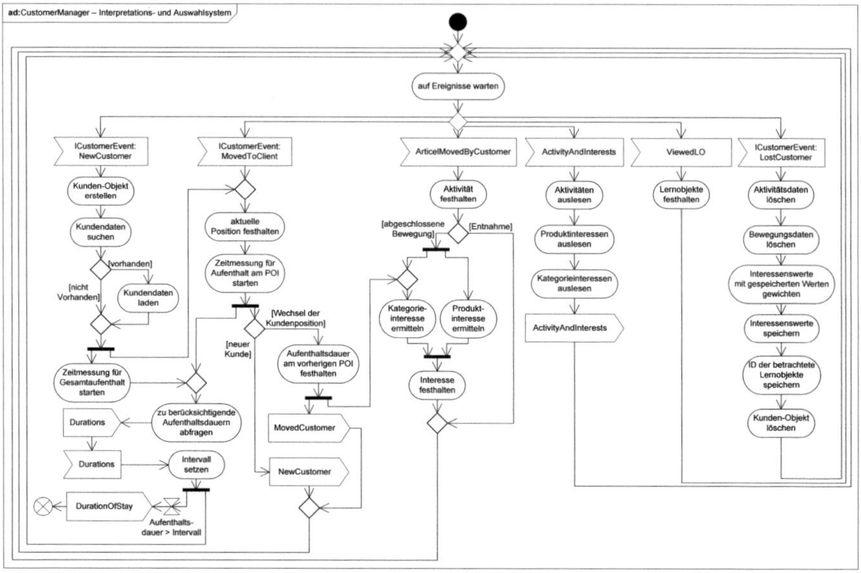

Abbildung 5-17: Ablauf der Interpretation und Anreicherung kundenbezogener Kontextinformationen

Ist ein neuer Kunde in der Ladenumgebung erkannt, wird nach dem Eintreffen des zugehörigen Ereignisses `ICustomerEvent:NewCustomer` ein Kunden-Objekt erstellt (vgl. Abschnitt 5.4.1.1). In dem Kunden-Objekt werden alle Kundenprofil- sowie temporäre Aktivitäts- und Bewegungsdaten während seines Aufenthalts in der Ladenumgebung verwaltet (vgl. Abschnitt 5.3.3.2). Bereits in der Datenbasis vorhandene und bei einem vorherigen Ladenbesuch dauerhaft gespeicherte Kundenprofildaten werden nach der Erstellung des Objekts geladen.

Im Anschluss wird der Zeitpunkt der Erkennung im Kunden-Objekt festgehalten und eine Zeitmessung für den aktuellen Gesamtaufenthalt in der Ladenumgebung gestartet. Bei der Komponente `SituationManager` werden die zu berücksichtigenden Aufenthaltsdauern angefragt, die bei der Festlegung lernrelevanter Situationen verwendet wurden. Danach werden durch den `CustomerManager` entsprechende Zeitintervalle gesetzt, nach deren Überschreitung das Ereignis-Objekt `DurationOfStay` für das Anstoßen einer Situationserkennung an den `SituationManager` versand wird. Das Ereignis-Objekt enthält neben der Aufenthaltsdauer des Kunden in der Ladenumgebung oder an einem bestimmten POI auch alle vorhandenen Kundenprofil-, Aktivitäts- und Bewegungsdaten, die für eine Situationserkennung nötig sind.

Neben dem Start der Messung der Gesamtaufenthaltsdauer wird der POI, an dem der Kunde aktuell erkannt wurde, zusammen mit einem Zeitstempel im Kunden-Objekt festgehalten. Anschließend beginnt eine Messung der Aufenthaltsdauer des Kunden am POI, durch die, analog zur Gesamtaufenthaltsdauer, später ggf. der Versand des Ereignisses `DurationOfStay` und eine Situationserkennung angestoßen werden. Eine Erkennung lernrelevanter Situationen wird nach dem Beginn der Zeitmessung auch durch die Übermittlung des Ereignis-Objekts `NewCustomer` an den `SituationManager` ausgelöst, das den aktuellen Aufenthaltsort des neu in der Ladenumgebung erkannten Kunden und die geladenen Kundenprofildaten enthält.

Bei einem Wechsel des Aufenthaltsorts von bereits in der Ladenumgebung erfassten Kunden und einem Empfang des Ereignisses `ICustomerEvent:MovedToClient` erfolgt die Speicherung der aktuellen Kundenposition zusammen mit einem Zeitstempel sowie eine Messung der Aufenthaltsdauer am POI. Die aktuelle Kundenposition ergänzt jeweils eine im Kunden-Objekt temporär gespeicherte Liste mit Bewegungsdaten. Dabei gibt der Eintrag mit dem jüngsten Zeitstempel in der Liste den derzeitigen Aufenthaltsort des Kunden an. Eine derartige temporäre Speicherung von Bewegungsdaten ist zum einen für die Erkennung lernrelevanter Situationen von Bedeutung, z. B. wenn der vorherige Aufenthaltsort des Kunden oder ein bestimmter Bewegungspfad innerhalb der Ladenumgebung relevante Kontextinformationen für eine aktuelle Situation und daraus resultierende Informations- und Wissensbedürfnisse sind. Zum anderen sind die Bewegungsdaten auch für die Ableitung von Kundeninteressen relevant. Um später Interessen für einzelne Produktkategorien ableiten zu können, wird bei einem Wechsel der Kundenposition auch die Aufenthaltsdauer am vorherigen POI in der Liste der Bewegungsdaten festgehalten, bevor das Ereignis-Objekt `MovedCustomer` an den `SituationManager` versand wird.

Neben den Bewegungsdaten sind insbesondere die Aktivitäten des Kunden im Hinblick auf Produktbewegungen für die Bestimmung seiner Interessen bedeutsam. Diese Kundenaktivitäten werden von der Komponente `ArticleManager` mithilfe des Ereignisses `ArticleMovedByCustomer` gemeldet (vgl. Abschnitt 5.4.2.2). Bei einem Eintreffen dieses Ereignisses wird zunächst die festgestellte Aktivität (Entnehmen, Zurücklegen von Produkten an Ausstellungsflächen am POI oder Mitnahme von Produkten zu einem anderen POI) zusammen mit einem Zeitstempel in einer Aktivitätsliste im Kunden-Objekt festgehalten. Anschließend werden Kundeninteressen abgeleitet, wenn die aktuell festgestellte Aktivität eine abgeschlossene Produktbewegung, d. h. ein Zurücklegen des Produkts nach vorheriger Entnahme oder ein Einbringen des Produkts an einen POI nach vorheriger Entnahme an einem anderen POI, markiert.

Die Interessen des Kunden werden zum einen im Hinblick auf einzelne Produkte und zum anderen in Bezug auf unterschiedliche Produktkategorien abgeschätzt. Für die Ableitung von Interessen kann die Aufmerksamkeit herangezogen werden, die der Kunde im Rahmen des Kaufprozesses einzelnen Produkten und Produktkategorien widmet und die hauptsächlich durch deren Betrachtung ausgedrückt wird [ScBZ05, S. 32ff.]. Relevante Größen sind dabei v. a. die Dauer und Häufigkeit der Betrachtung einzelner Produkte und Produktkategorien [ScBZ05, S. 35].

Für die Bestimmung des Kundeninteresses auf der Ebene einzelner Produkte können die relative Entnahmehäufigkeit und relative Entnahmedauer des Produkts verwendet werden. Die relative Entnahmehäufigkeit des Produkts gibt an, welcher Anteil aller Produktentnahmen des Kunden während des Ladenaufenthalts auf dieses Produkt entfällt bzw. wie oft einem bestimmten Produkt im Vergleich zu anderen Produkten Aufmerksamkeit geschenkt wird. Die relative Entnahmedauer des Produkts beschreibt das Verhältnis der Zeit, die der Kunde für die Betrachtung dieses Produkts aufwendet, zur der Zeit, die sich aus allen Produktbetrachtungen während seines Ladenaufenthalts ergibt, bzw. wie lange das Produkt im Vergleich zu anderen Produkten im Rahmen von Produktentnahmen betrachtet wurde. Die relative Entnahmehäufigkeit und die relative Entnahmedauer werden zu gleichen Teilen bei der Bestimmung des Produktinteresses berücksichtigt. Das Produktinteresse *PI* des Kunden für das Produkt *i* wird anhand folgender Formel ermittelt:

$$PI_i = \frac{1}{2}\left(\frac{EH_i}{\sum_{i=1}^{m} EH_i} + \frac{\sum_{j=1}^{n} ED_{ij}}{\sum_{i=1}^{m}\sum_{j=1}^{n} ED_{ij}} \right)$$

PI_i : Produktinteresse des Kunden für Produkt i

EH_i : Entnahmehäufigkeit des Produkts i

ED_{ij} : Entnahmedauer des Produkts i bei der Entnahme j

$i = (1,\ldots,m)$: Produkt, m = Anzahl aller entnommene Produkte

$j = (1,\ldots,n)$: Entnahme, n = Anzahl aller Entnahmen

Bei der Bestimmung des Kundeninteresses auf der Ebene einzelner Produktkategorien werden neben der relativen Entnahmehäufigkeit und -dauer von Produkten in dieser Kategorie auch die relative Aufenthaltshäufigkeit und -dauer am POI einbezogen, an denen Produkte der Kategorie ausgestellt sind. Dadurch werden auch anfängliche Interessen für eine Produktkategorie, die nicht direkt in beobachtbaren Produktentnahmen münden, und die Betrachtung solcher Produkte in der Kategorie berücksichtigt, die aufgrund ihrer geringen Erklärungsbedürftigkeit nicht mit RFID-Tags versehen sind. Die Bestimmung des Kategorieinteresses wird nicht nur nach dem Eintreffen eines Ereignisses zu einer Kundenaktivität vorgenommen, sondern erfolgt jeweils auch, wenn der Kunde einen POI verlassen hat, bei dem es sich um einen Ausstellungsplatz handelt.

Bei der Ermittlung des Kategorieinteresses gibt die einbezogene relative Aufenthaltshäufigkeit an, wie oft ein Kunde einen bestimmten Ausstellungsplatz im Verhältnis zu allen besuchten Ausstellungsplätzen aufgesucht hat. Die relative Aufenthaltsdauer beschreibt, wie lang ein Kunde insgesamt an Ausstellungsplätzen von Produkten dieser Kategorie im

Verhältnis zu allen Ausstellungsplätzen verweilte. Da an einem Ausstellungsplatz teilweise Produkte mehrerer Kategorien präsentiert werden, erfolgt die Berücksichtigung der Aufenthaltshäufigkeit und -dauer bei der Bestimmung des Kategorieinteresses ggf. nur anteilig, in Abhängigkeit von der Anzahl weiterer, am POI ausgestellter Produktkategorien. Darüber hinaus beziehen sich relative Entnahmehäufigkeit und -dauer hier auf alle Produkte der betrachteten Kategorie. Die Bestimmung des Kategorieinteresses erfolgt mithilfe nachstehender Formel:

$$KI_i = \frac{1}{4}\left(\frac{EH_i}{\sum_{i=1}^{m} EH_i} + \frac{\sum_{j=1}^{n} ED_{ij}}{\sum_{i=1}^{m}\sum_{j=1}^{n} ED_{ij}} + \frac{\sum_{s=1}^{k} \frac{1}{VK_s} AH_{is}}{\sum_{i=1}^{m}\sum_{s=1}^{k} AH_{is}} + \frac{\sum_{s=1}^{k} \frac{1}{VK_s} AD_{is}}{\sum_{i=1}^{m}\sum_{s=1}^{k} AD_{is}} \right)$$

KI_i : Kategorieinteresse des Kunden für Kategorie i
EH_i : Entnahmehäufigkeit von Produkten der Kategorie i
ED_{ij} : Entnahmedauer von Produkten der Kategorie i bei der Entnahme j
AH_{is} : Aufenthaltshäufigkeit am Ausstellungsplatz s der Kategorie i
AD_{is} : Aufenthaltsdauer am Ausstellungsplatz s der Kategorie i
VK_s : Anzahl aller am Ausstellungsplatz s vorhandenen Kategorien
$i = (1,...,m)$: Kategorie, m = Anzahl aller betrachteten Kategorien
$j = (1,...,n)$: Entnahme, n = Anzahl aller Entnahmen
$s = (1,...,k)$: Ausstellungsplatz, k = Anzahl aller besuchten Ausstellungsplätze

Produkt- und Kategorieinteressen, die vom `CustomerManager` bereits abgeleitet werden konnten, werden beim Versand von Ereignis-Objekten an weitere Systemkomponenten übermittelt. Darüber hinaus können festgehaltene Kundenaktivitäten und abgeleitete Kundeninteressen mithilfe des Ereignisses `ActivityAndInterests` gesondert abgefragt werden. Diese Informationen benötigt der `ArticleManager` ggf. für die Zuordnung von Produktbewegungen zu einzelnen Kunden (vgl. Abschnitt 5.4.2.2).

Wenn der Kunde die Ladenumgebung verlässt oder nicht mehr in dieser erkannt werden kann, erfolgt nach dem Eintreffen des Ereignisses `ICustomerEvent:LostCustomer` eine dauerhafte Speicherung der für die Kundeninteressen ermittelten Werte und der ID der vom Kunden betrachteten Lernobjekte im Kundenprofil. Dies bezieht auch bereits im Kundenprofil vorhandene Interessenswerte mit ein, die bei einem früheren Besuch bestimmt und gespeichert wurden und gleiche Produkte bzw. Produktkategorien betreffen. Diese Interessenswerte werden allerdings mit einem geringeren Anteil gewichtet, damit das Kundenprofil den aktuellen Kaufintensionen des Kunden entspricht. Nach der Speicherung dieser Informationen im Kundenprofil löscht der `CustomerManager` anschließend alle temporär erfassten Aktivitäts- und Bewegungsdaten zusammen mit dem Kunden-Objekt.

5.4.2.2 Interpretation und Anreicherung produktbezogener Kontextinformationen

Die Interpretation und Anreicherung produktbezogener Kontextinformationen erfolgt durch die Komponente `ArticleManager` des Interpretations- und Auswahlsystems (vgl. Abschnitt 5.3.3.2). Die Komponente nimmt dazu alle Ereignisse, die im Rahmen der Identifikation und Verfolgung von Produkten vom Erfassungs- und Präsentationssystem versendet werden, zur weiteren Verarbeitung entgegen (vgl. Abschnitt 5.4.1.2). Abbildung 5-18 gibt einen Überblick über die Interpretation und Anreicherung produktbezogener Kontextinformationen durch den `ArticleManager`.

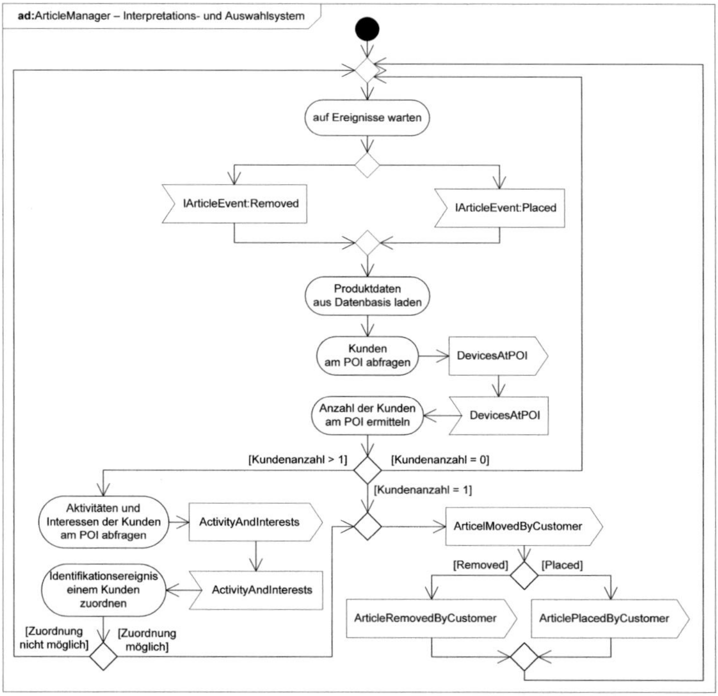

Abbildung 5-18: Ablauf der Interpretation und Anreicherung produktbezogener Kontextinformationen

Bei einem Eintreffen der Ereignisse `IArticleEvent:Removed` für die Entnahme eines Produkts oder `IArticleEvent:Placed` für das Zurücklegen eines Produkts bzw. das Mitnehmen eines Produkts zu einem anderen POI werden zunächst die Daten des betreffenden Produkts geladen. Dabei werden insbesondere hinterlegte Produkteigenschaften und die zugeordnete Produktkategorie ausgelesen. Danach wird mithilfe der Nachricht `DevicesAtPOI` bei der Komponente `POIManager` des Interpretations- und Auswahlsystems angefragt, welche Kunden sich aktuell an dem POI aufhalten, an dem die Produktbewegung identifiziert wurde. In Abhängigkeit von der ermittelten Anzahl an Kunden, die sich aktuell an diesem POI befinden, können drei Fälle bei der weiteren Verarbeitung des Identifikationsereignisses unterschieden werden.

Sind bei der Komponente `POIManager` an diesem POI aktuell keine Kunden erfasst, erfolgt die Produktentnahme durch einen Kunden, zu dessen mobilen Endgerät zurzeit keine Verbindung aufgebaut und der dadurch nicht identifiziert werden kann. In diesem Fall kann die Produktbewegung nicht zugeordnet werden, so dass keine weitere Verarbeitung des Identifikationsereignisses stattfindet.

Wird aktuell genau ein Kunde am POI erkannt, kann diesem die Produktbewegung direkt zugeordnet werden. In diesem Fall wird zunächst das Ereignis `ArticleMovedByCustomer` an die Komponente `CustomerManager` übermittelt. Das Ereignis-Objekt enthält die Art der Produktbewegung (Entnahme oder Zurücklegen), die BDA des zugeordneten Kundengeräts, einen Zeitstempel zum Identifikationszeitpunkt der Produktbewegung, die ID des POI, an dem die Produktbewegung identifiziert wurde, die Produktnummer des bewegten Produkts und die ID der Produktkategorie, in die das Produkt fällt. Der Versand dieses Ereignis-Objekts stößt beim `CustomerManager` das Festhalten der Kundenaktivitäten und Ableiten von Kundeninteressen an (vgl. Abschnitt 5.4.2.1). Danach wird in Abhängigkeit vom eingegangenen Identifikationsereignis das Ereignis-Objekt `ArticleRemovedByCustomer` oder `ArticlePlacedByCustomer` an die Komponente `SituationManager` versendet, wodurch eine Situationserkennung ausgelöst wird (vgl. Abschnitt 5.4.2.3). Die Ereignis-Objekte enthalten zusätzlich auch Eigenschaften des bewegten Produkts, die aus der Datenbasis ausgelesen wurden und im Rahmen der Erkennung lernrelevanter Situation Verwendung finden.

Halten sich momentan mehrere Kunden am POI auf, wird die Zuordnung der Produktbewegung zu einem dieser Kunden auf Basis der bisher erfassten Kundenaktivitäten und -interessen vorgenommen. Dazu werden zunächst die Aktivitäten und Interessen der am POI identifizierten Kunden mithilfe der Nachricht `ActivityAndInterests` beim `CustomerManager` abgefragt (vgl. Abschnitt 5.4.2.1).

Nach dem Eintreffen aller Antwortnachrichten erfolgt die Zuordnung nach dem in Abbildung 5-19 dargestellten Vorgehen.

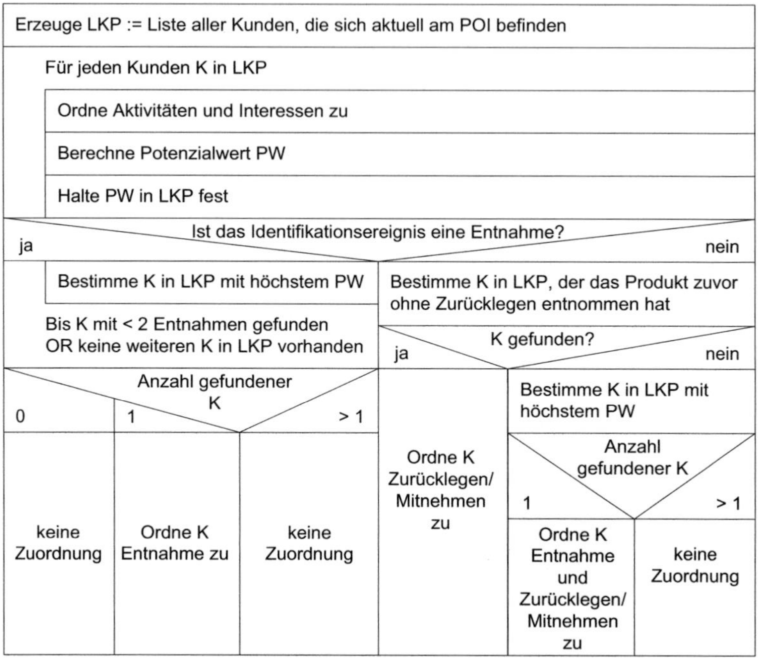

Abbildung 5-19: Struktogramm zur Zuordnung von Produktbewegungen bei mehreren Kunden am POI

Zunächst wird eine Liste mit allen Kunden erzeugt, die sich aktuell am POI befinden, an dem das Identifikationsereignis aufgetreten ist. Danach werden jedem Kunden in der Liste dessen vom `CustomerManager` übermittelten Aktivitäten und Interessen zugeordnet und hierzu jeweils ein Potenzialwert berechnet und gespeichert. Dieser Wert gibt an, wie hoch das Potenzial eines bestimmten Kunden ist, die identifizierte Produktbewegung auszulösen. Der Potenzialwert *PW* eines Kunden für das aktuelle Identifikationsereignis *i* wird anhand nachstehender Formel ermittelt:

$$PW_i = A \cdot \left(1 + \frac{PI_i + KI_i}{2}\right)$$

PW_i : Potenzialwert des Kunden für das Identifikationsereignis i

A : Anzahl der Aktivitäten des Kunden

PI_i : Interesse des Kunden für das zum Identifikationsereignis i gehörende Produkt

KI_i : Interesse des Kunden für die zum Identifikationsereignis i gehörende Produktkategorie

Dabei wird zum einen bewertet, wie aktiv sich der Kunde bisher in der Ladenumgebung verhalten und wie viele Produktbewegungen er vorgenommen hat. Kunden, bei denen im Rahmen des aktuellen Ladenbesuchs ein häufiges Entnehmen, Zurücklegen und Mitnehmen von Produkten beobachtet werden konnte, weisen auch ein größeres Potenzial auf, z. B. aufgrund ihrer momentanen Stimmung oder ihres hohen Involvements, beim derzeitigen Kauf weitere Produktbewegungen auszulösen. Zum anderen wird die Anzahl dieser beobachteten Aktivitäten mit den festgestellten Kundeninteressen für das identifizierte Produkt und die Kategorie, in die dieses Produkt fällt, gewichtet. Dadurch werden auch aktuelle Kaufintensionen und generelle Interessen des Kunden für das bewegte Produkt berücksichtigt, die bei starker Ausprägung für entsprechende Produktbewegungen ausschlaggebend sind.

Bei einer identifizierten Produktentnahme wird im Anschluss derjenige Kunde in der Liste bestimmt, der den höchsten Potenzialwert besitzt. Dabei werden nur solche Kunden ausgewählt, denen derzeit weniger als zwei Produktentnahmen zugeordnet sind. Bei Kunden, die aktuell schon mindestens zwei Produkte entnommen haben, kann trotz eines hohen Potenzialwerts davon ausgegangen werden, dass die Entnahme und Betrachtung eines weiteren Produkts aufgrund der damit einhergehenden Einschränkungen im Hinblick auf Handhabung und kognitive Verarbeitung weniger wahrscheinlich ist. Konnte auf dieser Basis kein Kunde bestimmt werden oder wurden mehrere Kunden mit einem gleichen Potenzialwert gefunden, ist keine eindeutige Zuordnung der Produktentnahme möglich. Wurde hingegen genau ein Kunde gefunden, wird diesem die Produktentnahme zugeordnet.

Bei der Identifikation eines Zurücklegens oder Mitnehmens von Produkten wird nach der Erzeugung und Verarbeitung der Liste mit allen sich am POI befindenden Kunden zunächst ermittelt, ob einer dieser Kunden das Produkt zuvor entnommen hat, ohne es an seinen ursprünglichen Ausstellungsplatz zurückzulegen. Ist dies der Fall, kann diesem Kunden die aktuelle Produktbewegung direkt zugeordnet werden. Andernfalls wird derjenige Kunde in der Liste bestimmt, der den höchsten Potenzialwert für die Produktbewegung aufweist. Trifft dies genau auf einen Kunden zu, wird diesem sowohl das Zurücklegen bzw. die Mitnahme des Produkts als auch dessen vorherige Entnahme zugeordnet. Weisen mehrere Kunden gleichermaßen den höchsten Potenzialwert in der Liste auf, kann die Produktbewegung nicht eindeutig zugeordnet werden.

Bei einer erfolgreichen Zuordnung von Produktbewegungen an einem POI, an dem sich momentan mehrere Kunden aufhalten, werden anschließend ebenfalls die Ereignis-Objekte `ArticleMovedByCustomer` an die Komponente `CustomerManager` sowie `ArticleRemovedByCustomer` oder `ArticlePlacedByCustomer` an die Komponente `SituationManager` übermittelt.

5.4.2.3 Situationserkennung und Auswahl von Lernobjekten

Die Situationserkennung durch die Komponente `SituationManager` des Interpretations- und Auswahlsystems wird durch verschiedene sog. Trigger-Ereignisse ausgelöst, die sich auf den externen Kontext einer Situation beziehen und aktuell beobachtbare Zustandsänderungen der Ladenumgebung bzw. Aktivitäten des Kunden anzeigen (vgl. Abschnitt 5.2.2). Tabelle 5-4 gibt einen Überblick über diese Ereignisse.

Trigger-Ereignis	Sender	Beschreibung
`NewCustomer`	`CustomerManager`	neuer Kunde in der Ladenumgebung
`MovedCustomer`		Kundenpositionswechsel
`DurationOfStay`		Aufenthaltsdauerüberschreitung
`ArticleRemovedByCustomer`	`ArticleManager`	Produktentnahme
`ArticlePlacedByCustomer`		Zurücklegen / Mitnahme von Produkten
`IMotiveInfoEvent`	`MotiveManager`	Eingabe / Auswahl am Kundengerät

Tabelle 5-4: Trigger-Ereignisse für das Auslösen einer Situationserkennung

Die zugehörigen Ereignis-Objekte, die von den Komponenten `CustomerManager`, `ArticleManager` oder `MotiveManager` gesendet werden, kapseln entsprechende Parameter (z. B. Kundenposition) und Parameterwerte (z. B. Ausstellungsort 1) zum aktuell beobachteten externen Kontext. Darüber hinaus enthalten sie auch weitere abgeleitete und gespeicherte Kontextparameter (z. B. Kundeninteressen), mit denen beobachtete Zustände und Aktivitäten der Umwelt und des Kunden von der sendenden Komponente angereichert werden (vgl. Abschnitte 5.4.2.1, 5.4.2.2).

Der Ablauf Situationserkennung und Auswahl von Lerninhalten nach dem Eintreffen eines Trigger-Ereignisses ist in Abbildung 5-20 (S. 163) dargestellt. Trifft ein Trigger-Ereignis beim `SituationManager` ein, wird zunächst das Objekt `SituationInfo` erstellt, in dem alle übermittelten Parameter und Parameterwerte zur Beschreibung der aktuellen Situation gespeichert werden. Im Anschluss werden zur Designzeit definierte Situationen gesucht, die mit den Parametern und Werten des eingetroffenen Ereignisses überein stimmen. Wurde eine übereinstimmende Situation gefunden, folgt danach ein Abgleich, ob alle weiteren, in der Situationsdefinition verwendeten Parameter bereits im Objekt `SituationInfo` vorliegen. Fehlende Parameter zur aktuellen Situation (z. B. der vorherige Aufenthaltsort des Kunden) werden in Abhängigkeit davon, welche Komponente die entsprechenden Parameter vorhält, bei `CustomerManager`, `ArticleManager` oder `POIManager` angefragt und nach dem Eintreffen der Antwortnachrichten im `SituationInfo`-Objekt festgehalten. Anschließend wird auch die Übereinstimmung der weiteren Parameter der Situationsdefinition mit denen der aktuellen Situation überprüft. Stimmt dabei ein Parameter nicht überein, wird die Suche nach passenden Situationsdefinitionen so lange fortgesetzt, bis keine weiteren definierten Situationen mehr vorhanden sind. Bei einer Übereinstimmung aller Parameter der aktuellen Situation mit denen einer definierten lernrelevanten Situation, schließt sich die Auswahl geeigneter Lernobjekte an.

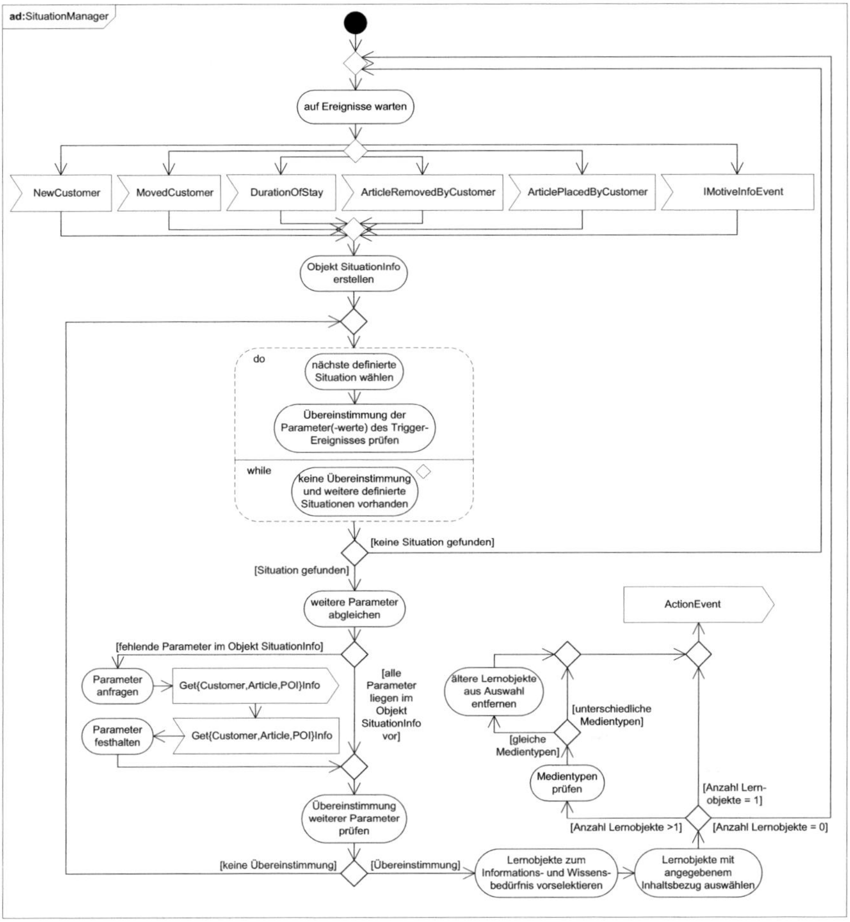

Abbildung 5-20: Ablauf der Situationserkennung und Auswahl von Lerninhalten

Dazu werden in einem ersten Schritt alle Lernobjekte ausgewählt, die in der Datenbasis dem Informations- und Wissensbedürfnis zugeordnet sind, das für die identifizierte Situation zur Designzeit in der Situationsdefinition festgelegt wurde. Dadurch werden zunächst solche Lernobjekte vorselektiert, die im Hinblick auf grundsätzlich enthaltene Lerngegenstände sowie Präsentations- und Interaktionsform auf die Befriedung dieses Informations- und Wissensbedürfnisses hin ausgerichtet sind (vgl. Abschnitte 3.4.1, 3.5.1). In einem zweiten Schritt wird betrachtet, welcher inhaltliche Bezug für die weitere Auswahl von geeigneten Lernobjekten in der Situationsdefinition angegeben ist. Der angegebene Inhaltsbezug wird mit den Metadaten in der Kategorie „Classification" der vorselektierten Lernobjekte verglichen, die entweder auf alle Produkte, eine bestimmte Produktkategorie oder ein einzelnes Produkt verweisen (vgl. Abschnitt 3.5.2.4). Tabelle 5-5 gibt einen Überblick über die Informations- und Wissensbedürfnisse und jeweils mögliche Inhaltsbezüge, die in der prototypischen Implementierung bei der Situationsdefinition festgelegt werden können.

Informations- und Wissensbedürfnis	mögliche Inhaltsbezüge
Produktneuheiten (`News*`)	gesamte Produktpalette (`All*`)
	Kategorie mit höchstem Kundeninteresse (`CatHighestInt*`)
	am POI ausgestellte Kategorie mit höchstem Kundeninteresse (`POICatHighestInt*`)
geeignete Produkte (`Selection*`)	Kategorie mit höchstem Kundeninteresse (`CatHighestInt*`)
	am POI ausgestellte Kategorie mit höchstem Kundeninteresse (`POICatHighestInt*`)
	Kategorie des bewegten Produkts (`CatMoved*`)
Produkteigenschaften, -funktionen und -technologien (`Overview*`)	Produkt mit höchstem Kundeninteresse (`ProHighestInt*`)
	bewegtes Produkt (`ProMoved*`)
Alternativenbeurteilung, -vergleich und -ergänzung (`Evaluation*`)	Produkt mit höchstem Kundeninteresse (`ProHighestInt*`)
	bewegtes Produkt (`ProMoved*`)
Nutzung, Pflege und Ergänzung (`AfterSales*`)	bewegtes Produkt (`ProMoved*`)

* ➔Kurzbezeichnung im System

Tabelle 5-5: Einflussfaktoren der Auswahl von Lernobjekten

Falls mehrere, inhaltlich gleiche Lernobjekte gefunden werden, erfolgt vor dem Versand des `ActionEvent`-Ereignisses eine Überprüfung ihrer Medientypen. Bei Lernobjekten, die auch denselben Medientyp besitzen, werden die älteren Lernobjekte des jeweiligen Medientyps aus der Auswahl entfernt. Dadurch werden nach vorgenommenen Aktualisierungen der im System verfügbaren Lernobjekte nur diejenigen ausgewählt, die neu für einen Medientyp hinzugefügt wurden. Als Ergebnis der Auswahl liegen Lernobjekte vor, die gleiche Inhalte umfassen, aber unterschiedliche Medientypen besitzen und für verschiedene Präsentationsgeräte (z. B. mobiles Endgerät, Terminal) bestimmt sind. Im Ereignis-Objekt `ActionEvent` werden anschließend ID und zugehöriger Medientyp aller gefundenen Lernobjekte an die Komponente `POIManager` übermittelt, die das zu präsentierende Lernobjekt anhand der Verfügbarkeit der Präsentationsgeräte am POI auswählt.

5.4.3 Distribution und Präsentation der Lerninhalte

An der Distribution und Präsentation der Lerninhalte sind mehrere Systemkomponenten beteiligt. Wesentliche Aufgaben erfüllen dabei die Komponenten `POIManager` des Interpretations- und Auswahlsystems sowie `PresentationManager` und `MotiveManager` des Erfassungs- und Präsentationssystems. Distribution und Präsentation von Lerninhalten durch das Zusammenwirken dieser Komponenten sind in Abbildung 5-21 dargestellt.

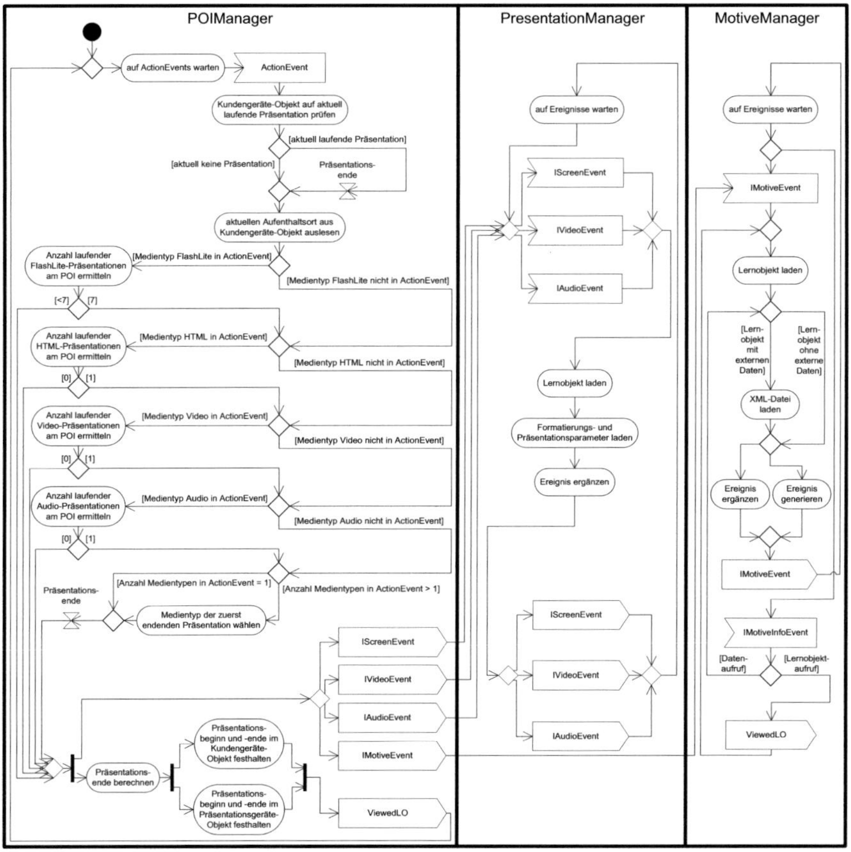

Abbildung 5-21: Ablauf der Distribution und Präsentation von Lerninhalten

Zunächst trifft das Ereignis `ActionEvent` bei der Komponente `POIManager` ein, das vom `SituationManager` versendet wurde und die Distribution und Präsentation von Lerninhalten anstößt (vgl. Abschnitt 5.4.2.3). Der `POIManager` verwaltet zentral Informationen zu Präsentations- und Kundengeräten, die an den verschiedenen POI in der Ladenumgebung vorhanden bzw. aktuell dort erfasst sind. Die Informationen werden dabei in einzelnen Präsentationsgeräte- und Kundengeräte-Objekten vorgehalten.

Nach dem Eintreffen des Ereignisses prüft der `POIManager` anhand der Präsentationsendzeitpunkte, die in dem zur BDA im Ereignis gehörenden Kundengeräte-Objekt festgehalten sind, ob dem Kunden zurzeit Lernobjekte präsentiert werden. Erfolgt aktuell bereits eine Präsentation für den Kunden, wird die weitere Bearbeitung des eingetroffenen Ereignisses erst nach dem festgehaltenen Präsentationsende fortgesetzt. Aus dem Kundengeräte-Objekt wird dann der POI ausgelesen, an dem sich der Kunde aktuell aufhält. Dies ist notwendig, da der Kunde nach der Erkennung einer lernrelevanten Situation und der Auswahl geeigneter Lernobjekte oder dem Ende einer laufenden Präsentation ggf. seinen Standort in der Ladenumgebung gewechselt haben kann.

Anschließend wird bestimmt, durch welches Gerät an diesem POI die Präsentation des Lerninhalts erfolgt. Dabei sind zum einen die Medientypen der vom `SituationManager` ausgewählten Lernobjekte und zum anderen die aktuelle Verfügbarkeit der Präsentationsgeräte am POI entscheidend. Liegen für ein Präsentationsgerät keine Lernobjekte mit passendem Medientyp im Ereignis `ActionEvent` vor oder ist das Gerät durch bereits laufende Präsentationen zurzeit besetzt, wird jeweils die Verwendung des nächsten Präsentationsgeräts überprüft.

Begonnen wird mit der Überprüfung, ob der Lerninhalt über das mobile Endgerät des Kunden präsentiert und damit im persönlichen Umfeld des Kunden bereitgestellt werden kann. Beeinhalt das Ereignis `ActionEvent` ein Lernobjekt im Medientyp FlashLite, wird anhand der Anzahl der aktuell am POI laufenden FlashLite-Präsentationen ermittelt, ob der Bluetooth-Sender des POI momentan eine weitere Verbindung zu einem mobilen Kundengerät aufbauen kann. Der Bluetooth-Standard unterstützt den gleichzeitigen Aufbau von maximal sieben aktiven Verbindungen des Senders zu anderen Geräten [BSIG09a]. Bestehen bereits sieben Bluetooth-Verbindungen für die Präsentation von Lernobjekten des Medientyps FlashLite, gilt der Sender am POI als besetzt.

Für die Verwendung der weiteren Präsentationsgeräte am POI wird in der Reihenfolge der Medientypen HTML (mit integrierten Multimedia-Elementen), Video und Audio überprüft, ob ein Lernobjekt in diesem Medientyp im Ereignis `ActionEvent` vorliegt und das Gerät verfügbar ist. Die Reihenfolge der Überprüfung ergibt sich aus dem Potenzial der einzelnen Medientypen zur Anregung und Unterstützung von Lernprozessen durch Interaktionsmöglichkeiten und Multimodalität [Weid02]. Die entsprechenden Präsentationsgeräte Terminal, Monitor und Lautsprecher sind besetzt und nicht verfügbar, wenn aktuell bereits ein Lernobjekt über das jeweilige Gerät präsentiert wird.

Die Anzahl der Präsentationen, die aktuell über ein bestimmtes Gerät stattfinden, kann dem zugehörigen Präsentationsgeräte-Objekt entnommen werden, das die Start- und Endzeitpunkte aller während der Systemlaufzeit über das Gerät ausgeführten Präsentationen enthält. Sind aktuell alle Präsentationsgeräte für die Medientypen der im `ActionEvent` vorkommenden Lernobjekte besetzt, muss das Ende einer laufenden Präsentation abgewartet werden. Darüber hinaus wird bei mehreren Lernobjekten im Ereignis `ActionEvent` zuvor der Medientyp als Präsentationsform gewählt, für den eine laufende Präsentation zuerst endet bzw. ein Präsentationsgerät am schnellsten wieder verfügbar ist.

Ist ein Präsentationsgerät verfügbar, wird zum einen das Präsentationsende für das Lernobjekt berechnet. Die Berechnung erfolgt auf Basis der aktuellen Zeit, die den Präsentationsbeginn markiert, und der in den Metadaten angegebenen typischen Lerndauer für das Lernobjekt. Anschließend werden Präsentationsbeginn und -ende sowohl im Präsentationsgeräte- als auch im Kundengeräte-Objekt festgehalten. Danach wird die Komponente `CustomerManager` mithilfe des Ereignisses `ViewedLO` über die Präsentation benachrichtigt und die ID des präsentierten Lernobjekts im Kundenprofil festgehalten (vgl. Abschnitt 5.4.2.1).

Zum anderen wird parallel zur Berechnung und Fixierung der Präsentationszeiten in Abhängigkeit vom Medientyp des zu präsentierenden Lernobjekts das Ereignis `IScreenEvent`, `IVideoEvent` oder `IAudioEvent` an die Komponente `PresentationManager` oder das Ereignis `IMotiveEvent` an die Komponente `MotiveManager` versandt. Diese Ereignisse zeigen jeweils die Verwendung eines bestimmten Präsentationsgeräts an und beinhalten die ID des Lernobjekts, das präsentiert werden soll, sowie die ID des POI, der für die Präsentation vorgesehen ist. Darüber hinaus enthält das Ereignis `IMotiveEvent` auch die BDA des mobilen Endgeräts des Kunden, auf dem die Präsentation erfolgen soll.

Die Komponente `PresentationManager` ist für die Präsentation von Lernobjekten über fest am POI installierte Präsentationsgeräte zuständig. Nach dem Eintreffen eines Ereignisses lädt sie das zu präsentierende Lernobjekt sowie die zentral für den Medientyp des Lernobjekts in einem Template hinterlegten Formatierungs- und Präsentationsparameter aus der Datenbasis. Der `PresentationManager` ergänzt das Ereignis um diese Daten und leitet es an den stationären Client weiter, der die Steuerung des entsprechenden Präsentationsgeräts übernimmt (vgl. Abschnitt 5.3.2.1).

Die Präsentation von Lerninhalten auf dem mobilen Endgerät des Kunden wird über die Komponente `MotiveManager` angestoßen. Diese lädt zunächst nach dem Eintreffen des Trigger-Ereignisses `IMotiveEvent` das zugehörige Lernobjekt aus der Datenbasis. In Abhängigkeit von der jeweiligen Servicekomponente der FlashLite-Applikation, in die das Lernobjekt eingebettet ist, werden ggf. noch weitere Daten (z. B. aktuelle Produktkatalogdaten und Preisinformationen) geladen, die außerhalb des multimedialen Lernobjekts in einer XML-Datei gespeichert sind. Anschließend werden die geladenen Daten im eingetroffenen Ereignis ergänzt und dieses an den stationären Client übermittelt. Der stationäre Client steuert die Übertragung der Lerninhalte auf das mobile Kundengerät (vgl. Abschnitt 5.3.2.1). Darüber hinaus nimmt der stationäre Client auch die von den Servicekomponenten der FlashLite-Applikation über Bluetooth gesendeten Nachrichten entgegen und leitet diese im Ereignis-Objekt `IMotiveInfoEvent` an den `MotiveManager` weiter (vgl. Abschnitte

5.3.2.1, 5.3.2.2). Über die Nachrichten der Servicekomponenten werden entweder weitere XML-Daten zur Einbettung in das aktuelle Lernobjekt oder ein neues Lernobjekt aufgerufen. Der Aufruf eines neuen Lernobjekts wird ebenfalls der Komponente `CustomerManager` mithilfe des Ereignisses `ViewedLO` gemeldet, die dies im Profil des Kunden festhält. Das aufgerufene Lernobjekt und / oder die XML-Datei wird anschließend geladen und das Ereignis `IMotiveEvent` generiert, das an den stationären Client übermittelt wird.

5.5 Kundenschnittstelle

5.5.1 Aufbau der Benutzeroberfläche

Abbildung 5-22 gibt einen Überblick über den grundsätzlichen Aufbau der Benutzeroberfläche auf dem mobilen Endgerät [Para08, S. 22f.].

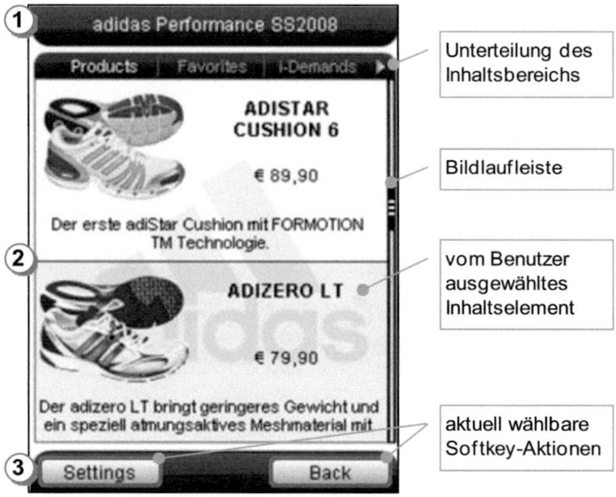

Abbildung 5-22: Aufbau der Benutzeroberfläche auf dem mobilen Endgerät

Die Benutzeroberfläche ist in einen Titel- (1), Inhalts- (2) und Softkey-Bereich (3) unterteilt. Letzterer stellt in Form von Schaltflächen aktuell ausführbare Aktionen dar, die durch das Betätigen der als Softkeys bezeichneten Tasten des mobilen Endgeräts ausgelöst werden können. Softkeys sind i. d. R. unterhalb des Gerätedisplays angeordnet und ermöglichen die Ausführung unterschiedlicher Aktionen, die im Gegensatz zu Hardkeys nicht starr vorgegeben sind, sondern in Abhängigkeit vom gegenwärtigen Applikationsstatus und der derzeitigen Bildschirmdarstellung dynamisch zugewiesen werden [LiKK03, S. 67ff.]. Die den Softkeys zugewiesenen Aktionen beziehen sich in der FlashLite-Applikation entweder auf die gesamte Servicekomponente oder den aktuell dargestellten Inhaltsbereich bzw. einzelne, im Inhaltsbereich ausgewählte Elemente.

Einzelne Inhaltselemente können über den Joystick bzw. die Richtungstasten des mobilen Endgeräts angesteuert und ausgewählt werden. Das jeweils ausgewählte Element wird im Inhaltsbereich durch eine entsprechend kontrastierte Hervorhebung gekennzeichnet. Durch Drücken des Sticks oder der Auswahltaste werden die ausgewählten Inhaltselemente aktiviert und so weitere Informationen oder Funktionalitäten aufgerufen, die sich auf das ausgewählte Element beziehen.

Meist am oberen Rand des Inhaltsbereichs angesiedelt, wird in einem Navigationsbalken die weitere Unterteilung des Inhalts in einzelne Rubriken oder Seiten dargestellt. Pfeile in diesem Balken zeigen dem Kunden horizontale Navigationsmöglichkeiten zur gezielten Ansteuerung einzelner Lerninhalte auf. Bildlaufleisten visualisieren hingegen Möglichkeiten zur vertikalen Navigation (Scrollen) in einer Rubrik bzw. auf einer Seite. Sowohl die horizontale Navigation zur Änderung des Inhaltsbereichs als auch das Scrollen erfolgen über den Joystick oder die Richtungstasten des Mobilgeräts.

5.5.2 Lernen in der Phase „Problemerkenntnis“

In Situationen, die der Problemerkenntnisphase zuzuordnen sind und am POI „Eingang“ oder bei dem ersten Betreten eines Ausstellungsorts während des Ladenbesuchs auftreten, werden in der Servicekomponente „News“ der FlashLite-Applikation Inhalte zur Verfügung gestellt, durch die sich der Kunde einen Überblick über Marktentwicklungen, das Leistungsangebot sowie über neu erscheinende Produkte verschaffen kann. Nachdem ein Kunde die Ladenumgebung betreten oder erstmals während des aktuellen Ladenbesuchs einen Ausstellungsort aufgesucht bzw. dort Bluetooth an seinem Mobilgerät aktiviert hat, wird durch das Anwendungssystem die Servicekomponente an das mobile Endgerät des Kunden versendet.

Abbildung 5-23: Servicekomponente „News“

Nach dem Starten der Servicekomponente wird dem Kunden zunächst eine Übersicht über die in der Ladenumgebung verfügbaren Produktkategorien (1) präsentiert (vgl.

Abbildung 5-23). Hat der Kunde die Ladenumgebung schon einmal besucht und konnten durch das onsite-Anwendungssystem Interessen für bestimmte Produktkategorien abgeleitet werden, so kann die Kategorie mit dem stärksten Kundeninteresse markiert werden (2). Nach der Vorauswahl einer Kategorie durch die Anwendung oder der eigenen Auswahl durch den Kunden werden durch Betätigen des Softkeys „Select“ alle neuen Produkte dieser Kategorie angezeigt (3). Die Produkte werden dabei mit kurzen Informationen aufgelistet, da in dieser Phase ein Überblick über aktuelle Marktentwicklungen und neue Produkte im Vordergrund steht (vgl. Abschnitt 3.4.1.3). Neben dem Namen, Erscheinungsmonat und Preis des Produkts wird insbesondere eine Kurzbeschreibung und Auflistung der im Produkt verwendeten Technologien präsentiert.

Durch die Auswahl eines Produkts und den Aufruf der Aktion „Settings“, kann der Kunde weitere Einstellung für die Lerninhaltsbereitstellung zu diesem Produkt vornehmen. Zum einen hat er die Möglichkeit, mithilfe der Checkbox „I like it“ ein Interesse für dieses Produkt explizit anzugeben (1) (vgl. Abbildung 5-24). Dieses wird im Kundenprofil festgehalten und beeinflusst die weitere situationsspezifische Auswahl von Inhalten. Auf Basis dieser Angabe wird z. B. bei der späteren Entnahme eines ähnlichen Produkts Wissen zu relevanten Beurteilungs- und Vergleichskriterien vermittelt (vgl. Abschnitt 5.5.4). Zum anderen kann der Kunde durch die Aktivierung der Checkbox „I need mor info“ das Produkt als erklärungsbedürftig markieren. Dadurch werden beim Anwendungssystem ausführliche Lerninhalte zum Produkt angefragt, wodurch ein Übergang zur Phase „Informationssuche“ stattfindet (vgl. Abschnitt 5.5.3).

Abbildung 5-24: Angaben zur Informations- und Wissensbereitstellung

Sobald der Kunde erstmalig eine der beiden Checkboxen aktiviert, werden Informationen zum Datenschutz und ein Auswahldialog angezeigt (2). Der Kunde kann entscheiden, ob die vorgenommenen Einstellungen an das Anwendungssystem übermittelt und diese bei der Informations- und Wissensbereitstellung berücksichtigt werden sollen. Nach der Zustimmung durch den Kunden werden die Einstellungen an das Anwendungssystem übertragen.

Die Übertragung der vorgenommenen Einstellungen kann auch zeitversetzt erfolgen, wenn der Kunde den Kaufprozess unterbricht und die Servicekomponente außerhalb der Ladenumgebung weiter nutzt. Die Servicekomponente speichert dazu alle Einstellungen, die „offsite“ vorgenommen oder geändert werden. Um für Änderungen schnell auf die als interessant oder erklärungsbedürftig markierten Produkte zugreifen zu können, stehen dem Kunden die Seiten „Favorites“ (1) bzw. „i-Demands“ (2) zur Verfügung, in denen die jeweils markierten Produkte aufgelistet sind (vgl. Abbildung 5-25).

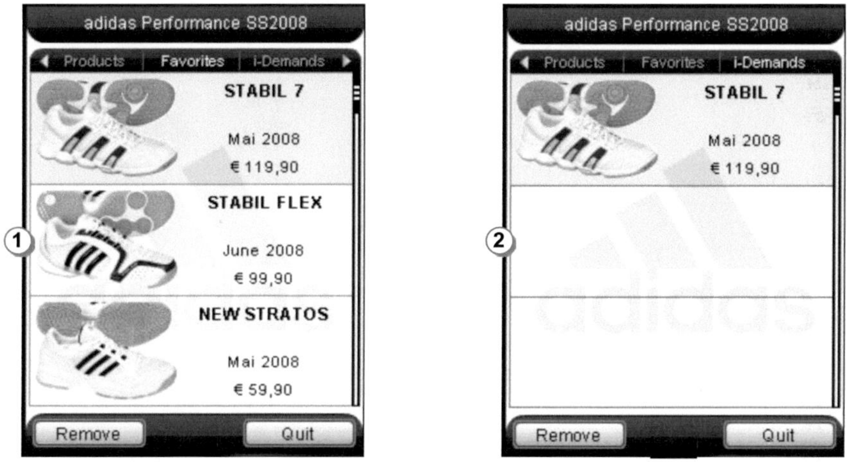

Abbildung 5-25: Markierte Produkte in der Servicekomponente „News“

Bei einem erneuten Betreten der Ladenumgebung werden neue bzw. geänderte Einstellungen automatisch an das System übertragen.

5.5.3 Lernen in der Phase „Informationssuche“

In der Phase der Informationssuche wird dem Kunden bei der Erkennung lernrelevanter Situationen und der Ableitung von Informations- und Wissensbedürfnissen zu Produkteigenschaften, -funktionen und -technologien die Servicekomponente „Presentation“ bereitgestellt, die Lerninhalte in Form eines multimedialen Produkthefts präsentiert (vgl. Abbildung 5-26, S. 172). Die Bereitstellung erfolgt während des Aufenthalts eines Kunden am Ausstellungsort, z. B. auf Basis von als interessant bzw. erklärungsbedürftig markierten Produkten oder von aktuell vom Kunden vorgenommenen Produktbewegungen am Ausstellungsort.

Der Navigationsbalken am oberen Rand des Inhaltsbereichs (1) zeigt die Anzahl der insgesamt zur Verfügung stehenden Seiten und die jeweils schon betrachteten an (vgl.

Abbildung 5-26). Mithilfe des Joysticks bzw. der Richtungstasten kann der Kunde durch die einzelnen Seiten navigieren. Für eine multimodale Vermittlung von Produktwissen werden auf den einzelnen Seiten unterschiedliche Medientypen verwendet und miteinander kombiniert, i. d. R. Text und Bilder (2), Text i. V. m. Animationen (3), nur Text (4) sowie Video und Text (5). Bei dem Verlassen der Servicekomponente mithilfe des Softkeys „Quit" wird die aktuell betrachtete Seite gespeichert. Wird die Servicekomponente wieder aufgerufen, setzt sich die Präsentation an dieser Stelle fort. Der Aufruf kann dabei auch außerhalb der Ladenumgebung erfolgen.

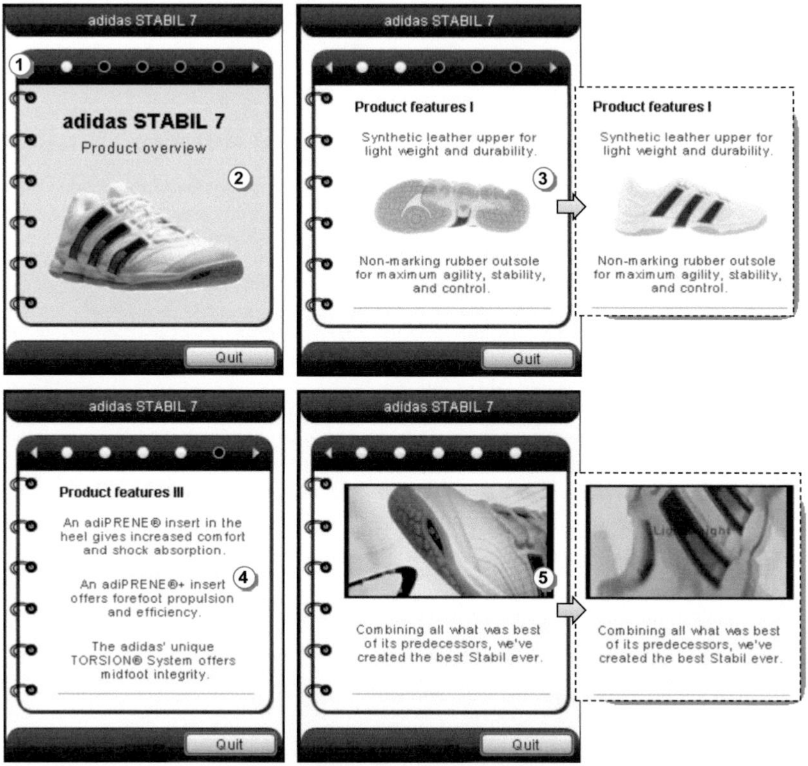

Abbildung 5-26: Servicekomponente „Presentation"

Liegen noch keine konkreten Produktinteressen vor und entnimmt z. B. der Kunde in kurzer Zeit eine größere Anzahl von Produkten einer Kategorie aus Regalen am Ausstellungsort, wird ihm die Servicekomponente „Selection" zu Verfügung gestellt. Diese unterstützt ihn bei der Auswahl geeigneter Produktalternativen und stellt ihm Wissen zu relevanten Auswahlkriterien und Produkten bereit.

Dabei werden dem Kunden zunächst die für die Produktkategorie bedeutenden Auswahlkriterien und deren unterschiedliche Ausprägungen im Hinblick auf das anvisierte Einsatzumfeld für das Produkt präsentiert. Die vom Kunden getroffene Auswahl wird im Anschluss von der Servicekomponente analysiert und dem Kunden entsprechende Kaufalternativen vorgeschlagen. Abbildung 5-27 zeigt die Präsentation von Auswahlkriterien am Beispiel der Kategorie Laufschuhe.

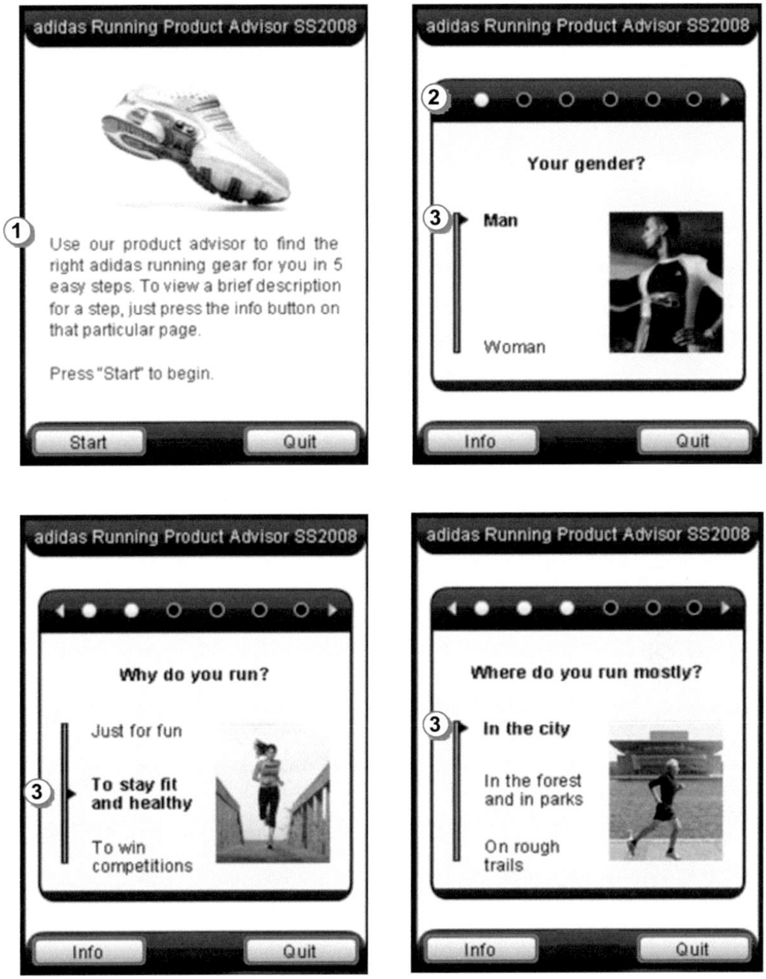

Abbildung 5-27: Präsentation von Auswahlkriterien in der Servicekomponente „Selection"

Nach dem Aufruf der Servicekomponente wird dem Kunden zunächst deren Zielsetzung kurz erläutert und ein Hinweis zum Abruf weiterer Inhalte zu den einzelnen Auswahlkriterien gegeben (1). Danach kann er durch horizontale Bewegung des Joysticks bzw. mithilfe der rechten und linken Richtungstaste des Mobilgeräts zu den einzelnen Auswahlkriterien gelangen. Im Navigationsbalken werden dem Kunden der Bearbeitungsfortschritt und horizontale Navigationsmöglichkeiten angezeigt (2). Durch eine vertikale Joystickbewegung sowie die obere und untere Richtungstaste kann der Kunde die für ihn relevante Ausprägung des jeweiligen Auswahlkriteriums markieren (3).

Über den Softkey „Info" oder die Auswahltaste des mobilen Endgeräts hat der Kunde jederzeit die Möglichkeit, Wissen zu einer Ausprägung zu erwerben (vgl. Abbildung 5-28). Dies ist insbesondere bei komplexeren Auswahlkriterien (z. B. dem Lauftyp) notwendig, um die passende Ausprägung zu bestimmen.

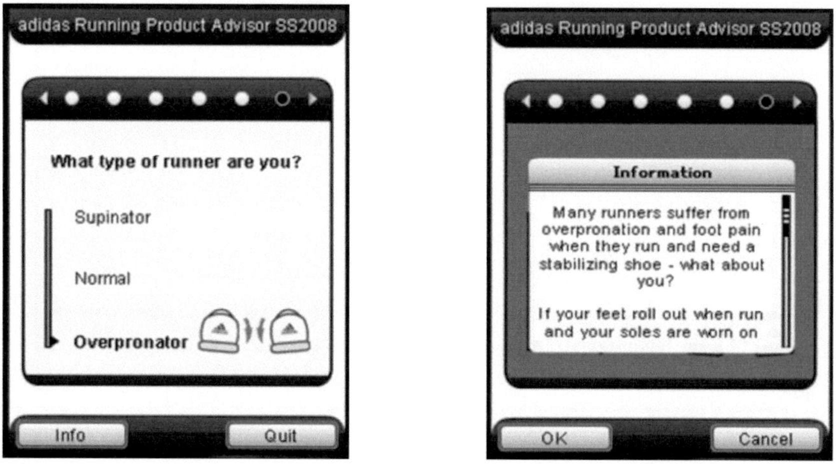

Abbildung 5-28: Abruf von Informationen zu Auswahlkriterien

Nach der Wahl einer Ausprägung bei allen Auswahlkriterien werden passende Produktalternativen in einer Liste präsentiert (1) (vgl. Abbildung 5-29).

Abbildung 5-29: Präsentation von Produktalternativen

Durch Auswahl eines Produkts in der Liste werden weiterführende Lerninhalte beim Anwendungssystem abgerufen und die Servicekomponente „Presentation“ mit den entsprechenden Inhalten zum ausgewählten Produkt an das Kundengerät versendet.

Falls keine Produkte gefunden werden konnten oder der Kunde eine gewählte Ausprägung ändern und sich über Produktalternativen für ein anderes Einsatzumfeld informieren möchte, kann er jederzeit zurück zu dem entsprechenden Auswahlkriterium navigieren (2). Alle gewählten Ausprägungen werden auf dem mobilen Endgerät gespeichert und stehen auch bei einem erneuten Aufruf der Servicekomponente, z. B. bei der Anpassung der Ausprägungsauswahl außerhalb der Ladenumgebung, zur Verfügung.

5.5.4 Lernen in der Phase „Evaluation“

Lernen in der Evaluationsphase wird durch die Servicekomponente „Evaluation“ unterstützt, die dem Kunden Wissen zu relevanten Beurteilungs- und Vergleichskriterien sowie zu ergänzenden Produkten und einer Alternativenbewertung bietet. Die Komponente wird an Ausstellungs- und Entscheidungsorten zur Verfügung gestellt, wenn z. B. eine längere Betrachtung einzelner Produkte einer Kategorie durch Entnahmen aus dem Regal oder das Mitführen von Produkten zu einem Spiegel oder einer Umkleidekabine beobachtet werden kann.

Die Servicekomponente gibt auf der Startseite zunächst einen Überblick über die grundsätzlichen Eigenschaften des Produkts (1), mit dem sich der Kunde intensiv auseinandersetzt (vgl. Abbildung 5-30). Über die Richtungstasten oder den Joystick kann der Kunde danach zu einer strukturierten Auflistung der wesentlichen Produkteigenschaften und im Produkt verwendeten Technologien navigieren, die von ihm als Beurteilungs- und Vergleichskriterien für das Treffen einer Kaufentscheidung herangezogen werden können (2). Durch die Auswahl eines Kriteriums über die Richtungstasten bzw. den Joystick und das Drücken des Softkeys „Info“ oder der Auswahltaste können weiterführende Inhalte zum ausgewählten Kriterium aufgerufen werden (3).

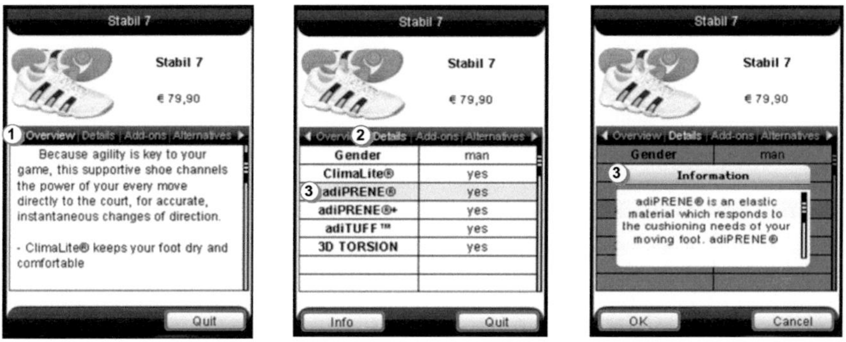

Abbildung 5-30: Präsentation von Beurteilungs- und Vergleichskriterien in der Servicekomponente „Evaluation“

Ebenfalls hat der Kunde die Möglichkeit, sich auf der Seite „Add-ons" Empfehlungen zu ergänzenden Produkten unterbreiten zu lassen (1) (vgl. Abbildung 5-31). Durch Auswahl eines Produkts und Aktivierung der „Info"-Schaltfläche können weitere Informationen zu den Produkten abgerufen werden (2).

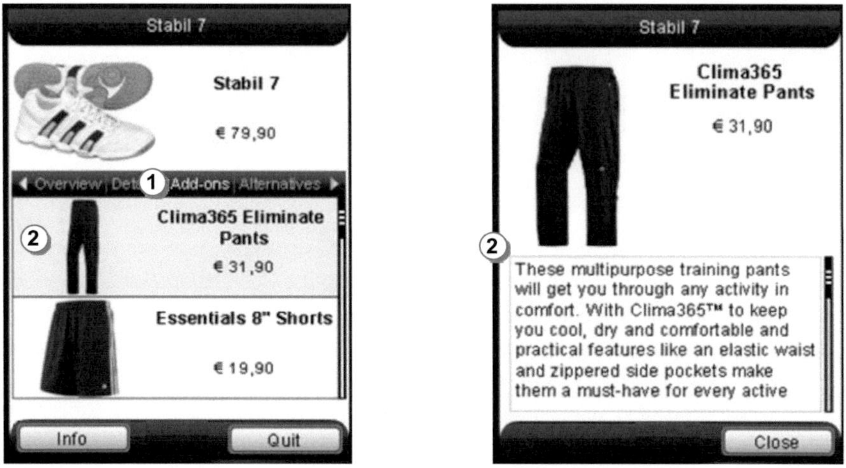

Abbildung 5-31: Informationen zur ergänzenden Produkten

Der Aufruf der Seite „Alternatives" ermöglicht dem Kunden einen direkten Vergleich verschiedener Produktalternativen und deren Bewertung anhand relevanter Beurteilungs- und Vergleichskriterien für das abschließende Treffen einer Kaufentscheidung (vgl. Abbildung 5-32, S. 177).

Nach dem Aufruf der Seite werden dem Kunden zunächst Produktalternativen mit Bild, Name und Preis in einer Liste präsentiert (1). Durch die Markierung einer Produktalternative, die mit dem aktuell über die Liste dargestellten Produkt verglichen werden soll, und der Wahl des Softkeys „Compare" werden die Ausprägungen der Beurteilungs- und Vergleichskriterien beider Produkte gegenübergestellt (2). Der Kunde hat auch hier die Möglichkeit, ausführliche Informationen zu einem markierten Kriterium durch das Drücken der Auswahltaste abzurufen (3). Durch die Auswahl des Softkeys „Switch" (4) kann für das Treffen der Kaufentscheidung eine andere Produktalternative in den Vordergrund gerückt werden. Die Servicekomponente wechselt nach der Auswahl zur Startseite und stellt die Eigenschaften und Technologien des gewählten Produkts im Überblick dar (5). Anschließend kann der Kunde mit Fokus auf diesem Produkt wieder durch die einzelnen Seiten der Servicekomponente navigieren.

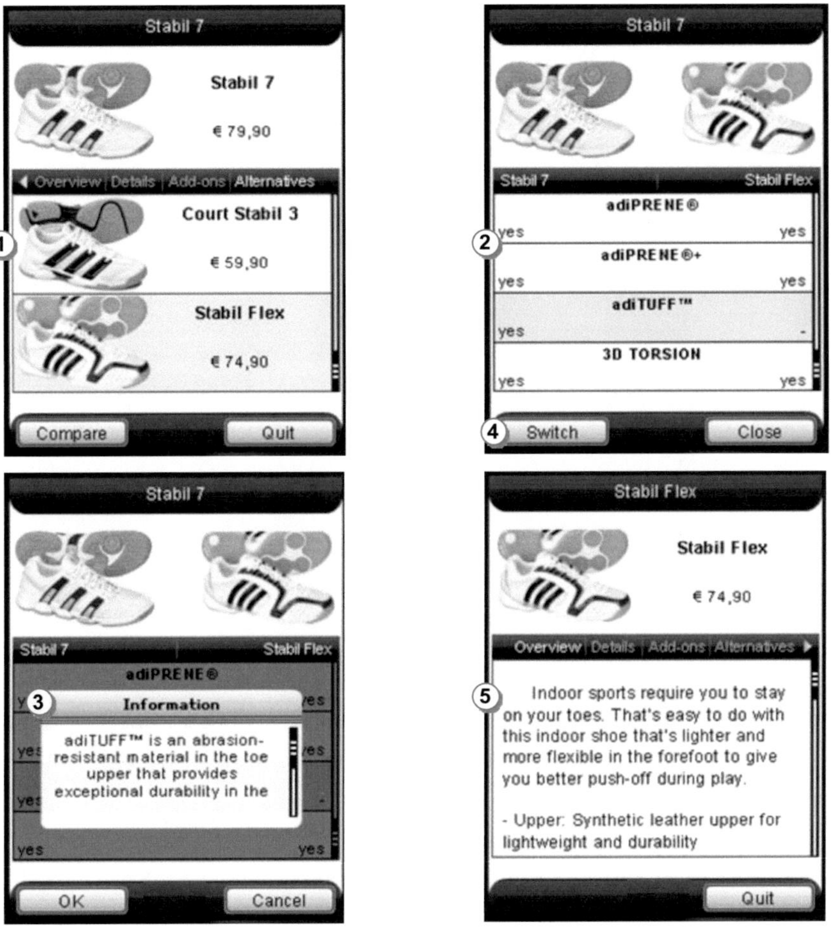

Abbildung 5-32: Vergleich von Produktalternativen

Neben einer Auswahl des zu vergleichenden Produkts aus der Liste steht dem Kunden mit dem ersten Listeneintrag auch die Möglichkeit zur Verfügung, weitere Produkte dieser Kategorie, die in der Ladenumgebung ausgestellt sind, in den Vergleich einzubeziehen (vgl. Abbildung 5-33).

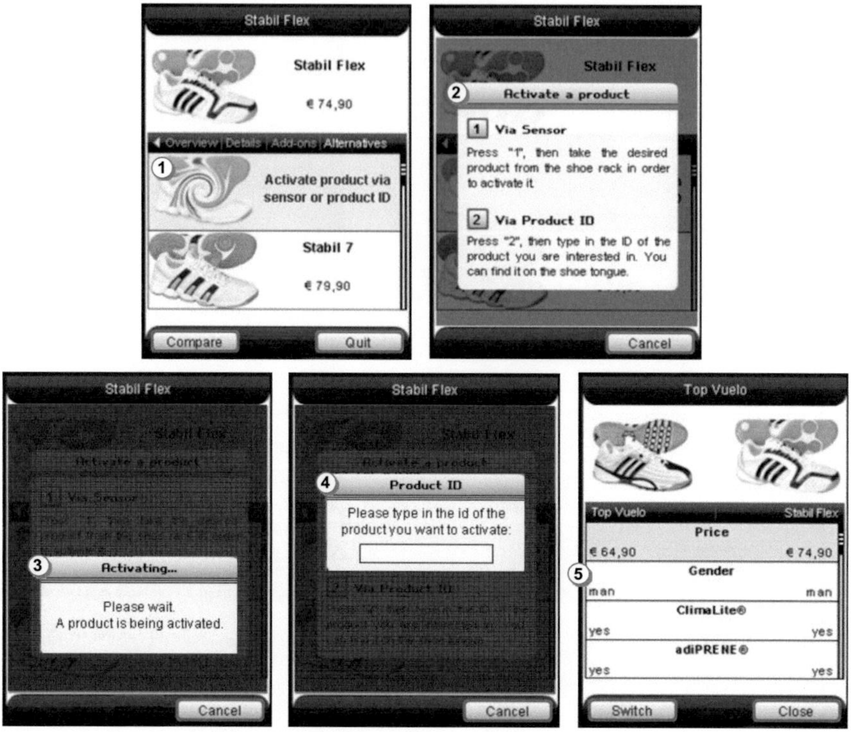

Abbildung 5-33: Einbezug von ausgestellten Produkten

Nach der Auswahl des Listeneintrags (1) kann der Kunde entscheiden, ob er das Produkt für den Vergleich durch dessen Entnahme von der Ausstellungsfläche oder die Eingabe der entsprechenden Produkt-ID bestimmen möchte. Die Servicekomponente zeigt dazu einen Auswahldialog und Informationen zum weiteren Vorgehen an (2). Bei der Aktivierung des zu vergleichenden Produkts durch eine Produktentnahme am Ausstellungsort wird dem Kunden eine Statusmeldung angezeigt, bis das Anwendungssystem das entnommene Produkt bestimmt hat (3). Danach werden die entsprechenden Inhalte an das mobile Endgerät des Kunden übertragen und dynamisch in die Servicekomponente eingebunden (5). Die Möglichkeit zur Eingabe der Produkt-ID kann insbesondere dann vom Kunden verwendet werden, wenn er das Produkt mit sich führt und sich bereits an einem Entscheidungsort, z. B. einer Umkleidekabine, befindet. Auf Basis der vorab erhaltenen Informationen (2) kann der Kunde die ID am Produkt ablesen und in das bereitgestellte Eingabefeld eingeben (4). Nach Bestätigung der Eingabe durch das Drücken der Auswahltaste werden ebenfalls die Beurteilungs- und Vergleichskriterien beider Produkte gegenübergestellt (5).

5.5.5 Lernen in der Nachkaufphase

Die nach dem Kauf an der Kasse oder am Ausgang an das mobile Endgerät übertragene Servicekomponente kann vom Kunden vollständig auch außerhalb der Ladenumgebung verwendet werden. Die Komponente stellt neben Informationen zu ergänzenden Produkten und besonderen Merkmalen des erworbenen Produkts v. a. Inhalte bereit, die sich auf Informations- und Wissensbedürfnisse aus dem Einsatzumfeld des Produkts beziehen.

Für Sport- und Freizeitartikel werden z. B. Ereignisse aufgeführt, die in der nächsten Zeit stattfinden und für den Kunden aufgrund ihrer Bedeutung oder räumlichen Nähe interessant sein könnten. Abbildung 5-34 zeigt ein Beispiel, das eine Liste der Ereignisse (1) sowie zu jedem Ereignis Informationen zur Teilnahme (2) und ein Rückblick auf die letzte Veranstaltung (3) umfasst.

Abbildung 5-34: Informationen zu Ereignissen

Weiterhin werden dem Kunden Einsatzmöglichkeiten des Produkts in seinem alltäglichen Umfeld aufgezeigt. Für Produkte der Kategorie „Running" enthält die Servicekomponente z. B. Laufstrecken am Wohnort des Kunden (vgl. Abbildung 5-35).

Abbildung 5-35: Informationen zu Einsatzmöglichkeiten

Dabei werden verschiedene Laufstrecken zunächst in einer Liste dargestellt (1). Nach der Auswahl einer Laufstrecke und dem Betätigen des Softkeys „Show" wird der detaillierte

Streckenverlauf in einer Karte abgebildet (2). Darüber hinaus kann durch Drücken des Softkeys „Details“ eine Liste mit markanten Wegpunkten aufgerufen werden, die während des Laufens verwendet werden kann (3).

Zusätzlich wird Wissen zu Kundenaktivitäten im Umfeld des Produkteinsatzes vermittelt. Mithilfe der Servicekomponente kann der Kunde z. B. nach dem Kauf von Produkten der Kategorie „Running“ Lockerungsübungen erlernen, die nach dem Laufen durchgeführt werden sollten (vgl. Abbildung 5-36).

Abbildung 5-36: Informationen zu Aktivitäten im Produktumfeld – Beispiel Übungen

Zum anderen werden Informationen zum Ausgleich des Flüssigkeitshaushalts und zur Energiezufuhr nach dem Laufen präsentiert (vgl. Abbildung 5-37).

Abbildung 5-37: Informationen zu Aktivitäten im Produktumfeld – Beispiel Ernährung

Einen direkten Produktbezug besitzt die Bereitstellung von Informationen zu besonderen Produktmerkmalen (vgl. Abbildung 5-38).

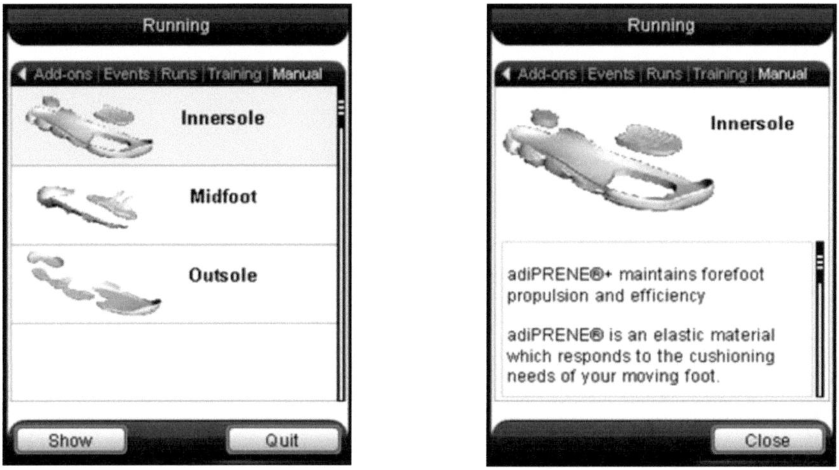

Abbildung 5-38: Informationen zu Produktmerkmalen

Dies dient zum einen der Nachkaufbestätigung und trägt zum anderen zur Kundenzufriedenheit bei, indem ein Verständnis für die wesentlichen Produkteigenschaften geschaffen und eine umfassende Nutzung aller mit dem Produkt zur Verfügung stehenden Funktionen angeregt wird. Darüber hinaus können in Abhängigkeit vom erworbenen Produkt ggf. auch Informationen zu dessen Gebrauch, Pflege, Ersatz und Entsorgung bereitgestellt werden.

KAPITEL 6

Schlussbemerkungen

Ein wichtiges Einsatzfeld für E-Learning, das sich heute u. a. durch die zunehmende Komplexität von Produkten und Dienstleistungen sowie die Notwendigkeit zur Differenzierung im Wettbewerb abzeichnet, ist die Unterstützung kundenbezogener Lernprozesse im E-Commerce durch Customer Focused E-Learning. Der Einsatz von E-Learning an der Schnittstelle zum Kunden ist auch mit neuen Anforderungen an entsprechende E-Learning-Angebote verbunden. Die vorliegende Arbeit bietet eine Basis für eine umfassende Betrachtung dieses bislang wenig beachteten Feldes und zeigt ein Rahmenwerk für den strategischen Einsatz und die didaktische Gestaltung von CFEL sowie zugehörige prototypische Anwendungssysteme auf.

Ein Erfolg versprechender Einsatz von CFEL wird von unterschiedlichen Rahmenbedingungen in der engeren externen und internen Unternehmensumwelt beeinflusst. In der Arbeit werden derartige Einflussfaktoren für den CFEL-Einsatz herausgearbeitet. Relevante Faktoren beziehen sich auf die Bedürfnisse und Fähigkeiten der Kunden, auf das Involvement beim Kauf und die Eigenschaften der zusammen mit CFEL angebotenen Produkte und Dienstleistungen sowie auf die Strategien, Ziele und Kompetenzen des CFEL-Anbieters. Weiterhin werden Geschäftsmodellrahmen für CFEL als Value Added Service sowie als eigenständige Marktleistung dargestellt. Diese bilden in einer aggregierten Form für beide strategische Einsatzoptionen mögliche betriebliche Leistungssysteme, Erlös- und Finanzierungsquellen sowie Akteure und ihre Rollen ab.

Grundlage für die schrittweise Erarbeitung eines Gestaltungsrahmens für CFEL ist ein didaktisches Modell, das die Vorgehensweise bei der Konzeption medienbasierter Lernangebote sowie wesentliche Untersuchungsgegenstände skizziert. Mithilfe des Modells werden zunächst Rahmenbedingungen für die Gestaltung von CFEL-Angeboten erörtert, die sich aus dem Darbietungs- und Anwendungsumfeld sowie durch die Merkmale der Zielgruppe ergeben. Darüber hinaus erfolgt eine Darstellung und Einordnung möglicher Lernsituationen im CFEL. Im Anschluss werden unter Berücksichtigung der Rahmenbedingungen und potenziellen Lernsituationen Gestaltungsentscheidungen für CFEL erläutert. Relevante Entscheidungsfelder, die das zugrunde liegende Modell beinhaltet, sind dabei Lerninhalte und Lernziele („was wird gelernt") sowie die Struktur der Lernprozessunterstützung und die Organisation und Bereitstellung des Lernangebots („wie wird gelernt"). Unterschiede bei der didaktischen Gestaltung von CFEL-Angeboten in diesen Feldern treten insbesondere dadurch auf, dass Lernen zum einen als Nebentätigkeit in einer bestimmten Phase des Kaufprozesses und zum anderen kaufprozessneutral als Haupttätigkeit des Kunden stattfinden kann.

Die Betrachtung der didaktischen Gestaltung schafft einen konzeptionellen Bezugsrahmen für die Entwicklung von CFEL-Anwendungssystemen. In der vorliegenden Arbeit werden Prototypen vorgestellt, die ein kaufprozessbegleitendes und informelles Lernen umfassend unterstützen, indem sie dem Kunden Lernmöglichkeiten im Rahmen seiner Aktivitäten während des Kaufprozesses eröffnen. Zum einen beschäftigt sich die Arbeit mit einem online-Anwendungssystem für Lernangebote in einer webbasierten, virtuellen Einkaufsumgebung. Zum anderen ermöglicht es ein onsite-Anwendungssystem, CFEL-Angebote auch in realen, physischen Verkaufsumgebungen des stationären Handels bereitzustellen. Nach einer Charakterisierung und Einordnung der Anwendungssysteme in den didaktischen Gestaltungsrahmen werden jeweils deren konzeptionelle Besonderheiten und die entsprechende Systemarchitektur ausgeführt. Darüber hinaus setzt sich die Arbeit damit auseinander, wie eine automatisierte Anpassung des Lernangebots an Lernsituationen sowie Bedürfnisse und Präferenzen der Kunden möglich ist. Eine Erläuterung der Kundenschnittstelle illustriert abschließend die Aktivierung und Unterstützung von Lernprozessen in den verschiedenen Phasen des Kaufprozesses.

Die Arbeit fokussiert die automatisierte Anpassung des Lernangebots an den aktuellen Kontext sowie an Kundenbedürfnisse und -präferenzen. Ansatzpunkt für weitere Forschungsarbeiten ist eine Ergänzung des Gestaltungsrahmens und der Anwendungssysteme um kommunikative und kollaborative Bausteine. Hier ermöglichen insbesondere Technologien und Dienste, die sich vor dem Hintergrund des sog. Web 2.0 entwickeln, Kunden aktiv in die Zusammenstellung und Produktion von Lerninhalten einzubeziehen („User Generated Content") sowie einen Wissensaustausch unter Kunden zu fördern („Social Software") [Kerr06, S. 7; GöBo08, S. 361].

In der Praxis ist die Entscheidung für oder gegen den Einsatz von CFEL auch davon abhängig, wie ein Unternehmen die Wirtschaftlichkeit dieses Konzepts für sich beurteilt. An dieser Stelle kann eine Untersuchung des Kosten- / Nutzenverhältnisses von CFEL auf Basis qualitativer und quantitativer Verfahren zur Bewertung von (IT-)Investitionen die Entscheidungsgrundlage erweitern [Pott98, S. 17ff.].

Für einen praktischen Einsatz der vorgestellten Anwendungssysteme im Unternehmen sind teilweise noch Erweiterungen nötig, v. a. im Hinblick auf eine Anbindung an vorhandene Kundendatenbanken, CRM-Systeme und gängige Lernmanagementsysteme sowie eine Unterstützung bei der Erstellung und Verwaltung des Lernangebots. Weiterhin sind ausführliche Belastungs- und Reaktionstests notwendig, um das Systemverhalten bei hohen Zugriffszahlen zu prüfen.

Die aufgezeigten Anwendungssysteme und Rahmenwerke liefern indes eine Grundlage für das Verständnis und die systematische (Weiter-)Entwicklung von CFEL-Angeboten als elektronische Dienstleistung eines Unternehmens.

Literaturverzeichnis

[Abel77] Abel, B.: Problemorientiertes Informationsverhalten. Ludwig-Maximilian-Universität München, Dissertation, 1977.

[Adob08a] Adobe Systems: Adobe FlashLite Shipments Pass Half Billion Mark. http://www.adobe.com/aboutadobe/pressroom/pressreleases/200803/031708FlashLiteHalfBillion.html, Abruf am 2008-12-01.

[Adob08b] Adobe Systems: Announcing the Adobe Distributable Player Solution. http://www.adobe.com/devnet/devices/index.html?navID=sell, Abruf am 2008-12-01.

[AdPa02] Adelsberger, H. H.; Pawlowski, J. M.: Electronic Business and Education. In: Adelsberger, H. H.; Collins, B.; Pawlowski, J. M. (Hrsg.): Handbook on Information Technologies for Education and Training. Springer, Berlin 2002, S. 653-671.

[Albr03] Albrecht, M.: eLearning in der Betriebswirtschaftlichen Steuerlehre. Lang, Frankfurt 2003.

[Aldr00] Aldrich, C.: Customer-Focused E-Learning: The Drivers. In: Training & Development, 8 (2000), S. 34-36.

[AnKr01] Anderson, L. W.; Krathwohl, D. R.: A Taxonomy for Learning, Teaching, and Assessing – A Revision of Bloom's Taxonomy of Educational Objectives. Addison-Wesley, New York 2001.

[AmOW03] Amberg, M.; Okujava, S.; Wehrmann, J.: Adaptive Software. Universität Erlangen-Nürnberg, Lehrstuhl Wirtschaftsinformatik III, Arbeitspapier 1, Nürnberg 2003.

[BaBS01] Back, A., Bendel, O., Stoller-Schai, D.: E-Learning im Unternehmen. Orell Füssli, Zürich 2001.

[Back07] Back, A.: E-Learning: Kostenlose Online-Kurse als Goldgrube. In: Newsletter E-Learning, 3 (2007), http://www.learningcenter.unisg.ch/uploads/media/Newsletter_E-Learning_15_04_2007.html, Abruf am 2007-07-06.

[BaFo88] Baldwin, T.; Ford, J.: Transfer and Training: A Review and Directions for Future Research. In: Personnel Psychology, 1 (1988), S. 63-105.

[Barr00] Barron, T.: Customer-Focused E-Learning: The Industry. In: Training & Development, 8 (2000), S. 30-33.

[Barr02] Barron, T.: Trends in Corporate E-Learning. In: Rieckhof H.-C.; Schüle, H. (Hrsg.): E-Learning in der Praxis – Strategien, Konzepte, Fallstudien. Gabler, Wiesbaden 2002.

[Baue94] Bauer, H. H.: Markt. In: Diller, H. (Hrsg.): Vahlens Großes Marketing Lexikon. dtv, München 1994, S. 710-711.

[Baum04] Baumgartner, P.: Creating, sharing and reusing e-Learning Content. Position Paper for European Commission – DG for Education and Culture, Consultation Workshop, Brüssel, Belgien, 28.10.2004.

[Baum07] Baumgartner, P.: Didaktische Arrangements und Lerninhalte - Zum Verhältnis von Inhalt und Didaktik im E-Learning. In: Baumgartner, P.; Reinmann, G. (Hrsg.): Überwindung von Schranken durch E-Learning. Studienverlag, Innsbruck 2007, S. 149-176.

[BeEE01] Berekoven, L.; Eckert, W.; Ellenrieder, P.: Marktforschung – Methodische Grundlagen und praktische Anwendung. Gabler, Wiesbaden 2001.

[BeLe99] Beck, S.; Leutenegger J.-M.: e-Business aus Kundensicht – Vom Web-Zapper zum treuen virtuellen Kunden. In: IBM Consulting Group (Hrsg.): Das e-Business Prinzip. FAZ-Institut, Frankfurt 1999.

[Bert02] Bertelsmann Stiftung: Nachfrageanalyse Telelernen in Deutschland. http://www.bertelsmann-stiftung.de/documents/PRDOWN.pdf, 2002, Abruf am 2003-10-18.

[BiRü02] Bieger, T.; Rüegg-Stürm, J.: Net Economy – Die Bedeutung der Gestaltung von Beziehungskonfigurationen. In: Bieger, T.; Bickhoff, N. ; Casper, R.; zu Knyphausen-Aufseß, D.; Reding, K. (Hrsg.): Zukünftige Geschäftsmodelle: Konzept und Anwendung in der Netzökonomie. Springer, Berlin 2002, S. 15-33.

[BlME01] Blackwell, R. D.; Miniard, P. W.; Engel, J. F.: Consumer Behavior. Harcourt College Publishers, Orlando 2001.

[Bloo72] Bloom, B. S.: Taxonomie von Lernzielen im kognitiven Bereich. Beltz, Weinheim 1972.

[Blum98] Blumstengel, A.: Entwicklung hypermedialer Lernsysteme. Wissensch. Verlag, Berlin 1998.

[Bode92] Bodendorf, F.: Benutzermodelle – ein konzeptioneller Überblick. In: Wirtschaftsinformatik, 2 (1992), S. 233-245.

[BoGR07] Bodendorf, F.; Götzelt, K.-U.; Robra-Bissantz, S.: Einsatz von Customer Focused E-Learning: Rahmenbedingungen für eine Wissensvermittlung an Kunden. In: Zeitschrift für E-Learning – Themenheft E-Learning Geschäftsmodelle, 2 (2007), S. 41-50.

[BrHW04] Braun, C.; Hafner, M.; Wortmann, F.: Methodenkonstruktion als wissenschaftlicher Erkenntnisansatz. Universität St. Gallen, Institut für Wirtschaftsinformatik, Arbeitsbericht Nr. BE HSG/IWI 1, St. Gallen 2004.

[Brim62] Brim, O. G.: Personality and Decision Processes. Stanford University, Palo Alto 1962.

[Broo94] Brookfield, S.: Lifelog Learning in the USA. In: International Journal of University Adult Education, 1 (1994), S. 23-48.

[BSIG08a] Bluetooth Special Interest Group: SIG Press Releases. http://www.bluetooth.com/Bluetooth/Press/SIG/, Abruf am 2008-11-28.

[BSIG08b] Bluetooth Special Interest Group: Bluetooth Wireless Technology Profiles. http://www.bluetooth.com/Bluetooth/Technology/Works/Profiles_Overview.htm, Abruf am 2008-11-29.

[BSIG09a] Bluetooth Special Interest Group: Architecture – Baseband. http:// bluetooth.com/Bluetooth/Technology/Works/Architecture__Baseband.htm, Abruf am 2009-01-02.

[BSIG09b] Bluetooth Special Interest Group: Communication Topology. http://bluetooth.com/Bluetooth/Technology/Works/Communications_Topology.htm, Abruf am 2009-01-02.

[Bugd90] Bugdahl, V.: Entscheidungsfindung. Vogel, Würzburg 1990.

[BüKM04] Bürg, O.; Kronburger, K.; Mandl, H.: Implementation von E-Learning in Unternehmen – Akzeptanzsicherung als zentrale Herausforderung. Ludwig-Maximilians-Universität München, Institut für Pädagogische Psychologie, Forschungsbericht Nr. 170, München 2004.

[Bürg05] Bürg, O.: Akzeptanz von E-Learning in Unternehmen. Logos, Berlin 2005.

[Cede03] Cedefop: Lifelong learning: citizens' views. http://www.cedefop.eu.int/download/current_act/4025_en.pdf, 2003, Abruf am 2003-10-18.

[Chr+01] Christensen, E.; Curbera, F.; Meredith, G.; Weerawarana, S.: Web Services Description Language (WSDL) 1.1. http://www.w3.org/TR/wsdl, 2001, Abruf am 2008-06-21.

[ChWh01] Choi, S.-Y.; Whinston, A. B.: Educommerce: E-Learning as a Marketing Tool. http://business.cisco.com/app/tree.taf?asset_ id=67649, Abruf am 2002-09-22.

[Clem02] Clement, R.: Geschäftsmodelle im Mobile Commerce. In: Silberer, G.; Wohlfahrt, J.; Wilhelm, T. (Hrsg.): Mobile Commerce. Gabler, Wiesbaden 2002, S. 24-43.

[Conn01] Connell, R.: Educommerce: Online Learning Migrates to the E-Commerce-Arena. http://www.eduventures.com/pdf/ educommerce.pdf, Abruf am 2004-12-10.

[Corn00] Cornelsen, J.: Kundenwertanalysen im Beziehungsmarketing – Theoretische Grundlegung und Ergebnisse einer empirischen Studie im Automobilbereich. GIM, Nürnberg 2000.

[Cro+86] Crowe, M.; Hettinger, L.; Weber, J.; Johnson, J.: Analysis of Students' Basic Skills Performance in Selected Instructional Delivery Systems: Final Report. Ohio State University, Columbus 1986.

[CTAL01] Commission on Technology & Adult Learning: Glossary. http://www.internettime.com/itimegroup/astd_web/glossary.htm, Abruf am 2003-01-08.

[Cunn67] Cunningham, S. M.: The Major Dimensions of Perceived Risk. In: Cox, D. F. (Hrsg.): Risk Taking and Information Handling in Consumer Behavior. Harvard University, Boston 1967, S. 82-108.

[DaRi05] Da Rin, D.: Vom E-Learning zum Blended-Learning. Universität Luzern, Dissertation, 2005.

[Dash02] Dash, A.: Introducing the Microcontent Client. http://www.anildash.com/magazine/2002/11/introducing_the.html, Abruf am 2007-12-09.

[Dege98] Degen, H.: Entwicklung eines Wirkmodells für eine anspruchszentrierte Softwareproduktion. Freie Universität Berlin, Dissertation, 1998.

[Dehn02] Dehnbostel, P.: Informelles Lernen – Aktualität und begrifflich-inhaltliche Einordnungen. In: Dehnbostel, P.; Gonon, P. (Hrsg.): Informelles Lernen – eine Herausforderung für die berufliche Aus- und Weiterbildung. Bertelsmann, Bielefeld 2002, S. 3-12.

[Depp92] Deppe, M.: Vom traditionellen Kundendienst zur Servicepolitik als Marketinginstrument, In: Jahrbuch der Absatz- und Verbrauchsforschung, 3 (1992), S. 293-311.

[DeSA99] Dey, A. K.; Salber, D.; Abowd, G. D.: A conceptual framework and a toolkit for supporting the rapid prototyping of context-aware applications. In: Human-Computer Interaction, 2 (2001), S. 97-166.

[Dey01] Dey, A. K.: Understanding and Using Context. In: Personal and Ubiquitous Computing, 1 (2001), S. 4-7.

[Dill95] Diller, H.: Kundenbindung als Zielvorgabe im Beziehungsmarketing. Universität Erlangen-Nürnberg, Lehrstuhl Marketing, Arbeitspapier Nr. 40, Nürnberg 1995.

[DiKi05] Dietrich, A. J.; Kirn, S.: Flexible Wertschöpfungsnetzwerke in der kundenindividuellen Massenfertigung – Ein service-orientiertes Modell für die Schuhindustrie. In: Ferstl, O. K.; Sinz, E. J.; Eckert, S.; Isselhorst, T. (Hrsg.): Wirtschaftsinformatik 2005 - eEconomy, eGovernment, eSociety. Physica, Heidelberg 2005, S. 23-38.

[DIN01] DIN Deutsches Institut für Normung: Gesamtwirtschaftlicher Nutzen der Normung – Abschlussdokumentation, Darstellung der Forschungsergebnisse. Beuth, Berlin 2001.

[DIN04] DIN Deutsches Institut für Normung: Aus- und Weiterbildung unter besonderer Berücksichtigung von e-Learning - Teil 1: Referenzmodell für Qualitätsmanagement und Qualitätssicherung; Planung, Entwicklung, Durchführung und Evaluation von Bildungsprozessen und Bildungsangeboten. Beuth, Berlin 2004.

[Dohm00] Dohmen, G.: Das informelle Lernen und seine Unterstützung durch kulturelle Initiativen und Bildungszentren. http://www.die-bonn.de/efil/expertisen/dohmen00_11.htm, Abruf am 2008-07-12.

[Dohm01] Dohmen, G.: Das informelle Lernen. Bundesministerium für Bildung und Forschung (BMBF), Bonn 2001.

[Dove99] Dovey, M.: Meta-Objects – An Object Oriented approach to metadata. http://www.ariadne.ac.uk/issue19/meta-objects/, Abruf am 2003-12-12.

[Dubs95] Dubs, R.: Lehrerverhalten. Verlag des Schweizerischen Kaufmännischen Verbandes, Zürich 1995.

[EcKl07] Echtler, F.; Klinker, G.: Tracking Mobile Phones on Interactive Tabletops. Online Proceedings of the 2nd Workshop on Mobile and Embedded Interactive Systems (MEIS'08), http://www.hcilab.org/events/meis08/papers/meis08-paper07.pdf, Abruf am 2009-01-02.

[EIAA06] European Interactive Advertising Association: Deutschland hat die meisten Online-Shopper in Europa. http://www.eiaa.net/news/eiaa-articles-details.asp?lang=3&id=88, Abruf am 2008-12-16.

[EnLa06] Engelhardt-Nowitzki, C.; Lackner, E.: Chargenverfolgung. DUV, Wiesbaden 2006.

[Eule92] Euler, D.: Didaktik des computerunterstützten Lernens. Bildung und Wissen, Nürnberg 1992.

[EuWi02] Euler, D.; Wilbers, K.: Selbstlernen mit neuen Medien didaktisch gestalten. Universität St. Gallen, Institut für Wirtschaftspädagogik, Hochschuldidaktische Schriften Bd. 1, St. Gallen 2002.

[Fass95] Fassott, G.: Dienstleistungspolitik industrieller Unternehmen. Gabler, Wiesbaden 1995.

[Fink06] Finkenzeller, K.: RFID-Handbuch. Hanser, München 2006.

[Finn02] Finn, A.: Trends in E-Learning. http://www.learningcircuits.org/2002/nov2002/finn.htm, Abruf am 2004-12-23.

[FlHa77] Flechsig, K.-H., Haller, H. D.: Einführung in didaktisches Handeln. Klett, Stuttgart 1977.

[Forr02] Forrester Research: Web-Services: Der neue Megatrend im Internet. In: Frankfurter Allgemeine Zeitung, 140 (2002), S. 22.

[Frau99] Fraunhofer Institut für Software- und Systemtechnik: Informationslogistik und Wissensmanagement. Dortmund 1999.

[FrBa97] Friedrich, H. F.; Ballstaedt, S.-P.: Strategien für das Lernen mit Medien. In: Friedrich, H. F.; Eigler, G.; Mandl, H.; Schnotz, W.; Schott, F.; Seel, N. M. (Hrsg.): Multimediale Lernumgebungen in der betrieblichen Weiterbildung. Luchterhand, Neuwied 1997, S. 165-265.

[Frie02] Friedrich, H. F.: Selbstgesteuertes Lernen – sechs Fragen, sechs Antworten. http://www.learn-line.nrw.de/angebote/selma/medio/grundlegendes/ vortraegeaufsaetze/friedrich/friedrich.pdf, Abruf am 2007-07-07.

[FrSW01] Fröde, F.; Scheja, M.; Weber, G.: eLearning – Eine neue Art zu Lernen, ein neuer Markt. HTW Dresden, Projektarbeit, Dresden 2001.

[FrTh86] Fritz, W.; Thiess, M.: Informationsverhalten des Konsumenten und unternehmerisches Marketing. Universität Mannheim, Institut für Marketing, Arbeitspapier Nr. 39, Mannheim 1986.

[Garr03] Garrido, J. S.: Two Scenarios Using Metadata. In: Learning Technology Newsletter, 1 (2003), http://lttf.ieee.org/learn_tech/issues/january2003/ index.html#7, Abruf am 2008-07-15.

[Gerw04] Gerwert, T.: Einsatz von E-Learning in klein- und mittelständischen Unternehmen. http://downloads.brainguide.com/publications/PDF/pub4857.pdf, Abruf am 2004-12-13.

[Gier05] Gierke, F.: Kundenorientierung im E-Commerce-Prozess. Kovač, Hamburg 2005.

[GiHa07] Gillert, F.; Hansen, W.-R.: RFID für die Optimierung von Geschäftsprozessen. Hanser, München 2007.

[GöBo08] Götzelt, K.-U.; Bodendorf, F.: Personal Learning Environments on Mobile Devices. In: Kinshuk; Sampson, D. G.; Spector, J. M.; Isaías, P.; Ifenthaler, D. (Hrsg.): Proceedings of the IADIS International Conference on Cognition and Exploratory Learning in Digital Age (CELDA 2008). Freiburg 2008, S. 361-365.

[GöLa05] Götzelt, K.-U.; Langenbach, C.: E-Learning als Instrument zur Kundengewinnung und -bindung. In: Schimmel-Schloo, M. (Hrsg.): Blended Learning im Vertrieb. Schimmel Media, Würzburg 2005, S. 8-11.

[GöRo07] Götzelt, K.-U.; Robra-Bissantz, S.: Einflussfaktoren für den Einsatz von Customer Focused E-Learning. In: Oberweis, A.; Weinhardt, C.; Gimpel, H.; Koschmider, A.; Pankratius, V.; Schnizler, B. (Hrsg.): eOrganisation: Service-, Prozess-, Market-Engineering / Band 2. Universitätsverlag Karlsruhe, Karlsruhe 2007, S. 813-830.

[GöSe05] Götzelt, K.-U.; Schertler, M.: Bedarfsorientierte Wissensvermittlung durch Kontextualisierung von Lernobjekten. In: Tavangarian, D.; Nölting, K. (Hrsg.): Auf zu neuen Ufern! E-Learning heute und morgen. Waxmann, Münster 2005, S. 77-86.

[Götz03] Götz, C.: Customer-focused E-Learning im Geschäftsfeld „private Vermögensberatung" von Steuerberatungsunternehmen. Universität Erlangen-Nürnberg, Dissertation, 2003.

[Götz05] Götzelt, K.-U: E-Learning als Service zur Differenzierung und Steigerung der Kundenzufriedenheit. In: Blickpunkt:KMU, 2 (2005), S. 12-16.

[Gra+02] Graham, S.; Simeonov, S.; Boubez, T.; Davis, D.; Daniels, G.; Nakamura, Y. ; Neyama, R. : Building Web Services with JAVA. SAMS Publishing, Indianapolis 2002.

[Graß96] Graßy, O.: Von der Zusatzleistung zur eigenständigen Vermarktung: Probleme und Lösungsansätze. In: Töpfer, A.; Mehdorn, H. (Hrsg.): Industrielle Dienstleistungen: Servicestrategie oder Outsourcing?. Luchterhand, Neuwied 1996, S. 57-69.

[GrBB05] Grob, H. L.; vom Brocke, J.; Bensberg, F.: Finanzwirtschaftliche Bewertung von Geschäftsmodellen im E-Learning. In: Breitner, M.; Hoppe, G. (Hrsg.): E-Learning – Einsatzkonzepte und Geschäftsmodelle. Physica, Heidelberg 2005, S. 101-116.

[Groß98] Groß, R.: Entwicklung, Einsatz und Evaluation eines Teachwarepaktes zur Erlangung unterschiedlicher Kompetenzstufen in der statistischen Grundausbildung. Universität Erlangen-Nürnberg, Dissertation,1998.

[Hans07] Hansen, S.: Bedarfsgerechte Lehr-Lernarrangements. Eul, Lohmar 2007.

[HaRi02] Hatala, M.; Richards, G.: Global vs. Community Metadata Standards: Empowering Users for Knowledge Exchange. In: The Semantic Web - ISWC 2002 - First International Semantic Web Conference Sardinia, Italy, June 9–12, 2002 Proceedings. Springer, Heidelberg 2002, S. 292-306.

[Hars02] Hars, A.: Wissenschaftstheorie für Wirtschaftsinformatiker. Tutorial im Rahmen der Multikonferenz Wirtschaftsinformatik 2002, 9.-11. September 2002, Nürnberg 2002.

[HaSc02] Hars, A.; Schlüter-Langdon: Chancen und Risiken für verteilte Informationssysteme. In: Information Management & Consulting, 3 (2002), S. 13-19.

[HaSS07] Hammel, H Sassenberg, T.; Scholz, H.: Bluetooth Marketing als Bestandteil moderner Kommunikationsstrategien. http://www.bt-leitfaden.de/, Abruf am 2008-04-11.

[Heck88] Heckhausen, H.: Motivation und Handeln. Springer, Berlin 1988.

[Heim62] Heimann, P.: Didaktik als Theorie und Lehre. In: Die deutsche Schule, 9 (1962), S. 407-427.

[Hein98] Heinemann, G. T.: Adaptation and Software Architecture. In: 3rd Annual International Workshop on Software Architecture (ISAW-3), Orlando, Florida 1998.

[HeNa94] Hermanns, A.; Naundorf, S.: Produkt-PR. In: Diller, H. (Hrsg.): Vahlens Großes Marketing Lexikon. dtv, München 1994, S. 962-963.

[Herm01] Hermanns, A.: Online-Marketing im E-Commerce – Herausforderungen für das Management. In: Hermanns, A.; Sauter, M. (Hrsg.): Management-Handbuch electronic commerce: Grundlagen, Strategien, Praxisbeispiele. Vahlen, München 2001.

[HoBr00] Homburg, C.; Bruhn, M.: Kundenbindungsmanagement – Eine Einführung in die theoretischen und praktischen Problemstellungen. In: Bruhn, M.; Homburg, C. (Hrsg.): Handbuch Kundenbindungsmanagement. Gabler, Wiesbaden 2000, S. 3-36.

[HoBr03] Hoppe, G.; Breitner, M. H.: Business Models for E-Learning. http://www.wiwi.unihannover.de/fbwiwi/forschung/diskussionspapiere/dp-287.pdf, Abruf am 2004-12-16.

[Hofm05] Hofmeister, W.: Erläuterung der Klassifikationsmatrix zum ULME-Kompetenzstufenmodell. http://www.bwpat.de/ausgabe8/hofmeister_bwpat8.pdf, Abruf am 2006-09-01.

[HoJu02] Hoidn, H.-P.; Jungclaus, R.: Web Services aus Sicht der Unternehmens-Architektur. In: Information Management & Consulting, 3 (2002), S. 31-36.

[HoKr03] Homburg, C.; Krohmer, H.: Marketingmanagement: Strategie - Instrumente - Umsetzung - Unternehmensführung. Gabler, Wiesbaden 2003.

[Hopp05] Hoppe, G.: Entwicklung strategischer Einsatzkonzepte für E-Learning in Hochschulen. Eul, Lohmar 2005.

[HoTe01] Hohenstein, A.; Tenbusch, B.: E-Learning-Strategie entwickeln. In: Hohenstein, A.; Wilbers, K. (Hrsg.): Handbuch E-Learning. Verlag Deutscher Wirtschaftsdienst, Köln 2001, Beitrag 3.0.

[HüMa00] Hünerberg, R.; Mann A.: Online-Service. In: Bliemel, F.; Fassott, G.; Theobald, A. (Hrsg.): Electronic Commerce. Gabler, Wiesbaden 2000, S. 357-375.

[Hung00] Hungenberg, H.: Strategisches Management im Unternehmen. Gabler, Wiesbaden 2000.

[Hutz02] Hutzschenreuter, T.: E-Learning and Mass Customization. Wissenschaftliche Hochschule für Unternehmensführung, WHU Forschungspapier Nr. 92, Vallendar 2002.

[IEEE02] IEEE LTSC: IEEE 1484.12.1 - Draft Standard for Learning Object Metadata. http://ltsc.ieee.org/wg12/files/LOM_1484_12_1_v1_Final_Draft.pdf, Abruf am 2008-07-15.

[IEEE05] IEEE LTSC: Working Group Information, Announcements & News. http://ltsc.ieee.org/wg12/index.html, Abruf am 2008-07-15.

[Issi02] Issing, L. J.: Situiertes Lernen. In: Issing, L. J.; Klimsa, P. (Hrsg.): Information und Lernen mit Multimedia und Internet. Beltz, Weinheim 2002, S. 562.

[IvLe84] Ives, B.; Learmonth, G. P.: The information system as a competitive weapon. In: Communications of the ACM, 12 (1984), S. 1193-1201.

[Jaco98] Jacob, E.: Media-Zukunft für Milieu-Typologien. http://www.mediaundmarketing.de/imperia/md/content/pdfdateien/marktforschung/zielgruppen/typologien/06_072_074_Zielgruppe.pdf, 1998, Abruf am 2004-03-03.

[Jani59] Janis, I. L.: Motivational Factors in the Resolution Decisional Conflicts. In: Jones, M. R. (Hrsg.): Nebraska Symposium on Motivation, Lincoln, Nebraska. University of Nebraska Press, Nebraska 1959, S. 198–231.

[JoGr93] Jonassen, D. H., Grabowski, B. L.: Handbook of Individual Differences, Learning, and Instruction. Lawrence Erlbaum, Hillsdale 1993.

[Kann82] Kannacher, V. A.: Habitualisiertes Kaufverhalten von Konsumenten. Technische Universität München, Dissertation, 1982.

[Kasp06] Kapsar, C.: Individualisierung und mobile Dienste am Beispiel der Medienbranche. Universitätsverlag Göttingen, Göttingen 2006.

[Keat02] Keating, M.: Geschäftsmodelle für Bildungsportale. In: Bentlage, U.; Glotz, P.; Hamm, I.; Hummel, J. (Hrsg.): E-Learning – Märkte, Geschäftsmodelle, Perspektiven. Bertelsmann Stiftung, Gütersloh 2002, S. 57-77.

[KeDe02] Kerres, M.; de Witt, C.: Quo vadis Mediendidaktik? Zur theoretischen Fundierung der Mediendidaktik. http://www.medienpaed.com/02-2/kerres_dewitt1.pdf, 2002, Abruf am 2002-11-15.

[Kei+02] Keidl, M.; Kemper, A.; Seltszam, S.; Stocker, K.: Web Services. In: Rahm, E.; Vossen, G. (Hrsg.): Web & Datenbanken. dpunkt, Heidelberg 2002, S. 293-334.

[Kerr01] Kerres, M.: Multimediale und telemediale Lernumgebungen. Oldenbourg, München 2001.

[Kerr06] Kerres, M.: Potenziale von Web 2.0 nutzen. In: Hohenstein, A.; Wilbers, K. (Hrsg.): Handbuch E-Learning. Verlag Deutscher Wirtschaftsdienst, Köln 2006.

[Kin+06] King, T.; Haenselmann, T.; Kopf, S.; Effelsberg, W.: Positionierung mit Wireless-LAN und Bluetooth. In: Praxis der Informationsverarbeitung und Kommunikation, 1 (2006), S. 9-17.

[Kirc00] Kirchhoefer, D.: Informelles Lernen in alltäglichen Lebensführungen. QUEM, Berlin 2000.

[Kirs70] Kirsch, W.: Entscheidungsprozesse – Verhaltenswissenschaftliche Ansätze der Entscheidungstheorie. Gabler, Wiesbaden 1970.

[Knol03] Knolmayer, G. F.: Decision Support Models for Composing and Navigating through e-Learning Objects. In: Proceedings of the 36th Annual Hawaii International Conference on System Science, Computer Society Press, 2003. http://www.hicss.hawaii.edu/HICSS36/HICSSpapers/CLNGL03.pdf, Abruf am 2004-12-01.

[Kolb81] Kolb, D. A.: Learning Styles and Disciplinary Differences. In: Chickering, A. W. (Hrsg.): The Modern American College – Responding to the New Realities of Diverse Students and a Changing Society. Jossey Bass, San Francisco 1981, S. 232-305.

[Kön+96] König, W.; Heinzl, A.; Rumpf, M.; von Poblotzki, A.: Zur Entwicklung der Forschungsmethoden und Theoriekerne der Wirtschaftsinformatik in den nächsten zehn Jahren. In: Heilmann, H.; Heinrich, L. J.; Roithmayer, F. (Hrsg.): Information Engineering. Oldenburg, München 1996, S. 35-65.

[Krat02] Krathwohl, D. R.: A Revision of Bloom's Taxonomy: An Overview. http://www.findarticles.com/p/articles/mi_m0NQM/is_4_41/ai_94872707/print, 2002, Abruf am 2008-01-12.

[KrKi05] Kröpelin, P.; von Kiedrowski, J.: Einsatzkonzept und Geschäftsmodell für das E-Learning der Verbände. In: Breitner, M.; Hoppe, G. (Hrsg.): E-Learning – Einsatzkonzepte und Geschäftsmodelle. Physica, Heidelberg 2005, S. 27-36.

[KrRe04] Kröger, H.; Reisky, A.: Blended Learning – Erfolgsfaktor Wissen. wbv, Bielefeld 2004.

[KrRS07] Krasnova, H.; Rothensee, M.; Spiekermann, S.: Perceived Usefulness of RFID-enabled Information Services – A Systematic Approach. In: Oberweis, A.; Weinhardt, C.; Gimpel, H.; Koschmider, A.; Pankratius, V.; Schnizler, B. (Hrsg.): eOrganisation: Service-, Prozess-, Market-Engineering / Band 1. Universitätsverlag Karlsruhe, Karlsruhe 2007, S. 55-70.

[KrWe96] Kroeber-Riel, W.; Weinberg, P.: Konsumentenverhalten. Vahlen, München 1996.

[Kuss01] Kuss, A.: Information und Kaufentscheidung – Methoden und Ergebnisse empirischer Konsumentenforschung. De Gruyter, Berlin 2001.

[KuTo04] Kuss, A.; Tomczak, T.: Käuferverhalten. Lucius und Lucius, Stuttgart 2004.

[Laak95] Laakmann, K.: Value-Added Services als Profilierungsinstrument im Wettbewerb: Analyse, Generierung und Bewertung. Lang, Frankfurt 1995.

[Laib98] Laib, P.: Grundlegende strategische Entscheidungen von Dienstleistungsanbietern. In: Meyer, A. (Hrsg.): Handbuch Dienstleistungs-Marketing, Schäffer-Poeschel, Stuttgart 1998, S. 509-526.

[LaPä06] Lang, M.; Pätzold, G.: Selbstgesteuertes Lernen – theoretische Perspektiven und didaktische Zugänge. In: Euler, D.; Lang, M.; Pätzold, G. (Hrsg.): Selbstgesteuertes Lernen in der beruflichen Bildung. Franz Steiner, Stuttgart 2006, S. 9-36.

[Lev+74] Levin, J. R.; Divine-Hawkins, P.; Kerst, S. M.; Guttmann, J.: Individual differences in learning from pictures and words: The development and application of an instrument. In: Journal of Educational Psychology, 66 (1974), S. 296-303.

[LiKK03] Lindholm, C.; Keinonen, T.; Kiljander, H.: Mobile Usability. McGraw-Hill, London 2003.

[LöHG01] Löser, A.; Hoffman, M.; Grune, C.: Didaktisches Modell, Taxonomie von Lernobjekten und Auswahl von Metadaten für ein Online Curriculum. http://cs.tu-berlin.de/cs/ifb/Ahmed/RoteReihe/2003/ TR2003_14.pdf, Abruf am 2008-03-21.

[Long00] Longmire, W.: A Primer on Learning Objects. http://www.learningcircuits.org/ mar2000/primer.html, Abruf am 2003-04-11.

[Lürs89] Lürssen, J.: Produktwissen und Kaufentscheidung – Einbeziehung des Produktwissens bei der Analyse von Kaufentscheidungen mit der Information-Display-Matrix. Freie Universität Berlin, Dissertation, 1989.

[MaGR02] Mandl, H.; Gruber, H.; Renkl, A.: Situiertes Lernen in multimedialen Lernumgebungen. In: Issing, L. J.; Klimsa, P. (Hrsg.): Information und Lernen mit Multimedia und Internet. Beltz, Weinheim 2002, S. 139-148.

[Maie98] Maier, W.: Grundkurs Medienpädagogik – Mediendidaktik. Beltz, Weinheim 1998.

[Man+93] Mandl, H.; Friedrich, H. F.; Horn, A.: Psychologie des Wissenserwerbs. In: Weidenmann, B.; Krapp, A. (Hrsg.): Pädagogische Psychologie. Beltz, Weinheim 1993, S. 143-218.

[Mann98] Mann, A.: Erfolgsfaktor Service. Gabler, Wiesbaden 1998.

[Mauc90] Mauch, W.: Bessere Kundenkontakte dank Sales Cycle. In: Thexis, 1 (1990), S. 15-18.

[MaVW99] Marsick, V. J.; Volpe, M.; Watkins, K. E.: Theory and Practice of Informal Learning in the Knowledge Era. In: Advances in Developing Human Resources, 3 (1999), S. 80-95.

[MaWa01] Marsick, V. J.; Watkins, K. E.: Informal and Incidental Learning. http://www2.wau.nl/psf/en/workshops/Informal%20learning.pdf, Abruf am 2008-07-29.

[MaWi03] Mandl, H.; Winkler, K.: Auf dem Weg zu einer neuen Weiterbildungskultur. In: Dowling, M.; Eberspächer, J.; Picot, A. (Hrsg.): eLearning in Unternehmen: Neue Wege für Training und Weiterbildung. Springer, Berlin 2003, S. 3-15.

[Maye01] Mayer, R. E.: Multimedia Learning. Cambridge University Press, Cambridge 2001.

[MeBr00] Meffert, H.; Bruhn, M.: Dienstleistungsmarketing. Gabler, Wiesbaden 2000.

[Meff92] Meffert, H.: Marketingforschung und Käuferverhalten. Gabler, Wiesbaden 1992.

[MeHö99] Mertens, P.; Höhl, M.: Wie lernt der Computer den Menschen kennen? Bestandsaufnahme und eigene Experimente zur Benutzermodellierung in der Wirtschaftsinformatik. In: Scheer, A.-W.; Nüttgens, M. (Hrsg.): Electronic Business Engineering - 4. Internationale Tagung Wirtschaftsinformatik 1999. Springer, Heidelberg 1999, S. 25-49.

[MePi01] Meier, R.; Piller, F. T.: Systematisierung von Strategien zur Individualisierung von Dienstleistungen. TU München, Lehrstuhl für Allgemeine und Industrielle Betriebswirtschaftslehre, Arbeitsbericht Nr. 24, München 2001.

[Mert92] Mertens, P.: Informationsverarbeitung als Mittel zur Verbesserung der Wettbewerbssituation. In: Hermanns, A.; Flegel, V. (Hrsg.): Handbuch des Electronic Marketing: Funktionen und Anwendungen der Informations- und Kommunikationstechnik im Marketing. Beck, München 1992, S. 53-69.

[MeSZ04] Mertens, P.; Stößlein, M.; Zeller, T.: Personalisierung und Benutzermodellierung in der betrieblichen Informationsverarbeitung – Stand und Entwicklungsmöglichkeiten. Universität Erlangen-Nürnberg, Bereich Wirtschaftsinformatik I, Arbeitsbericht 2/2004, Nürnberg 2004.

[Meyr07] Meyreiß, C.-C.: Konzeption und prototypische Implementierung eines Web Service zur Unterstützung des kundenorientierten E-Learning in Webshopumgebungen. Universität Erlangen-Nürnberg, Lehrstuhl Wirtschaftsinformatik II, Diplomarbeit, 2007.

[MIT01] M.I.T newmedia: eduCommerce – Schulung als Marketing-Maßnahme. http://educommerce.mit.de/whitepaper/educommerce_Wpmit.pdf, Abruf am 2004-09-09.

[Mont04a] Montandon, C.: Customer Focused E-Learning. In: Hohenstein, A.; Wilbers, K. (Hrsg.): Handbuch E-Learning. Verlag Deutscher Wirtschaftsdienst, Köln 2004, Beitrag 7.4.

[Mont04b] Montandon, C.: Standardisierung im e-Learning – Eine empirische Untersuchung an Schweizer Hochschulen. Universität Bern, Institut für Wirtschaftsinformatik, Arbeitsbericht Nr. 16, Bern 2004.

[MoRK01] Morrison, G. R.; Ross, S. M.; Kemp, J. E.: Designing Effective Instruction. Wiley, New York 2001.

[Morr03] Morrison, D.: E-learning strategies: how to get implementation and delivery right first time. Wiley, Chichester 2003.

[MoZe03] Montandon, C.; Zentriegen, M.: Applications of Customer Focused E-Learning. http://ecommerce.lebow.drexel.edu/eli/2003Proceedings/docs/153Monta.pdf, 2003, Abruf am 2004-06-20.

[MuEn86] Murphy, P. E.; Enis, B. M.: Classifying Products Strategically. In: Journal of Marketing, 50 (1986), S. 24-42.

[MuÖs98] Muther, A.: Österle, H.: Electronic customer care: Neue Wege zum Kunden. In: Wirtschaftsinformatik, 2 (1998), S. 105-113.

[Muth98] Muther, A.: Electronic Customer Care (ECC) – IT in der Anbieter-Kunden-Beziehung. Universität St. Gallen, Dissertation,1998.

[Muth00] Muther, A.: Electronic Customer Care. Springer, Berlin 2000.

[Nie+04] Niegemann, H. M.; Hessel, S.; Hochscheid-Mauel, D.; Aslanski, K.; Kreuzberger, G.: Kompendium E-Learning. Springer, Berlin 2004.

[Over04] Overwien, B.: Internationale Sichtweisen auf informelles Lernen am Übergang zum 21. Jahrhundert. In: Otto, H.-U.; Coelen, T. (Hrsg.): Grundbegriffe der Ganztagsbildung. VS, Wiesbaden 2004, S. 51-73.

[Paiv71] Paivio, A.: Imagery and verbal processes. Holt, Rinehart & Winston, New York 1971.

[Para08] Paraschkevov, M.: Konzeption und Implementierung eines FlashLite-Frameworks zur flexiblen Bereitstellung situationsspezifischer Informations- und Zusatzdienste auf mobilen Endgeräten. Universität Erlangen-Nürnberg, Lehrstuhl Wirtschaftsinformatik II, Diplomarbeit, 2007.

[Pawl01] Pawlowski, J.: Das Essener-Lern-Modell (ELM): Ein Vorgehensmodell zur Entwicklung computerunterstützter Lernumgebungen. Universität Essen, Dissertation, 2001.

[Pepe95] Pepels, W.: Käuferverhalten und Marktforschung: eine praxisorientierte Einführung. Schäffer-Poeschel, Stuttgart 1995.

[Pepe01] Pepels, W.: Kommunikations-Management. Schäffer-Poeschel, Stuttgart 2001.

[Pepe05] Pepels, W.: Käuferverhalten. Basiswissen für Kaufentscheidungen von Konsumenten und Organisationen. Erich Schmidt, Berlin 2005.

[PeRe06] Perko, D.; Reusser, K.: Das Potenzial interaktiver Lernressourcen zur Förderung von Lernprozessen. In: Miller, D. (Hrsg.): E-Learning – Eine multiperspektivische Standortbestimmung. Haut, Bern 2006, S. 183-2007.

[Pete01] Peterßen, W. H.: Lehrbuch allgemeine Didaktik. Oldenbourg, München 2001.

[Pille06] Piller, F.: Mass Customization. Deutscher Universitäts-Verlag, Wiesbaden 2006.

[Pott98] Potthof, I.: Kosten und Nutzen der Informationsverarbeitung. Gabler, Wiesbaden 1998.

[Prom03] Pro Manager: EduCommerce – Aus E-Learning wird E-Business. http://www.pro-manager.de/tippsdtl.asp?cid=28&id=3169&p=1, Abruf am 2009-10-09.

[Publ04] Publisuisse: Positionierungsmodell – Einordnung nach Koordinaten. http://www.publisuisse.ch/deutsch/website/d_home.cfm, Abruf am 2004-03-16.

[RaHe05] Rauscher, B.; Hess, T.: Kontextsensitive Inhaltebereitstellung: Begriffsklärung und Analysegrundlagen. Ludwig-Maximilians-Universität München, Institut für Wirtschaftsinformatik und Neue Medien, WIM-Arbeitsbericht Nr. 3/2005, intermedia-Arbeitsbericht Nr. 1/2005, München 2005.

[RaSi75] Raffée, H.; Silberer, H.: Ein Grundkonzept für die Erfassung und Erklärung des subjektiven Informationsbedarfs bei Kaufentscheidungen des Konsumenten. Universität Mannheim, Bericht aus dem Sonderforschungsbereich „Sozial- und wirtschaftspsychologische Entscheidungsforschung“, Mannheim 1975.

[Reet84] Reetz, L.: Wirtschaftsdidaktik. Klinkhardt, Bad Heilbrunn 1984.

[Reet96] Reetz, L.: Wissen und Handeln. In: Beck, K.; Müller, W.; Deißinger, T.; Zimmermann, M. (Hrsg.): Berufserziehung im Umbruch. Deutscher Studienverlag, Weinheim 1996, S. 173-188.

[Regl00] Reglin, T.: Betriebliche Weiterbildung im Internet. Bertelsmann, Bielefeld 2002.

[ReMa01] Reinmann-Rothmeier, G.; Mandl, H.: Unterrichten und Lernumgebungen gestalten. In: Krapp, A.; Weidemann, B. (Hrsg.): Pädagogische Psychologie. Beltz, München 2001, S. 601-646.

[Resn05] Resnick, M.: Rethinking learning in the digital age. In: Kirkman, G. (Hrsg.): The Global Information Technology Report: Readiness for the Networked World. Oxford University Press, New York 2005.

[Ried91] Riedel, H.: Neufassung eines Modells der Internoperation. In: Grundlagenstudien aus Kybernetik und Geisteswissenschaft, 32 (1991), S. 16-27.

[Robr06] Robra-Bissantz, S.: Ambient Learning. In: Hohenstein, A.; Wilbers, K. (Hrsg.): Handbuch E-Learning. Verlag Deutscher Wirtschaftsdienst, Köln 2006.

[Robr07] Robra-Bissantz, S.: Strategien und Konzepte für die Kundenschnittstelle im E-Business. Universität Erlangen-Nürnberg, Habilitation, 2007.

[RoGö05] Robra-Bissantz, S.; Götzelt, K.-U.: Erfolgsfaktoren des kundenorientierten E-Learning im E-Commerce. In: Ferstl, O. K.; Sinz, E. J.; Eckert, S.; Isselhorst, T. (Hrsg.): Wirtschaftsinformatik 2005 – eEconomy, eGovernment, eSociety. Physica, Heidelberg 2005, S. 861-880.

[RoKa04] Rothwell, W. J.; Kazanas, H. C.: Mastering the Instructional Design Process. Jossey Bass, San Francisco 2004.

[Rose04] von Rosenstiel, L.: Grundlagen der Organisationspsychologie: Basiswissen und Anwendungshinweise. Schäffer-Poeschel, Stuttgart 2004.

[Roth02] Roth, J.: Mobile Computing. dpunkt, Heidelberg 2002.

[SaGL05] Sandrock, J.; Grunenberg, M.; Lattemann, C.: E-Learning-Geschäftsmodelle: Framework der Strategischen Planung. In: Breitner, M.; Hoppe, G. (Hrsg.): E-Learning – Einsatzkonzepte und Geschäftsmodelle. Physica, Heidelberg 2005, S. 195-210.

[SaSa02] Sauter, A. M.; Sauter, W.: Blended Learning. Luchterhand, Neuwied 2002.

[ScBZ05] Schröder, H.; Berghaus, N.; Zimmermann, G.: Das Blickverhalten der Kunden als Grundlage für die Warenplatzierung im Lebensmitteleinzelhandel. In: der markt, 1 (2005), S. 31-43.

[Sch+06] Schneider, K.; Daun, C.; Behrens, H.; Wagner, D.: Vorgehensmodell und Standards zur systematischen Entwicklung von Dienstleistungen. In: Bullinger, H.-J.; Scheer, A.-W. (Hrsg.): Service Engineering. Springer, Berlin 2006, S. 113- 138.

[Schi02] Schickentanz, C.: Mass Customization und E-Learning: eine lernende Beziehung. http://www.informatica-didactica.de/GML2003/Workshops/schickentanz/ThesisGesamt.pdf, Abruf am 2007-04-17.

[Sche04] Schertler, M.: Telemediale Lehrarrangements. Eul, Lohmar 2004.

[Sche05] Scheuring, L.: Verbesserung der Positionsbestimmung von PDAs für die kontextabhängige Interaktion mit einem fixen Anzeigesystem. http://www.ifi.uzh.ch/ifiadmin/staff/rofrei/DA/DA_Arbeiten_2005/Scheuring_Luca.pdf, Abruf am 2007-04-12.

[Schl07] Schloter, A.: Gestaltung von kundenorientierten E-Learning-Anwendungen online und on-site. Universität Erlangen-Nürnberg, Lehrstuhl Wirtschaftsinformatik II, Diplomarbeit, 2007.

[Schm04] Schmidt, A.: Kontextgesteuertes Lernen in Unternehmensumgebungen: Der „Learning in Process"-Ansatz. http://www.fzi.de/KCMS/kcms_file.php?action=link&id=336, Abruf am 2008-07-25.

[Schn01] Schneider, K.: Geschäftsmodelle in der Internetökonomie. In: Ahlert, D.; Becker, J.; Kennig, P.; Schütte, R. (Hrsg.): Internet & Co. im Handel – Strategien, Geschäftsmodelle, Erfahrungen. Springer, Berlin 2001, S. 125-140.

[Schn07] Schneider, V.: Erfassung von Kontextinformationen mithilfe von Bluetooth und RFID und Präsentation situierter Inhalte in Shopumgebungen. Universität Erlangen-Nürnberg, Lehrstuhl Wirtschaftsinformatik II, Studienarbeit, 2007.

[Scho04] Schobert, A.: Netzwerkbasierte E-Services als Instrument zur Kundenbindung. Peter Lang, Frankfurt 2004.

[Scho98] Schorsack, A.: Die soziale Steuerung im Verkaufsgespräch: experimentelle Untersuchungen. Waxmann, Münster 1998.

[Schu96] Schulmeister, R.: Grundlagen hypermedialer Lernsysteme: Theorie - Didaktik - Design. Addison-Wesley, New York 1996.

[Schu00] Schuhmann, P.: Die Electronic Mall im internetbasierten Handel. Gabler, Wiesbaden 2000.

[Schu04] Schulmeister, R.: Didaktisches Design aus hochschuldidaktischer Sicht. In: Rinn, U.; Meister, D. M. (Hrsg.): Didaktik und Neue Medien. Waxmann, Münster 2004, S. 19-49.

[Schw06] Schwedler, D.: Evaluation ortsspezifischer Informationsbedürfnisse bei Kaufentscheidungen in Shopumgebungen. Universität Erlangen-Nürnberg, Lehrstuhl Wirtschaftsinformatik II, Diplomarbeit, 2006.

[ScKn78] Schäfer, E.; Knoblich, H.: Grundlagen der Marktforschung. Schäffer-Poeschel, Stuttgart 1978.

[ScSt00] Schinzer, H.; Steinacker, B.: Virtuelle Gemeinschaften. In: Thome, R.; Schinzer, H. (Hrsg.): Electronic Commerce: Anwendungsbereiche und Potentiale der digitalen Geschäftsabwicklung. Vahlen, München 2000.

[SeEu05] Seufert, S.; Euler, D.: Learning Design: Gestaltung eLearning-gestützter Lernumgebungen in Hochschulen und Unternehmen. Swiss Centre for Innovations in Learning, SCIL-Arbeitsbericht Nr. 5, St. Gallen 2005.

[SeMi03] Seufert, S.; Miller, D.: Nachhaltigkeit von eLearning-Innovationen: Von der Pionierphase zur nachhaltigen Implementierung. http://www.scil.ch/publications/docs/2003-11-medienpaedagogik-seufert-miller.pdf, Abruf am 2005-01-14.

[Silb81] Silberer; G.: Das Informationsverhalten des Konsumenten beim Kaufentscheid – ein analytisch-theoretischer Bezugsrahmen. In: Raffée, H.; Silberer G. (Hrsg.): Informationsverhalten des Konsumenten – Ergebnisse empirischer Studien. Gabler, Wiesbaden 1981, S. 27-57.

[Simo92] Simons, P. R. J.: Lernen, selbstständig zu lernen – ein Rahmenmodell. In: Mandl, H.; Friedrich, H. F. (Hrsg.): Lern- und Denkstrategien. Hogrefe, Göttingen 1992, S. 251-264.

[Simo01] Simon, B.: Wissensmedien im Bildungssektor. http://nm.wu-wien.ac.at/lehre/dpas/Bernd_Simon_Wissensmedien_im_Bildungssektor.pdf, Abruf am 2005 01-05.

[SiSo07] Sinus Sociovision: Die Sinus-Milieus in Deutschland 2007. http://www.sinus-sociovision.de/2/2-3-1-1.htm, Abruf am 2007-04-14.

[Sitt06] Sittner, E.: Selbstorganisiertes, selbstgesteuertes und selbstbestimmtes Lernen. In: Mayer, H.; Sittner, E. (Hrsg.): Selbstorganisiertes Lernen – Gelebte Konzepte zur aktiven Herstellung von Wissen. Facultas, Wien 2006, S. 11-35.

[Slut94] Slutsky, J.: Streetfighter Marketing. Lexington Books, New York 1994.

[SmRa99] Smith, P. L.; Ragan, T. J.: Instructional Design. Wiley, New York 1999.

[Sonn05] Sonnenwald, D. H.: Information Horizons. In: Fisher, K.; Erdelez, S.; McKechnie, L. (Hrsg.): Theories of Information Behavior: A Researcher's Guide. Information Today, Medford 2005, S. 191-197.

[SpBl01] Spohrer, M.; Blackert, S.: E-Commerce – die Konsumentenperspektive. In: Hermanns, A.; Sauter, M. (Hrsg.): Management-Handbuch electronic commerce: Grundlagen, Strategien, Praxisbeispiele. Vahlen, München 2001.

[Stad04] Stadtfeld, P.: Allgemeine Didaktik und Neue Medien. Klinkhardt, Bad Heilbrunn 2004.

[StKl01] Staudt, E.; Kley, T.: Formelles Lernen - informelles Lernen - Erfahrungslernen, wo liegt der Schlüssel zur Kompetenzentwicklung von Fach- und Führungskräften? Eine kompetenzbiographische Studie beruflicher Innovationsprozesse. Institut für angewandte Innovationsforschung e.V., Bochum 2001.

[StRi03] Stender, M.; Ritz, T.: Überbetriebliche Ad-hoc-Anwendungsintegration im Mobile Business. In: Uhr, W.; Esswein, W.; Schoop, E. (Hrsg.): Wirtschaftsinformatik 2003 / Band I. Physica, Heidelberg, 2003, S. 104-118.

[Strü05] Strücker, J.: Individualisierung im stationären Einzelhandel – Ökonomische Analyse elektronischer Formen der Kundenkommunikation. Universität Freiburg, Dissertation, 2005.

[StSc93] Steinmann, H.; Schreyögg, G.: Management: Grundlagen der Unternehmensführung: Konzepte - Funktionen - Fallstudien. Gabler, Wiesbaden 1993.

[Timm00] Timmers, P.: Electronic Commerce: Strategies and Models for Business-to-Business Trading. Wiley, Chichester 2000.

[Toms01] Tomsen, M.-I.: Killer Content – Strategien für das erfolgreiche Content Management im eCommerce. Addison-Wesley, München 2001.

[Toug89] Tough, A. M.: Self-planned learning. In: Eraut, M. (Hrsg.): The International Encyclopedia of Educational Technology. Pergamon Press, Oxford 1989, S. 432-436.

[Tull04] Tully; C. J.: Neue Lernkonzepte in der Informationsgesellschaft? – Eine Einführung. In: Tully, C. J. (Hrsg.): Verändertes Lernen in modernen technisierten Welten. VS, Wiesbaden 2004, S. 11-16.

[Walt05] Walther, I.: Rollen- und Situationsmodellierung bei betrieblichen Dispositions- und Planungssystemen. Universität Erlangen-Nürnberg, Dissertation, 2005.

[WaMa92] Watkins, K. E.; Marsick, V. J.: Towards a Theory of Informal and Incidental Learning in Organisations. In: International Journal of Lifelong Education, 4 (1992), S. 287-300.

[Weid02] Weidenmann, B.: Multicodierung und Multimodalität im Lernprozess. In: Issing, L. J.; Klimsa, P. (Hrsg.): Information und Lernen mit Multimedia und Internet. Beltz, Weinheim 2002, S. 45-62.

[Wein81] Weinberg, P.: Das Entscheidungsverhalten der Konsumenten. Schöning, Paderborn 1981.

[Wein82] Weinert, F. E.: Selbstgesteuertes Lernen als Voraussetzung, Methode und Ziel des Unterrichts. In: Unterrichtswissenschaft, 2 (1982), S. 99-110.

[Wein07] Weinmann, M.: Empirische Studie zur Gestaltung von kundenorientiertem E-Learning. Universität Erlangen-Nürnberg, Lehrstuhl Wirtschaftsinformatik II, Diplomarbeit, 2007.

[WiBe02] Wirtz, B. W.; Becker, D. R.: Geschäftsmodelle im Electronic Business. In: Weiber, R. (Hrsg.): Handbuch Electronic Business. Gabler, Wiesbaden 2002, S. 909-934.

[WiHa72] Witte, E.; Hausschildt, J.: Das Informationsverhalten in Entscheidungsprozessen. Mohr, Tübingen 1972.

[Wilb01] Wilbers, K.: E-Learning didaktisch gestalten. In: Hohenstein, A.; Wilbers, K. (Hrsg.): Handbuch E-Learning. Deutscher Wirtschaftsdienst, Köln 2001, Beitrag 4.0.

[Wille00] Willey, A. D.: Connecting learning objects to instructional design theory: A definition, a metaphor, and a taxonomy. In: Willey, A. D. (Hrsg.): The Instructional Use of Learning Objects, 2000, http://reusability.org/read/chapters/wiley.doc, Abrufdatum 2003-03-15.

[Wirt01] Wirtz, B. W.: Electronic Business. Gabler, Wiesbaden 2001.

[Yan+02] Yang, S. J.; Nieh, J.; Selsky, M.; Tiwari, N.: The Performance of Remote Display Mechanisms for Thin-Client Computing. http://www.ncl.cs.columbia.edu/publications/usenix2002_fordist.pdf, Abruf am 2008-11-12.

[ZiHA03] Ziegler, K.; Hofmann, F.; Astleitner, H.: Selbstreguliertes Lernen und Internet. Lang, Frankfurt 2003.

Anhang

A.1 Fragebogenelemente der Nachfragerstudie zum Einsatz des Customer Focused E-Learning

1. Wie häufig nutzen Sie das Internet?
☐ täglich
☐ mehrmals pro Woche
☐ einmal pro Woche
☐ zweimal pro Monat
☐ einmal pro Monat
☐ seltener

2. Wozu nutzen Sie das Internet?						
Ich nutze das Internet …	stimme voll zu	stimme eher zu	teils, teils	stimme eher nicht zu	stimme überhaupt nicht zu	weiß nicht
… zur Unterhaltung (Online-Spiele etc.)	☐	☐	☐	☐	☐	☐
… um über Produkttrends auf dem Laufenden zu bleiben	☐	☐	☐	☐	☐	☐
… um konkrete Informationen zu Produkten zu beschaffen	☐	☐	☐	☐	☐	☐
… um Produkte online zu kaufen	☐	☐	☐	☐	☐	☐
…. um Probleme bei der Produktnutzung zu lösen	☐	☐	☐	☐	☐	☐

Ich nutze das Internet …	stimme voll zu	stimme eher zu	teils, teils	stimme eher nicht zu	stimme überhaupt nicht zu	weiß nicht
… um mich vor einem Produktkauf beraten zu lassen	☐	☐	☐	☐	☐	☐
… um mich weiterzubilden	☐	☐	☐	☐	☐	☐
Sonstiges: ______________________						

3.	**Haben Sie schon einmal Produkte oder Dienstleistungen im Internet gekauft?**
	☐ ja *(weiter mit Frage 5)*
	☐ nein

4.	**Welche sind die Gründe dafür, dass Sie bisher noch keine Einkäufe im Internet getätigt haben?** *(Mehrfachnennung möglich)*
	☐ schweres Auffinden der gesuchten Produkte
	☐ fehlende Beratung durch den Verkäufer
	☐ unsicherer Zahlungsverkehr
	☐ ungenügender Schutz der persönlichen Daten
	☐ unpersönliches Einkaufen
	☐ kein/zu geringer Preisvorteil
	☐ zu umständliches Einkaufen
	☐ zu kleines Warenangebot
	☐ zu lange Lieferzeiten

5.	**Im Folgenden geht es um Angebote, die auf einer Website zur Verfügung gestellt werden können. Wie interessant finden Sie die einzelnen Angebote generell?**

Wie interessant ist es für Sie generell auf einer Website …	sehr interessant	eher interes-sant	teils, teils	weniger interes-sant	überhaupt nicht interes-sant	weiß nicht
… detaillierte Produktinformationen zu erhalten	☐	☐	☐	☐	☐	☐
… Tipps und Tricks zur Produktnutzung zu erhalten	☐	☐	☐	☐	☐	☐
… Unterhaltungsangebote nutzen zu können	☐	☐	☐	☐	☐	☐

Wie interessant ist es für Sie generell auf einer Website …	sehr interessant	eher interessant	teils, teils	weniger interessant	überhaupt nicht interessant	weiß nicht
… Unterstützung bei Problemen mit dem Produkt zu bekommen	☐	☐	☐	☐	☐	☐
… sich mit anderen Nutzern austauschen zu können	☐	☐	☐	☐	☐	☐
… eine Produktberatung in Anspruch nehmen zu können	☐	☐	☐	☐	☐	☐
… Alternativprodukte empfohlen zu bekommen	☐	☐	☐	☐	☐	☐
… passende Zusatzprodukte empfohlen zu bekommen	☐	☐	☐	☐	☐	☐

Viele Unternehmen bieten ihren Kunden und Interessenten kostenfreie E-Learning-Module im Internet.
E-Learning-Module können dabei verschiedene Funktionen haben. Sie können beispielsweise eingesetzt werden um:

- Kunden bei der Produktauswahl zu beraten,
- allgemeine Informationen zu Produkten zu liefern,
- Hilfestellung bei Problemen mit dem Produkt zu geben,
- Unterhaltung zu bieten,
- eine qualifizierte Weiterbildung zu unterstützen.

6. Wie interessant finden Sie solche E-Learning-Module generell?

sehr interessant	eher interessant	teils, teils	weniger interessant	überhaupt nicht interessant	weiß nicht
☐	☐	☐	☐	☐	☐

7. Stellen Sie sich vor, dass die folgenden Unternehmen E-Learning-Module anbieten. Wie interessant ist ein solches Angebot für Sie?

E-Learning-Module finde ich interessant bei Unternehmen, die … anbieten.	stimme voll zu	stimme eher zu	teils, teils	stimme eher nicht zu	stimme überhaupt nicht zu	weiß nicht
Bücher	☐	☐	☐	☐	☐	☐
Kleidung	☐	☐	☐	☐	☐	☐
Videos/ DVDs / CDs	☐	☐	☐	☐	☐	☐
Heimelektronik	☐	☐	☐	☐	☐	☐
(Urlaubs-)Reisen	☐	☐	☐	☐	☐	☐
PC Hardware	☐	☐	☐	☐	☐	☐
PC Software	☐	☐	☐	☐	☐	☐
Tickets (Kultur / Sport)	☐	☐	☐	☐	☐	☐

E-Learning-Module finde ich interessant bei Unternehmen, die … anbieten.	stimme voll zu	stimme eher zu	teils, teils	stimme eher nicht zu	stimme überhaupt nicht zu	weiß nicht
Lebensmittel	☐	☐	☐	☐	☐	☐
Spielwaren	☐	☐	☐	☐	☐	☐
Möbel	☐	☐	☐	☐	☐	☐
Kosmetik	☐	☐	☐	☐	☐	☐
Bankdienstleistungen	☐	☐	☐	☐	☐	☐
Versicherungen	☐	☐	☐	☐	☐	☐
Jobangebote	☐	☐	☐	☐	☐	☐
Informationsinhalte	☐	☐	☐	☐	☐	☐

8.	**Bei welchen Unternehmen bzw. bei welchen Branchen würden Sie sich persönlich ein Angebot an E-Learning-Modulen besonders wünschen? Nennen Sie bitte drei Unternehmen / Branchen.**

9. Welche Unternehmen sollten Ihrer Meinung nach E-Learning-Module anbieten?

	stimme voll zu	stimme eher zu	teils, teils	stimme eher nicht zu	stimme überhaupt nicht zu	weiß nicht
E-Learning-Module sollten bei innovativen und neuartigen Produkten angeboten werden.	☐	☐	☐	☐	☐	☐
E-Learning-Module sollten bei technologisch komplexen Produkten angeboten werden.	☐	☐	☐	☐	☐	☐
E-Learning-Module sollten bei bekannten, alltäglichen Produkten angeboten werden.	☐	☐	☐	☐	☐	☐
Ein Unternehmen, das Produkte zu günstigen Preisen anbietet, sollte E-Learning-Module zur Verfügung stellen.	☐	☐	☐	☐	☐	☐

	stimme voll zu	stimme eher zu	teils, teils	stimme eher nicht zu	stimme überhaupt nicht zu	weiß nicht
Ein Unternehmen, das qualitativ hochwertige Produkte anbietet, sollte E-Learning-Module zur Verfügung stellen.	☐	☐	☐	☐	☐	☐
Ein Unternehmen, das viele ähnliche Produkte anbietet (z. B. viele verschiedene Digitalkameras), sollte E-Learning-Module zur Verfügung stellen.	☐	☐	☐	☐	☐	☐
Ein Unternehmen, das viele verschiedene Produkte anbietet, sollte E-Learning-Module zur Verfügung stellen.	☐	☐	☐	☐	☐	☐
Unternehmen mit einem hohen Bekanntheitsgrad sollten E-Learning-Module zur Verfügung stelle.	☐	☐	☐	☐	☐	☐
Unternehmen, die als serviceorientiert gelten, sollten E-Learning-Module zur Verfügung stellen.	☐	☐	☐	☐	☐	☐
Unternehmen, die als innovativ gelten, sollten E-Learning-Module zur Verfügung stellen.	☐	☐	☐	☐	☐	☐

10. Bitte beurteilen Sie die folgenden Aussagen zum Thema E-Learning-Module.

	stimme voll zu	stimme eher zu	teils, teils	stimme eher nicht zu	stimme überhaupt nicht zu	weiß nicht
E-Learning-Module finde ich interessant, wenn ich mich dadurch privat weiterbilden kann.	☐	☐	☐	☐	☐	☐
E-Learning-Module finde ich interessant, wenn ich dadurch bei bestimmten Themen besser mitreden kann.	☐	☐	☐	☐	☐	☐

	stimme voll zu	stimme eher zu	teils, teils	stimme eher nicht zu	stimme überhaupt nicht zu	weiß nicht
E-Learning-Module finde ich interessant, wenn ich dadurch Informationen über aktuelle gesetzliche und rechtliche Entwicklungen	☐	☐	☐	☐	☐	☐
E-Learning-Module würde ich nutzen, wenn es mir langweilig ist.	☐	☐	☐	☐	☐	☐
E-Learning-Module würde ich zu Hause nutzen.	☐	☐	☐	☐	☐	☐
E-Learning-Module würde ich am Arbeitsplatz/im Büro nutzen.	☐	☐	☐	☐	☐	☐
E-Learning-Module finde ich interessant, wenn ich dadurch beruflich vorankommen kann.	☐	☐	☐	☐	☐	☐

11. Stellen Sie sich vor, Sie besuchen eine Website, auf der die folgenden Produkte angeboten werden.
Welche Leistung(en) wünschen Sie sich zu den einzelnen Produkten?
(Mehrfachnennung möglich)

	detaillierte Produkt-informationen	Tipps und Tricks zur Produktnutzung	Unterhaltungs-angebote	Unterstützung bei Problemen mit dem Produkt	Empfehlung von passenden Zusatz-produkten	Empfehlung von Alternativprodukten	Beratung zur Auswahl eines geeigneten Produkts	Möglichkeit, sich mit anderen Nutzern aus-tauschen zu können	keine	weiß nicht
Laptop	☐	☐	☐	☐	☐	☐	☐	☐	☐	☐
Digitalkamera	☐	☐	☐	☐	☐	☐	☐	☐	☐	☐
Lebensversicherung	☐	☐	☐	☐	☐	☐	☐	☐	☐	☐
Ledersofa	☐	☐	☐	☐	☐	☐	☐	☐	☐	☐
Goldring	☐	☐	☐	☐	☐	☐	☐	☐	☐	☐
Kaschmirschal	☐	☐	☐	☐	☐	☐	☐	☐	☐	☐

	detaillierte Produkt-informationen	Tipps und Tricks zur Produktnutzung	Unterhaltungs-angebote	Unterstützung bei Problemen mit dem Produkt	Empfehlung von passenden Zusatz-produkten	Empfehlung von Alternativprodukten	Beratung zur Auswahl eines geeigneten Produkts	Möglichkeit, sich mit anderen Nutzern aus-tauschen zu können	keine	weiß nicht
Deodorant	□	□	□	□	□	□	□	□	□	□
Schokoriegel	□	□	□	□	□	□	□	□	□	□
Streichhölzer	□	□	□	□	□	□	□	□	□	□
Küchenmaschine	□	□	□	□	□	□	□	□	□	□
Multifunktions-Taschenmesser	□	□	□	□	□	□	□	□	□	□
Informations-dienstleistung	□	□	□	□	□	□	□	□	□	□

12. Stellen Sie sich bitte vor, Sie besuchen eine Website, auf der die folgenden Produkte angeboten werden. Welche der genannten Weiterbildungsangebote finden Sie interessant?
(Mehrfachnennung möglich)

	Sprachkurs (z.B. „Business-Englisch")	Fitnesskurs (z.B. „Weg mit den Rückenschmerzen")	Computerkurs (z.B. „Textverarbeitung für Anfänger")	Kurse im Bereich Heimwerken (z.B. „Tapezieren leicht gemacht")	Kurs zum Thema „Digitale Fotographie"	Kurs zum Thema „Gesunde Ernährung"	keine	weiß nicht
Laptop	□	□	□	□	□	□	□	□
Digitalkamera	□	□	□	□	□	□	□	□
Lebensversicherung	□	□	□	□	□	□	□	□
Ledersofa	□	□	□	□	□	□	□	□
Goldring	□	□	□	□	□	□	□	□
Kaschmirschal	□	□	□	□	□	□	□	□

	Sprachkurs (z.B. „Business-Englisch")	Fitnesskurs (z.B. „Weg mit den Rückenschmerzen")	Computerkurs (z.B. „Textverarbeitung für Anfänger")	Kurse im Bereich Heimwerken (z.B. „Tapezieren leicht gemacht")	Kurs zum Thema „Digitale Fotographie"	Kurs zum Thema „Gesunde Ernährung"	keine	weiß nicht
Deodorant	☐	☐	☐	☐	☐	☐	☐	☐
Schokoriegel	☐	☐	☐	☐	☐	☐	☐	☐
Streichhölzer	☐	☐	☐	☐	☐	☐	☐	☐
Küchenmaschine	☐	☐	☐	☐	☐	☐	☐	☐
Multifunktions-Taschenmesser	☐	☐	☐	☐	☐	☐	☐	☐
Informations-dienstleistung	☐	☐	☐	☐	☐	☐	☐	☐

13. Wie interessant ist es für Sie generell, qualifizierte Weiterbildungsangebote, wie z.B. einen EDV-Kurs, im Internet zu nutzen?

sehr interessant	eher interessant	teils, teils	weniger interessant	überhaupt nicht interessant	weiß nicht
☐	☐	☐	☐	☐	☐

14. Zu welchen Themen möchten Sie sich per Internet qualifiziert weiterbilden? *(Mehrfachnennung möglich)*

- ☐ Computer (Hardware, Komponenten)
- ☐ Computer (Software)
- ☐ Sprachen
- ☐ Heimwerken/Basteln
- ☐ Kochen/Backen
- ☐ (Digitale) Fotografie
- ☐ Heimelektronik
- ☐ Gesundheit/Wellness
- ☐ Reisen/Ferne Länder/Fremde Kulturen
- ☐ Garten/Pflanzen
- ☐ Haustiere

☐ Sport/Fitness
☐ Auto/Motorsport
☐ Sammeln
☐ Kultur/Theater/Kino
☐ Geschichte
☐ Literatur
☐ Politik
☐ Familie

15.	**Welche neben den oben genannten Themen würden Sie noch interessieren?**

16.	**Stellen Sie sich vor, ein Unternehmen bietet Ihnen im Internet kostenpflichtige Weiterbildungskurse zu Themen, die sie interessieren.** **Bei welchen Weiterbildungsangeboten wären Sie bereit etwas zu bezahlen? Nennen Sie die Themen, die Sie interessieren. Geben Sie auch an, wieviel Sie zu zahlen bereit wären.**

17. Wie sollten Ihnen die Weiterbildungsinhalte vermittelt werden?

Wenn ich mich im Internet zu einem bestimmten Thema weiterbilde, möchte ich …	stimme voll zu	stimme eher zu	teils, teils	stimme eher nicht zu	stimme überhaupt nicht zu	weiß nicht
… reale Abbildungen gezeigt bekommen	☐	☐	☐	☐	☐	☐
… einen Text lesen	☐	☐	☐	☐	☐	☐
… Grafiken gezeigt bekommen	☐	☐	☐	☐	☐	☐
… mich mit anderen Kursteilnehmern austauschen können	☐	☐	☐	☐	☐	☐
… einem Profi Fragen dazu stellen können	☐	☐	☐	☐	☐	☐

Wenn ich mich im Internet zu einem bestimmten Thema weiterbilde, möchte ich …	stimme voll zu	stimme eher zu	teils, teils	stimme eher nicht zu	stimme überhaupt nicht zu	weiß nicht
… einen Film/eine Animation gezeigt bekommen	☐	☐	☐	☐	☐	☐
… die Weiterbildungsinhalte akustisch vermittelt bekommen	☐	☐	☐	☐	☐	☐

18.	**Stellen Sie sich vor, Sie informieren sich auf einer Website über die dort angebotenen Leistungen (Produkte oder Dienstleistungen). Welche der folgenden Darbietungsformen bevorzugen Sie in dieser Situation?**					
Wenn ich Produktinformationen suche möchte ich …	stimme voll zu	stimme eher zu	teils, teils	stimme eher nicht zu	stimme überhaupt nicht zu	weiß nicht
… reale Abbildungen gezeigt bekommen	☐	☐	☐	☐	☐	☐
… einen Text lesen	☐	☐	☐	☐	☐	☐
… Grafiken gezeigt bekommen	☐	☐	☐	☐	☐	☐
… mich mit anderen Interessenten/Käufern austauschen können	☐	☐	☐	☐	☐	☐
… Kontakt zu einem Profi aufnehmen können	☐	☐	☐	☐	☐	☐
… einen Film/eine Animation gezeigt bekommen	☐	☐	☐	☐	☐	☐
… diese akustisch vermittelt bekommen	☐	☐	☐	☐	☐	☐

19.	**Stellen Sie sich vor, Sie interessieren sich für eine ganz bestimmte Leistung (Produkt oder Dienstleistung). Sie wissen jedoch nicht, welche Variante für Ihren Bedarf optimal geeignet ist. Welche der folgenden Darbietungsformen bevorzugen Sie bei einer Beratung im Internet?**					
Bei einer Beratung möchte ich …	stimme voll zu	stimme eher zu	teils, teils	stimme eher nicht zu	stimme überhaupt nicht zu	weiß nicht
… reale Abbildungen gezeigt bekommen	☐	☐	☐	☐	☐	☐
… einen Text lesen	☐	☐	☐	☐	☐	☐
… Grafiken gezeigt bekommen	☐	☐	☐	☐	☐	☐
… mich mit anderen Interessenten/Käufern austauschen können	☐	☐	☐	☐	☐	☐

Bei einer Beratung möchte ich …	stimme voll zu	stimme eher zu	teils, teils	stimme eher nicht zu	stimme überhaupt nicht zu	weiß nicht
… einem Profi Fragen stellen können	☐	☐	☐	☐	☐	☐
… einen Film/eine Animation gezeigt bekommen	☐	☐	☐	☐	☐	☐
… die Leistung akustisch vorgestellt bekommen	☐	☐	☐	☐	☐	☐

21. Stellen Sie sich vor, Sie möchten sich auf einer Website über Tipps und Tricks im Umgang mit einem erworbenen Produkt informieren. Wie sollten diese Tipps und Tricks dargestellt werden?

Wenn ich Tipps und Tricks zur Produktnutzung suche, möchte ich …	stimme voll zu	stimme eher zu	teils, teils	stimme eher nicht zu	stimme überhaupt nicht zu	weiß nicht
… reale Abbildungen gezeigt bekommen	☐	☐	☐	☐	☐	☐
… einen Text lesen	☐	☐	☐	☐	☐	☐
… Grafiken gezeigt bekommen	☐	☐	☐	☐	☐	☐
… mich mit anderen Nutzern austauschen können	☐	☐	☐	☐	☐	☐
… Expertenwissen nutzen können	☐	☐	☐	☐	☐	☐
… einen Film/eine Animation gezeigt bekommen	☐	☐	☐	☐	☐	☐
… diese akustisch vermittelt bekommen	☐	☐	☐	☐	☐	☐

22. Denken Sie nun an Ihre Informations- und Lernpräferenzen. Inwieweit stimmen Sie den folgenden Aussagen in Bezug auf Ihre Informations- und Lernpräferenzen zu?

	stimme voll zu	stimme eher zu	teils, teils	stimme eher nicht zu	stimme überhaupt nicht zu	weiß nicht
Ich gehe gerne Schritt für Schritt vor.	☐	☐	☐	☐	☐	☐
Ich lasse mich gerne führen.	☐	☐	☐	☐	☐	☐
Mir ist es wichtig, den Programmablauf selbst bestimmen zu können.	☐	☐	☐	☐	☐	☐

	stimme voll zu	stimme eher zu	teils, teils	stimme eher nicht zu	stimme überhaupt nicht zu	weiß nicht
Ich möchte nur Hilfestellung bekommen, wenn ich sie ausdrücklich fordere.	☐	☐	☐	☐	☐	☐
Ich bevorzuge kurze Informationseinheiten.	☐	☐	☐	☐	☐	☐
Ich diskutiere gerne mit Gleichgesinnten.	☐	☐	☐	☐	☐	☐
Ich eigne mir neues Wissen gerne alleine an.	☐	☐	☐	☐	☐	☐

23. Seit wann nutzen Sie einen Internetanschluss?

- ☐ Weniger als 1 Jahr
- ☐ Seit 1 bis 2 Jahre
- ☐ Seit 2 bis 3 Jahren
- ☐ Seit 3 bis 4 Jahren
- ☐ Seit 4 bis 5 Jahren
- ☐ Länger als 5 Jahre

24. Wie alt sind Sie?

- ☐ Unter 18 Jahre
- ☐ 18-29 Jahre
- ☐ 30-39 Jahre
- ☐ 40-49 Jahre
- ☐ 50-59 Jahre
- ☐ 60 Jahre oder älter

25. Sind Sie männlich oder weiblich?

- ☐ Männlich
- ☐ Weiblich

26.	**Welcher ist Ihr höchster Bildungsabschluss?**
	☐ Ohne Abschluss
	☐ Hauptschulabschluss
	☐ Mittlere Reife
	☐ (Fach-)Abitur
	☐ Hochschulabschluss

A.2 Interviewleitfäden der Anbieter- und Dienstleisterstudie zum Einsatz des Customer Focused E-Learning

Interviewleitfaden für CFEL-Anbieter

1.	**Allgemeine Fragen zum CFEL-Angebot**

1.1	**Wann wurde das CFEL-Angebot gestartet?**

1.2	**Wer bzw. welche Abteilung hatte die Idee?**

1.3	**Wie viel Zeit verging von der Idee bis zur tatsächlichen Umsetzung? Wann hat sich der erste Benutzer registriert?**

1.4	**Warum haben Sie das CFEL-Angebot wieder eingestellt? Wurden Ihre gesetzten Ziele nicht erreicht? Gab es andere Gründe?** *(Zusatzfrage für Unternehmen, die ihr CFEL-Angebot wieder eingestellt haben)*

2.	**Fragen zu den Einführungsgründen, der Strategie und den verfolgten Zielen**

2.1	**Was war zu Beginn der Hauptgrund, das CFEL-Angebot einzuführen?**

2.2 **Bitte beurteilen Sie die folgende Gründe und Ziele der Einführung eines CFEL-Angebots.**					
Kundenorientiertes E-Learning ist eine gute Möglichkeit …	stimme voll zu	stimme eher zu	neutral	stimme eher nicht zu	stimme überhaupt nicht zu
... neue Kunden zu gewinnen.	☐	☐	☐	☐	☐
... Hotlines zu entlasten und die Servicekosten zu reduzieren.	☐	☐	☐	☐	☐
... sich von den Wettbewerbern zu differenzieren.	☐	☐	☐	☐	☐
…die Kosten der Marktbearbeitung zu senken.	☐	☐	☐	☐	☐
... die Kundenzufriedenheit zu steigern.	☐	☐	☐	☐	☐
... das Unternehmensimage zu verbessern.	☐	☐	☐	☐	☐
… sich neue Geschäftsfelder zu eröffnen.	☐	☐	☐	☐	☐

2.3 **Welche spezifischen Ziele verfolgen Sie mit dem CFEL-Angebot? Wurden die gesteckten Ziele erreicht?**

2.4 **Bitte beschreiben Sie die Vision/Philosophie, die sich hinter dem CFEL-Angebot verbirgt. Wie charakterisieren Sie die zugrunde liegende Strategie?**

2.5 **Änderten sich Gründe und Ziele für ein CFEL-Angebot im Laufe der Zeit? Wenn ja, wie?**

3. **Fragen zur Umsetzung des CFEL-Angebots**

3.1	**Haben Sie E-Learning bereits vor der Einführung des CFEL-Angebots im Unternehmen eingesetzt, z. B. zur Mitarbeiterschulung? Wenn ja, beschreiben Sie bitte diese(s) Projekt(e) (z. B. welche Inhalte wurden vermittelt, welche Zielgruppen wurden angesprochen (Management, Vertrieb, Kundenbetreuer, Händler,...)).**

3.2	**Wie denken Sie über folgende Aussage: Die CFEL-Strategie muss auf die anderen Funktionalstrategien (z.B. Marketing-, Personal-, E-Business-Strategie) und insbesondere auf die Unternehmensstrategie ausgerichtet und abgestimmt werden.**

3.3	**Wie wurde das CFEL-Angebot in Ihr bestehendes Geschäftsmodell integriert?**

3.4	**Welche Abteilungen waren an der Planung und Umsetzung beteiligt? Wer trug die Hauptverantwortung? Wurden externe Dienstleister einbezogen?**

3.5	**Die Inhalte sind sehr wichtig für den Erfolg des CFEL-Angebots. Woher kommen Ihre Inhalte? Haben Sie diese selbst erzeugt oder extern bezogen? Wie denken Sie über die Qualität bezogener Inhalte? Wurden auch Inhalte eingebunden, die schon intern für Schulungen eingesetzt wurden?**

3.6	**Gab es ein Pilot-Programm? Wenn ja, wie sah es aus?**

3.7 Wie beurteilen Sie folgende Aussagen?					
Kundenorientiertes E-Learning ist erfolgreich, wenn …	stimme voll zu	stimme eher zu	neutral	stimme eher nicht zu	stimme überhaupt nicht zu
... verschiedene Unternehmensbereiche eingebunden werden.	☐	☐	☐	☐	☐
... E-Learning schon intern zur Schulung genutzt wird.	☐	☐	☐	☐	☐
... die Wettbewerber über kein vergleichbares Angebot verfügen.	☐	☐	☐	☐	☐
… die Produkte bzw. Dienstleistungen erklärungsbedürftig sind.	☐	☐	☐	☐	☐
... sowohl selbst erstellte als auch externe Inhalte einfließen.	☐	☐	☐	☐	☐
... die Kunden in die Entwicklung einbezogen werden.	☐	☐	☐	☐	☐

3.8 Was sind aus Ihrer Sicht die drei entscheidenden Faktoren für erfolgreiches kundenorientiertes E-Learning?

4. Fragen zur Finanzierung des CFEL-Angebots

4.1 Welches Budget muss ungefähr pro Jahr für das CFEL-Angebot bereitgestellt werden? Wer bzw. welche Kostenstelle finanziert jeweils die Umsetzung und den laufenden Betrieb? Woher kommen die Erlöse?

4.2 Ziele wie Kundenzufriedenheit und Kundenloyalität sind schwer zu messen. Welche Kriterien verwenden Sie, um den Erfolg des CFEL-Angebots zu beurteilen?

4.3	Denken Sie, dass Investitionen in ein CFEL-Angebot gerechtfertigt sind? Haben sich die Kosten amortisiert? Wann war der Break-Even?

5.	Fragen zu den Nutzern des CFEL-Angebots

5.1	Wie viele Kunden nutzen das CFEL-Angebot durchschnittlich im Jahr?

5.2	Wie setzt sich die Nutzergruppe hinsichtlich Alter, Familienstand, Bildung, Einkommen, Internetnutzung u. ä. zusammen?

6	*Abschlussfrage:* Wenn Sie heute noch einmal ein kundenorientiertes E-Learning-Angebot einführen würden – was würden Sie anders bzw. besser machen? Haben Sie noch einen speziellen Tipp zur Planung und Umsetzung eines erfolgreichen CFEL-Angebots?

Interviewleitfaden für CFEL-Dienstleister

1. Allgemeine Fragen

1.1 Wann kam zum ersten Mal die Idee auf, Kunden als Zielgruppe von E-Learning-Angeboten zu fokussieren? Warum?

1.2 An wie vielen CFEL-Projekten hat Ihr Unternehmen bereits mitgearbeitet?

2. Fragen zu den Einführungsgründen, der Strategie und den verfolgten Zielen

2.1 Welches sind die Hauptgründe, warum Unternehmen CFEL einführen?

2.2 Bitte beurteilen Sie die folgende Gründe und Ziele der Einführung von CFEL-Angeboten.

Kundenorientiertes E-Learning ist eine gute Möglichkeit …	stimme voll zu	stimme eher zu	neutral	stimme eher nicht zu	stimme überhaupt nicht zu
... neue Kunden zu gewinnen.	☐	☐	☐	☐	☐
... Hotlines zu entlasten und die Servicekosten zu reduzieren.	☐	☐	☐	☐	☐
... sich von den Wettbewerbern zu differenzieren.	☐	☐	☐	☐	☐
…die Kosten der Marktbearbeitung zu senken.	☐	☐	☐	☐	☐

Kundenorientiertes E-Learning ist eine gute Möglichkeit …	stimme voll zu	stimme eher zu	neutral	stimme eher nicht zu	stimme überhaupt nicht zu
... die Kundenzufriedenheit zu steigern.	☐	☐	☐	☐	☐
... das Unternehmensimage zu verbessern.	☐	☐	☐	☐	☐
… sich neue Geschäftsfelder zu eröffnen.	☐	☐	☐	☐	☐

2.3	**Welche spezifischen Ziele verfolgen die von Ihnen betreuten Unternehmen durch den Einsatz von CFEL?**

2.4	**Welche Strategieansätze lassen sich daraus ableiten?**

2.5	**Welche spezifischen Ziele verfolgen Sie mit dem CFEL-Angebot? Wurden die gesteckten Ziele erreicht?**

3.	**Fragen zur Umsetzung von CFEL-Angeboten**

3.1	**Bitte skizzieren Sie aus Ihrer Sicht die optimale Planung und Umsetzung eines CFEL-Angebots.**

3.2	**Wie denken Sie über folgende Aussage: Die CFEL-Strategie muss auf die anderen Funktionalstrategien (z.B. Marketing-, Personal-, E-Business-Strategie) und insbesondere auf die Unternehmensstrategie ausgerichtet und abgestimmt werden.**

3.3	Wie werden kundenorientierte E-Learning-Angebote bestmöglich in bestehende Geschäftsmodelle integriert?

3.4	Wer bzw. welche Abteilungen sollten an der Planung und Umsetzung beteiligt sein? Wer sollte die Hauptverantwortung tragen?

3.5	Die Inhalte sind sehr wichtig für den Erfolg des CFEL-Angebots. Woher sollten die Inhalte stammen (selbst erstellt vs. extern bezogen)? Inwieweit können intern vorhandene Inhalte verwendet werden?

3.6	Wie wichtig ist ein Pilot-Programm? Wie sollte es ausgestaltet werden?

3.7 Wie beurteilen Sie folgende Aussagen?

Kundenorientiertes E-Learning ist erfolgreich, wenn …	stimme voll zu	stimme eher zu	neutral	stimme eher nicht zu	stimme überhaupt nicht zu
... verschiedene Unternehmensbereiche eingebunden werden.	☐	☐	☐	☐	☐
... E-Learning schon intern zur Schulung genutzt wird.	☐	☐	☐	☐	☐
... die Wettbewerber über kein vergleichbares Angebot verfügen.	☐	☐	☐	☐	☐
… die Produkte bzw. Dienstleistungen erklärungsbedürftig sind.	☐	☐	☐	☐	☐
... sowohl selbst erstellte als auch externe Inhalte einfließen.	☐	☐	☐	☐	☐
... die Kunden in die Entwicklung einbezogen werden.	☐	☐	☐	☐	☐

3.8	**Was sind aus Ihrer Sicht die drei entscheidenden Faktoren für erfolgreiches kundenorientiertes E-Learning?**

3.9	**Welche Unterschiede sehen Sie im Vergleich zur Konzeption von E-Learning-Angeboten für Mitarbeiter?**

3.10	**Hat der Umfang der Geschäftstätigkeit eines Unternehmens im Internet einen Einfluss auf den erfolgreichen Einsatz von CFEL?**

3.11	**CFEL wird insbesondere von US-amerikanischen Unternehmen erfolgreich eingesetzt. Welche Unterschiede sind bezogen auf deutsche Unternehmen Ihrer Meinung nach zu beachten?**

4.	**Fragen zur Finanzierung von CFEL-Angeboten**

4.1	**Welches Budget muss ungefähr pro Jahr für das CFEL-Angebot bereitgestellt werden? Wer bzw. welche Kostenstelle finanziert jeweils die Umsetzung und den laufenden Betrieb und woher kommen die Erlöse?**

4.2	**Ziele wie Kundenzufriedenheit und Kundenloyalität sind schwer zu messen. Welche Kriterien verwenden Sie, um den Erfolg des CFEL-Angebots zu beurteilen?**

5	***Abschlussfrage:* Haben Sie noch einen speziellen Tipp zur Planung und Umsetzung eines erfolgreichen CFEL-Angebots?**

A.3 Fragebogenelemente der Nachfragerstudie zur Gestaltung des Customer Focused E-Learning

In die ersten Fragestellungen möchten wir Sie anhand eines Beispiels einführen. Stellen Sie sich vor, Sie haben sich entschlossen, für Ihren nächsten Urlaub eine Digitalkamera zu erwerben. Die folgenden Fragen befassen sich mit der Bereitstellung von Informationen und Wissen während dieses Kaufprozesses.

1. Lerninhalte

1.1	**Im Vorfeld Ihres Kaufes machen Sie sich Gedanken über eine neue Digitalkamera. Welche Informationen bzw. welches Wissen ist Ihnen zu diesem Zeitpunkt am wichtigsten? Bitte wählen Sie die DREI für Sie wichtigsten Informationen aus!**
	☐ Marktüberblick und Trends (z.B. neue Technologien)
	☐ Marken und Hersteller
	☐ Modelle und Typen (digitale Spiegelreflexkamera, Pocketkamera, ...)
	☐ Verwendung des Zooms
	☐ Erweiterungsmöglichkeiten (Speicher, Objektiv, Blitz...)
	☐ Möglichkeiten der Bildbearbeitung / Bildformate
	☐ ______________________________

1.2	**Sie betreten einen lokalen Elektronik-Shop und haben die Abteilung für Digitalkameras ausfindig gemacht. Jede Kamera ist mit einem Schild beschrieben. Welche Information bzw. welches Wissen wäre für Sie interessant? Bitte wählen Sie die DREI für Sie wichtigsten Informationen aus!**
	☐ Megapixel / Auflösung
	☐ Abmessung der Digitalkamera
	☐ Erweiterungsmöglichkeiten (Speicher, Objektiv, Blitz...)
	☐ Aufbau der Kamera und Anordnung der Knöpfe
	☐ Vorgehen zur Vermeidung des „Rote-Augen-Effekts“
	☐ Übertragung der Bilder von der Kamera zum PC
	☐ ______________________________

1.3	Nachdem Sie die verschiedenen Kameras kennen gelernt haben, nehmen Sie zwei Geräte in die engere Auswahl und vergleichen die beiden Alternativen. Was möchten Sie, bevor Sie sich endgültig zum Kauf einer Digitalkamera entscheiden, noch über das Gerät erfahren? Bitte wählen Sie die DREI für Sie wichtigsten Wissensbedarfe aus!
	☐ Aufbau der Kamera und Anordnung der Knöpfe
	☐ Funktionen und Menü
	☐ Verwendung des Zooms
	☐ Marke und Hersteller
	☐ Vorgehen zur Vermeidung des „Rote-Augen-Effekts“
	☐ Möglichkeiten der Bildbearbeitung / Bildformate
	☐ ____________________

1.4	Nach einem erfolgreichen Vergleich haben Sie sich für ein Modell entschieden und gekauft. Sie nehmen die Kamera mit in den Urlaub. Was möchten Sie während des Gebrauchs über Ihre Kamera erfahren? Bitte wählen Sie die DREI für Sie wichtigsten Wissensbedarfe aus!
	☐ Vorgehen zur Vermeidung des „Rote-Augen-Effekts“
	☐ Benutzen des Selbstauslösers
	☐ Wechseln des Akkus / der Speicherkarte
	☐ Megapixel / Auflösung
	☐ Aufbau der Kamera und Anordnung der Knöpfe
	☐ Grundwissen zur Landschaftsfotografie
	☐ ____________________

1.5	Sie kommen aus Ihrem Urlaub zurück und möchten die Bilder auf Ihren PC übertragen. Welche weiteren Wissensbedarfe können bei Ihnen in diesem Zusammenhang noch auftreten? Bitte wählen Sie die DREI für Sie wichtigsten aus!
	☐ Verbindungsaufbau von PC zur Kamera
	☐ Benutzen von Bildbearbeitungsprogrammen
	☐ Grundwissen von Photoshooting-Kursen
	☐ Marktüberblick und Trends (z.B. neue Technologien)
	☐ Erweiterungsmöglichkeiten (Speicher, Objektiv, Blitz,...)
	☐ Vorgehen zur Vermeidung des „Rote-Augen-Effekts“
	☐ ____________________

1.6	**Nach dem Einkauf überlegen Sie noch einmal, wie man Ihre Aktivitäten während eines Einkaufes durch die Bereitstellung von Wissen unterstützen könnte. Bei welchen der folgenden Kaufaktivitäten würden Sie gerne Ihr Wissen erweitern und sich eine Unterstützung durch Lernangebote wünschen?** *(Mehrfachnennung möglich)*
	☐ bei der Verfolgung der Marktentwicklungen
	☐ bei der Beschaffung von Informationen zu Produkten
	☐ bei der Information zu den Anforderungen an das Produkt
	☐ bei der Selektion von Produkten
	☐ beim Vergleich von Produkten
	☐ bei der Aufgabe von Bestellungen
	☐ bei der Bezahlung
	☐ beim Erlernen der Verwendung des Produkts
	☐ bei der Verwendung des Produkts
	☐ beim Erfahrungsaustausch über das Produkt
	☐ ____________________

Nach Ihrem Urlaub stellen Sie fest, dass die Abendaufnahmen mit dem eingebauten Blitz etwas dunkel geworden sind und beschließen deshalb, einen externen Blitz zu kaufen. Diesen möchten Sie bei einem Online-Händler erwerben und surfen dessen Webseite an.

1.7 Auf welcher / welchen Webseite(n) des Anbieters von Blitzen (Startseite, Kategorieseite usw.) würden Sie auf Fakten (z. B. Typen und Modelle) zugreifen wollen?
(Mehrfachnennung möglich)

	Startseite	Kategorieseite	Vergleichsseite	Hilfeseite	Kundendienstseite
Fakten	☐	☐	☐	☐	☐

1.8 Auf welcher / welchen Webseite(n) des Anbieters von Blitzen (Startseite, Kategorieseite usw.) möchten Sie mehr über Aufbau und Eigenschaften des Blitzes oder ähnliche Konzepte erfahren?
(Mehrfachnennung möglich)

	Startseite	Kategorieseite	Vergleichsseite	Hilfeseite	Kundendienstseite
Konzepte	☐	☐	☐	☐	☐

1.9	**Auf welcher / welchen Webseite(n) des Anbieters von Blitzen (Startseite, Kategorieseite usw.) möchten Sie mehr über beispielsweise Vermeidung des „Rote-Augen-Effekts“ oder ähnliche Prozeduren erfahren?** *(Mehrfachnennung möglich)*

	Startseite	Kategorieseite	Vergleichsseite	Hilfeseite	Kundendienstseite
Prozeduren	☐	☐	☐	☐	☐

1.10	**Auf welcher / welchen Webseite(n) des Anbieters von Blitzen (Startseite, Kategorieseite usw.) möchten Sie mehr über Belichtung allgemein (z. B. Anordnen von Lichtquellen, Belichtungsdauer) oder ähnliche Prinzipien erfahren?** *(Mehrfachnennung möglich)*

	Startseite	Kategorieseite	Vergleichsseite	Hilfeseite	Kundendienstseite
Prinzipien	☐	☐	☐	☐	☐

2. Lernziele

Nach dem Kauf haben Sie sich bei dem Hersteller Ihrer Kamera registriert und erhalten von ihm eine Feedback-Anfrage. Der Hersteller möchte von Ihnen wissen, wie Sie Ihr erlangtes Wissen beurteilen, um sein Angebot weiter zu verbessern.

Beurteilen Sie bitte welche Lernziele (Wissen / Verstehen, Anwenden, Probleme lösen) Sie beim Wissenserwerb in verschiedenen Lernsituationen (bei der Problemerkenntnis am Ladeneingang, bei der Informationssuche am Regal, bei der Evaluation durch Produktvergleich, in der Nachkaufphase bei der Kameraverwendung im Urlaub sowie im Rahmen des Lebenslangen Lernens bei der Bildnachbearbeitung zu Hause) erreichen wollen.

2.1	**In welchen Lernsituationen möchten Sie mit Informationen versorgt werden und neues Wissen erlangen, um sich an Sachverhalte zu erinnern und diese zu verstehen?** *(Mehrfachnennung möglich)*

	Ladeneingang	Regal	Produktvergleich	Verwendung	Lebenslanges Lernen
Wissen / Verstehen	☐	☐	☐	☐	☐

2.2	**In welchen Lernsituationen möchten Sie auch Fähigkeiten erwerben, das Wissen in definierten Alltagssituationen anwenden zu können?** *(Mehrfachnennung möglich)*

	Ladeneingang	Regal	Produktvergleich	Verwendung	Lebenslanges Lernen
Anwenden	☐	☐	☐	☐	☐

2.3	**In welchen Lernsituationen möchten Sie Wissen erwerben, mit dem Sie Probleme in unbekannten Alltagssituationen lösen können?** *(Mehrfachnennung möglich)*

	Ladeneingang	Regal	Produktvergleich	Verwendung	Lebenslanges Lernen
Problem-lösen	☐	☐	☐	☐	☐

3.	**Struktur des Lernangebots**

Um Sie bei Ihrem nächsten Einkauf besser unterstützen zu können, fragt Sie der Hersteller Ihrer Kamera auch nach dem Ablauf des Lernens.

3.1	**Im Laufe eines Einkaufes ändern sich eventuell Ihre Wissensbedarfe. In welchen Phasen bevorzugen Sie es, beim Wissenserwerb angeleitet zu werden und wann möchten Sie diesen selbst steuern?**

	Vollständig selbst gesteuert	teilweise selbst gesteuert	teilweise angeleitet	vollständig angeleitet
Ladeneingang	☐	☐	☐	☐
Regal	☐	☐	☐	☐
Produktvergleich	☐	☐	☐	☐
Verwendung	☐	☐	☐	☐
Lebenslanges Lernen	☐	☐	☐	☐

3.2	**Geben Sie bitte an, in welchen Lernsituationen Sie Wissen zum Produkt selbst (z. B. zu dessen Eigenschaften und Funktionen) wünschen.** *(Mehrfachnennung möglich)*

	Ladeneingang	Regal	Produktvergleich	Verwendung	Lebenslanges Lernen
Produkt-wissen	☐	☐	☐	☐	☐

3.3	**Wie bevorzugen Sie den Erwerb von Produktwissen?**
	☐ ich suche die für mich interessanten Produkteigenschaften aus
	☐ ich möchte schrittweise Wissen erlernen
	☐ ich wähle relevantes Wissen aus einer Themensammlung aus

3.4	Geben Sie bitte an, in welchen Lernsituationen Sie Wissen zur Anwendung des Produkts wünschen. *(Mehrfachnennung möglich)*				
	Ladeneingang	Regal	Produktvergleich	Verwendung	Lebenslanges Lernen
Anwendungswissen	☐	☐	☐	☐	☐

3.5	Wie bevorzugen Sie den Erwerb von Anwendungswissen?
	☐ ich suche die für mich interessanten Produkteigenschaften aus
	☐ ich möchte schrittweise Wissen erlernen
	☐ ich wähle relevantes Wissen aus einer Themensammlung aus

3.6	Geben Sie bitte an, in welchen Lernsituationen Sie Basiswissen im Produktumfeld (z. B. ein Klärung des Begriffs „Digitale Fotografie“) wünschen. *(Mehrfachnennung möglich)*				
	Ladeneingang	Regal	Produktvergleich	Verwendung	Lebenslanges Lernen
Basiswissen	☐	☐	☐	☐	☐

3.7	Wie bevorzugen Sie den Erwerb von Basiswissen?
	☐ ich suche die für mich interessanten Produkteigenschaften aus
	☐ ich möchte schrittweise Wissen erlernen
	☐ ich wähle relevantes Wissen aus einer Themensammlung aus

3.8	Geben Sie bitte an, in welchen Lernsituationen Sie Hintergrundwissen im Produktumfeld (z. B. zur digitalen Bildbearbeitung) wünschen. *(Mehrfachnennung möglich)*				
	Ladeneingang	Regal	Produktvergleich	Verwendung	Lebenslanges Lernen
Hintergrundwissen	☐	☐	☐	☐	☐

3.9	Wie bevorzugen Sie den Erwerb von Hintergrundwissen?
	☐ ich suche die für mich interessanten Produkteigenschaften aus
	☐ ich möchte schrittweise Wissen erlernen
	☐ ich wähle relevantes Wissen aus einer Themensammlung aus

3.10	**In welchen Lernsituationen bevorzugen Sie es, schnell mit kleineren Informations- und Wissenseinheiten versorgt zu werden?** *(Mehrfachnennung möglich)*				
	Ladeneingang	Regal	Produktvergleich	Verwendung	Lebenslanges Lernen
Just-in-Time-E-Learning	☐	☐	☐	☐	☐

3.11	**In welchen Lernsituationen bevorzugen Sie es, länger angelegte E-Trainings zu absolvieren?** *(Mehrfachnennung möglich)*				
	Ladeneingang	Regal	Produktvergleich	Verwendung	Lebenslanges Lernen
E-Training	☐	☐	☐	☐	☐

3.12 Bitte ordnen Sie aus Ihrer Sicht die nachfolgenden Aussagen den Methoden Just-in-time-E-Learning und E-Training zu.		
	Just-in-time-E-Learning	E-Training
Ihnen wird ein Überblick über Lerninhalte und Lernziele angeboten.	☐	☐
Ihnen wird ein Überblick über die Lerninhalte angeboten.	☐	☐
Relevante Inhalte werden vorselektiert.	☐	☐
Sie können relevante Inhalte selbst vorselektieren.	☐	☐
Sie steuern die Präsentation der vorselektierten Inhalte selbst.	☐	☐
Die vorselektierten Inhalte werden Ihnen automatisch vom System präsentiert.	☐	☐
Das Gelernte hat zunächst keinen direkten Bezug zu einem Alltagsproblem.	☐	☐
Das Gelernte hat unmittelbaren Bezug zu einem Alltagsproblem.	☐	☐
Der Lernerfolg wird in einem Test überprüft.	☐	☐
Die Überprüfung des Lernerfolgs in einem Test ist nicht unbedingt notwendig.	☐	☐

4.	Organisation und Bereitstellung des Lernangebots

4.1	**Wie viel Zeit sind Sie bereit, vor dem Kauf in Lernen zu investieren?**
	☐ < 5 min
	☐ 5 – 10 min
	☐ 10 – 15 min
	☐ 15 – 30 min
	☐ 30 – 60 min
	☐ 1 – 2 h
	☐ 2 – 4 h
	☐ > 4 h

4.2	**Wie viel Zeit sind Sie bereit, nach dem Kauf in Lernen zu investieren?**
	☐ < 5 min
	☐ 5 – 10 min
	☐ 10 – 15 min
	☐ 15 – 30 min
	☐ 30 – 60 min
	☐ 1 – 2 h
	☐ 2 – 4 h
	☐ > 4 h

4.3	**Wie oft würden Sie nach dem Erwerb eines Produkts oder einer Dienstleistung ein Lernangebot nutzen?**
	☐ mehrmals pro Woche
	☐ einmal pro Woche
	☐ mehrmals pro Monat
	☐ einmal pro Monat
	☐ mehrmals pro Jahr
	☐ einmalig

4.4	**Wie viel Zeit sind Sie bereit, für den Erwerb von Kompetenzen pro Sitzung in Lernen zu investieren?**
	☐ < 5 min
	☐ 5 – 10 min
	☐ 10 – 15 min
	☐ 15 – 30 min
	☐ 30 – 60 min
	☐ 1 – 2 h
	☐ 2 – 4 h
	☐ > 4 h

4.5	**Wie oft würden Sie ein Lernangebot nutzen, um Kompetenzen zu erwerben?**
	☐ mehrmals pro Woche
	☐ einmal pro Woche
	☐ mehrmals pro Monat
	☐ einmal pro Monat
	☐ mehrmals pro Jahr
	☐ einmalig

4.6	**Über welche Systeme und Endgeräte würden Sie auf das Lernangebot zugreifen?** *(Mehrfachnennung möglich)*
	☐ Website des Herstellers
	☐ Webshop
	☐ Lernplattform
	☐ mobiles Endgerät
	☐ Terminal / Monitor in der Ladenumgebung

4.7 Welche Systeme und Endgeräte sind aus Ihrer Sicht für einen Zugang zum Lernangebot in den verschiedenen Lernsituationen geeignet? *(Mehrfachnennung möglich)*

	vor dem Kauf	nach dem Kauf	Kompetenzerwerb
Website des Herstellers	☐	☐	☐
Webshop	☐	☐	☐

	vor dem Kauf	nach dem Kauf	Kompetenzerwerb
Lernplattform	☐	☐	☐
mobiles Endgerät	☐	☐	☐
Terminal / Monitor in der Ladenumgebung	☐	☐	☐

5. Individualisierung des Lernangebots

5.1 Halten Sie eine Individualisierung des Lernangebots für notwendig?

☐ ja

☐ nein

5.2 Wie wichtig ist Ihnen die Anpassung des Lernangebots an …

	wichtig	eher wichtig	eher unwichtig	unwichtig
… Ihr bereits vorhandenes Vorwissen?	☐	☐	☐	☐
… Ihr persönliches Zeitkontingent?	☐	☐	☐	☐
… Ihre persönlichen Lerngewohnheiten?	☐	☐	☐	☐

6. Allgemeine Fragen

6.1 Sind Sie männlich oder weiblich?

☐ männlich

☐ weiblich

6.2	Wie alt sind Sie?
	☐ < 18 Jahre
	☐ 18-25 Jahre
	☐ 26-30 Jahre
	☐ 31-40 Jahre
	☐ 41-55 Jahre
	☐ > 55 Jahre

6.3	Welchen Beschäftigung üben Sie aus?
	☐ Schüler
	☐ Student
	☐ Angestellter
	☐ Selbstständig
	☐ ____________________
	☐ keine Angabe

6.4	Wie häufig nutzen Sie das Internet?
	☐ mehrmals täglich
	☐ einmal täglich
	☐ mehrmals pro Woche
	☐ einmal pro Woche
	☐ mehrmals pro Monat
	☐ seltener